全国高等院校园林专业精品教材

高等职业学校提升专业服务产业发展能力项目
——河南职业技术学院园林工程技术专业建设项目课程建设成果

园林植物保护

YUANLIN ZHIWU BAOHU

主　编　司志国
副主编　曹艳春
参　编　张　源　刘志亮

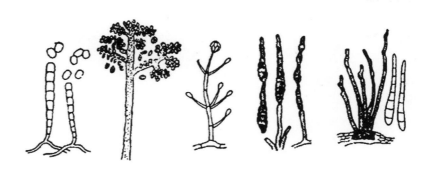

中国轻工业出版社

图书在版编目（CIP）数据

园林植物保护/司志国主编. —北京：中国轻工业出版社，2022.1

ISBN 978-7-5019-9516-5

Ⅰ.①园⋯ Ⅱ.①司⋯ Ⅲ.①园林植物—植物保护—教材 Ⅳ.①S436.8

中国版本图书馆CIP数据核字（2013）第308073号

责任编辑：毛旭林　　　　责任终审：张乃東　　整体设计：锋尚设计
策划编辑：李　颖　毛旭林　责任校对：燕　杰　　责任监印：张　可

出版发行：中国轻工业出版社（北京东长安街6号，邮编：100740）

印　　刷：北京君升印刷有限公司

经　　销：各地新华书店

版　　次：2022年1月第1版第2次印刷

开　　本：889×1194　1/16　印张：13

字　　数：300千字

书　　号：ISBN 978-7-5019-9516-5　定价：39.00元

邮购电话：010-65241695

发行电话：010-85119835　传真：85113293

网　　址：http://www.chlip.com.cn

Email：club@chlip.com.cn

如发现图书残缺请与我社邮购联系调换

KG1298-131163

前言

近年来，随着国家生态园林城市建设标准的出台，各地争相创建生态园林城市，园林绿化事业蒸蒸日上，园林行业对园林绿化人才的需求不断增加，各高职院校根据区域经济发展的需求，纷纷设立园林相关专业。园林植物保护课程是园林及其相关专业主干课程之一，其教学效果直接影响园林专业学生在工作岗位上从事园林绿化养护工作的能力。基于此，河南职业技术学院园林教研室在《中央财政支持高等职业学校提升专业服务能力项目》的资助下编写了本教材。

本教材根据园林相关专业培养目标构建教材内容体系，按照理论知识"必需、够用"、实践技能"先进、实用"的"能力本位"原则确定教学内容，及时将国内外有关园林植物保护文献和资料、成熟的应用技术、教学改革中的最新成果和最新理论融入相关章节中。比如在生物防治方面，力求做到既注意生态平衡、环境保护，又注意经济、安全、有效等，尽量采用园林栽培技术管控和生物防治措施；在化学防治方面，注意选用高效、经济、安全的新型农药，从而使教材内容更具科学性和前瞻性。同时，强化区域的针对性和技能的实用性，重点培养高职高专学生对园林植物保护技术的应用能力、实践能力和创新能力，突出常见园林植物的主要病虫害的诊断、识别与防治等园林植物保护技术。本教材不仅可以满足高职院校相关专业的教学之需，也可以作为园林园艺从业人员技能培训教材或提升专业技能的自学参考书。

本教材主要介绍了园林植物害虫及病害的基础知识，园林植物病虫害防治原理及技术措施，常见园林植物虫害及防治技术，常见园林植物病害及防治技术。

本教材的编写分工如下：

司志国（河南职业技术学院）负责制订编写提纲，绪论、第1章园林植物昆虫基础知识，第2章园林植物病害基础知识，全书审稿及统稿；曹艳春（河南职业技术学院）负责制订编写提纲，第5章常见园林植物病害，实验实训部分，园林植物保护技术规程；张源（河南职业技术学院）负责第3章园林植物病虫害防治技术措施，全书的校对；刘志亮、孙桂琴、郭风民（郑州市园林科研所）负责第4章常见园林植物害虫。

教材编写过程参阅、引用了有关专家和学者们的专著及论文，在此一并表示感谢。

司志国

2013年10月

目录

绪　论

1. 园林植物保护在园林绿化中的重要性

园林绿化是城市现代化的重要组成部分。随着我国国民经济的增长，人们对绿化和美化环境的要求越来越高，园林绿化工作取得了前所未有的成就。园林植物在为人类工作和生活创造了优美环境的同时，还取得了良好的社会和经济效益。然而，园林植物在生长发育过程中，往往受到各种病虫的危害，导致园林植物生长不良，叶、花、果、茎、根常出现坏死斑或发生畸形、变色、腐烂、凋萎及落叶等现象，失去观赏价值及绿化效果，甚至引起整株死亡，给城市绿化和景区美化造成很大的损失。

2. 园林植物保护的特点

园林植物大体上可分为两大类群：一是城镇露地栽培的各种乔木、灌木、藤本植物、地被植物、草坪等；二是主要以保护地（日光温室或各种塑料拱棚）形式栽培的各种盆花及鲜切花。

城镇园林病虫害的发生特点有以下四点：

（1）城镇园林绿地与农作物大田、一般林地的不同之处在于：前者植物种类繁多，一般栽培面积不大且分散交错种植，多数情况下危害不重，但因寄主种类多，因而病虫害的种类也相应增多；后者则栽培面积大，种类不多甚至品种单一，一个区域内可能只有少数几种病虫害流行，能形成较大的"气候"。

（2）城镇园林绿地系统中，人的活动要比农田系统及一般林地系统多且复杂，各种园林植物生长周期不一，立地条件复杂，小环境、小气候多样化，生态系统中一些生物种群关系常被打乱。同时，城市绿地植物更易受到工业"三废"的污染，因而病虫害发生的类别要比农田及一般林地系统复杂得多。

（3）城镇郊区与蔬菜、果树、农作物大田相连接，除了园林植物本身特有的病虫害之外，还有许多来自蔬菜、果树、农作物上的病虫害，有的长期落户，有的则互相转主为害或越夏越冬，因而病虫害种类多，危害严重。

（4）城镇生态系统是一个特殊多变且以人为核心的生态系统，在园林绿地的附近区域往往人口密集，因而更易遭受人为的破坏；同时，城市园林绿地植物在栽培管理（尤其是肥水管理）上往往没有一般农作物那样精细，有些单位甚至利用废水浇灌，导致花木生长不良，因而病虫害的发生更为频繁、严重。

盆花及鲜切花（含切叶、切枝植物等）病虫害的发生特点有以下两点：

（1）因花卉品种单一，种植密集，且大都在保护地内栽培，环境湿度大，病虫害发生严重且易于流行，防治难度大。

（2）花卉植物不同于一般的果树、蔬菜等园地作物，生态习性差异较大，对于温度、湿度、光照、水分、养分、pH、通风等要求极为严格，栽培管理上稍有疏忽，便会导致花卉植物生长不良，各种生理性病害（如黄叶、干尖、烂根、落花落蕾等）随时发生，同时也增加了侵染性病害及其他病虫害的发生率。

3．园林植物保护的内容、任务及与其他学科的关系

园林植物病虫害防治涉及多种学科。比如要正确判断和研究其受病虫危害后的系列变化，则必须首先掌握植物形态和植物生理学的知识；同时，园林植物病虫害的发生和发展与植物生态环境关系非常密切，而且其防治措施需要贯穿于栽培和养护管理的各个技术环节之中，因此，在研究病虫害的发生发展规律和防治措施时，还必须很好地应用园林植物栽培养护等有关专业知识，以及园林植物、园林植物环境等基础知识。此外，本学科还与许多其他新兴科学和技术有着密切联系。比如利用黑光灯、性外激素、激光、辐射等现代科学技术诱杀害虫；或使害虫产生遗传性生理缺陷，导致雄虫不育，提高了防治害虫的水平和效果。多学科新技术的渗透应用是提高病虫害防治技术水平的重要途径，因此，应重视和加强植物病虫害防治与其他学科的横向联系。

4．学习本课程的方法

本课程具有较强的直观性与实践性，学习时必须按照辩证唯物主义的观点和方法，分析研究病虫害发生发展的规律，重视基础理论知识的学习，加强实践技能的训练，积极参加园林植物病虫害防治的实践活动，不断提高防治园林植物病虫害的理论水平和操作技能；从生态学观点出发，采取科学的园林植物病虫害防治技术，以维护城市生态系统的平衡，达到城市生态环境的可持续发展。

第1章 园林植物昆虫基础知识

1.1 昆虫的形态特征和附器

1.1.1 昆虫的形态特征

从分类上讲，昆虫隶属于动物界节肢动物门昆虫纲，因此，所有的昆虫都具有节肢动物门的特征。那么，节肢动物门有哪些主要分类特征呢？一是体躯明显分节，体躯由一系列的体节所组成，左右对称；二是体壁为几丁质构成的外骨骼；三是有些体节上具有成对并分节的附肢，故称"节肢动物"；四是体腔就是血腔，心脏位于消化道的背面；五是中枢神经系统是由位于头内消化道背面的脑，以及一条位于消化道腹面的、由一系列成对神经节组成的腹神经索构成的。具备上述特征的动物都属于节肢动物门的动物。昆虫是我们研究的对象，我们必须要重点掌握昆虫纲的特征。昆虫纲的特征是（图1–1）：

（1）体躯的体节明显集合成头、胸、腹3个体段。

（2）头部为取食和感觉的中心，着生口器、1对触角、1对复眼或1~3个单眼。

（3）胸部是运动的中心，着生3对足，一般还有2对翅。

（4）腹部是生殖和代谢的中心，一般是由9~11节组成，末端有外生殖器和尾须，里面包含着内脏，无行动用的附肢。

（5）具有变态现象，从卵中孵出来的昆虫，在生长发育过程中，通常要进行一系列显著的内部和外部形态上的变化，才能变为成虫。

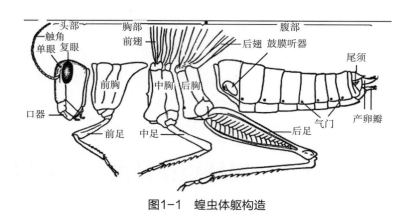

图1-1　蝗虫体躯构造

1.1.2　昆虫的附器

1.1.2.1　昆虫的头部

头是昆虫身体最前面的一个体段，是感觉和取食中心。头部是由几个体节愈合成的，外壁坚硬，形成头壳。头的上前方有1对触角，下方是口器（嘴），两侧通常有1对大的复眼，头顶常有1~3个小的单眼。这些器官的形态因昆虫种类不同而有所变化。

（1）昆虫的头式

作为取食中心，昆虫头部的结构常随取食方法的不同而呈现一些变化。最常见的为头式，一些书中也称口式，它是以头部纵轴与身体纵轴的角度来分类的（图1-2）。

1）下口式

口器着生并伸向头的下方，特别适于啃食植物叶片，茎秆等。大多数具有咀嚼式口器的植食性昆虫和一少部分捕食性昆虫的头式属于此类，如蝗虫、鳞翅目幼虫等的头式。这是最原始的一类头式。

2）前口式

口器着生并伸向前方，大多数具有咀嚼式口器的捕食性昆虫，钻蛀性昆虫等的头式属于前口式。这类头式昆虫的口器中，颊与后颊扩大并向前延伸，后幕骨陷前移，在后幕骨陷与后头孔之间形成外咽片，有些昆虫的外咽片与下唇无明显的界线而合成咽颊；有时外咽片因后颊相向延伸而变窄，只留下一条外咽缝。

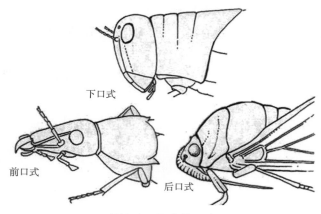

图1-2　昆虫的口式

3）后口式

口器伸向腹后方，大多数具有刺吸式口器昆虫的头式属于此类，如蝉、叶蝉等同翅目头喙亚目的昆虫与几乎所有半翅目的昆虫的头式。后口式是昆虫为在不取食时保护长喙而形成的，实际上当这些昆虫取食时喙可伸向下方或前方。

（2）头部的感觉器官

1）触角

触角是昆虫重要的感觉器官，主司嗅觉和触觉作用，有的还有听觉作用，可以帮助昆虫进行通信联络、寻觅异性、寻找食物和选择产卵场所等活动（图1-3）。触角除感觉功能外，还有一些其他的作用。例如，云斑鳃金龟的雄虫触角发声，像蟋蟀一样，用于招引雌虫；水龟虫用于呼吸等。

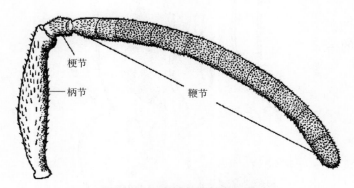

梗节

柄节

鞭节

图1-3　昆虫触角的基本构造

① 柄节：为基部的一节，一般粗壮，其内着生有肌肉，可以自由活动。触角的活动主要由此节来决定。柄节上一般没有感觉器，其变化也很小。较短较粗，用来支撑上面两节的活动，形状和作用像树叶的叶柄一样。

② 梗节：为触角的第二节，一般细小，其内着生有起源于柄节的肌肉，着生在梗节的基部。有的种类有感觉器，例如在蚊子的雄虫中生有琼氏登器（Johnston Organ），这是听觉器官中感觉最敏锐的一种。

③ 鞭节：为第二节后的各节，常由1~数十节组成。例如蚜茧蜂有40节。鞭节除无翅亚纲中的弹尾目和双尾目着生有肌肉外，其他均无肌肉。因此，鞭节的活动主要是被动的。鞭节是触角中行使感觉作用的主要部分，主要是嗅觉作用，其次为触觉作用。鞭节在雌雄中往往有明显的差异，例如金龟甲、蚊子、蛾类、芫菁等。小蜂的雄虫鞭节十分发达，用于接收由雌虫传来的雌性激素，发现配偶。很多昆虫能感知几公里外雌虫的存在，每立方米空气中仅几个分子，即能激发起感觉电位的发生。

触角鞭节的形态变化形成了不同的类型（图1-4），常见如下：

a. 丝状：呈线状，各节形状相同，如在螽斯、蟋蟀、雌蛾中。

b. 念珠状：鞭节各节形如圆珠，如白蚁。

c. 棍棒状或球杆状：端部数节膨大。有的呈棒状，如蝶；有的呈球状，如弄蝶。

d. 锯齿状：鞭节向一侧突出，像锯条一样，如芫菁、雌豆象。

e. 栉齿状：突出长大，像梳子一样，如雄豆象。锯齿状和栉齿状这两种没有明显的区别界限。

f. 双栉齿状或羽毛状：其向两侧突出，呈细枝状，像羽毛，如许多蛾子的雄虫。

g. 锤状：见于瓢虫等科。其端部数节膨大，其他各节较短，呈锤状。

h. 鳃叶状：端部3~7节扩展呈片状，可以开合，如同鱼鳃，如金龟甲类。

i. 膝状：柄节长，梗节短。由梗节开始弯曲呈膝状，如蚁、蜂和象鼻虫等。

j. 环毛状：鞭节环生长毛，如雄蚊类。

k. 刚毛状：鞭节1至数节极小，如蝉、蜻蜓。

l. 具芒状：鞭节仅一节极大，其上生有一根刚毛，如蝇类。家蝇与寄蝇相区别的一个重要特征即在芒上。

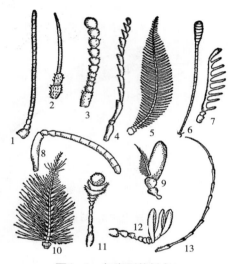

图1-4　各类型的触角

1—丝状　2—刚毛状　3—念珠状　4—锯齿状　5—羽毛状　6—球杆状　7—栉齿状
8—膝状　9—具芒状　10—环毛状　11—锤状　12—鳃片状　13—鞭状

2）复眼

复眼是一种由不定数量的小眼组成的视觉器官，主要在昆虫及甲壳类等节肢动物的身上出现，同样结构的器官亦有在双壳纲身上出现。复眼中的小眼面一般呈六角形。小眼面的数目、大小和形状在各种昆虫中变异很大，雄性介壳虫的复眼仅由数个圆形小眼组成。不同的昆虫，复眼小眼面的数量、大小、形状等各不相同，多者可达数万个，如家蝇为4 000个、蛾蝶类为1.2万~1.7万个、蜻蜓可达2.8万个；但也有的昆虫复眼的小眼面数量很少，如雄性蚧类的复眼，仅由数个小眼面组成。复眼的变化常用来区别雌雄、识别种类，在蜂与蝇类中，其复眼雄虫大，而雌虫小。在覃蚊与间眼覃蚊中，其区别在于其复眼是相连还是相离。

3）单眼

单眼仅能感觉光的强弱，而不能看到物像的一种比较简单的光感受。昆虫的单眼，结构已较完善，通常有很多能感光的视觉细胞，周围有色素，表面仅有1个两凸形的角膜。单眼可分为背单眼和侧单眼两种。背单眼位于成虫和若虫的头前，多为3个，排成三角形，有的只有2个或无；侧单眼仅幼虫才有，位于头部两侧，一般各有1~6个，有的每侧可多达7个。如蚕的幼虫共有12个单眼。跳蝻与成虫一样，具有3个单眼。

昆虫对物体形象的分辨能力，一般只是近距离的物体。

昆虫对紫外线光波感受能力强，所以黑光灯具有强大的诱虫能力。

4）口器

口器又称为取食器。昆虫的口器种类很多，可分为3种基本类型：咀嚼式——用于取食固体食物；吸收式——将液体食物吸入消化道，此类口器包括多种类型；嚼吸式——咀嚼和吸收兼备。

① 咀嚼式口器：这是口器中较原始的类型，其他口器均由此演化而来。它由以下5个部分组成（图1-5）。

a. 上唇：上唇是衔接在唇基前缘盖在上颚前面的一个双层薄片，外壁骨化，表面具一些次生的沟。其内壁膜质，具密毛与感觉器，称为内唇，旧称上咽头。上唇是口前腔的前壁，可以前后活动并稍做左右活动。

b. 上颚：上颚是一对位于上唇之后的锥状坚硬构造，其前端有切齿叶以切断和撕裂食物，后部有臼齿叶以磨碎食物。

c. 下颚：是一对位于上颚之后下唇之前协助取食的构造，能相向或相背及前后运动。

d. 下唇：为头部的第4对附肢演化而来，与下颚相同，但已经左右愈合。

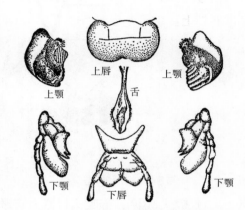

图1-5 咀嚼式口器部位的构造

e. 舌：舌是头部颚节区腹面体壁扩展出来的袋状构造，位于下唇的前方。真正的口位于唇基的基部与舌之间。

农业上的害虫，多数是以幼虫造成危害。幼虫口器类似于咀嚼式口器，其上唇与上颚仍然保留原始状态，作用也相同。其下颚、下唇与舌共同组成一个复合体，两侧为下颚，它的下颚须发达；中央为下唇与舌。复合体已很难区分出各是哪一部分了，但下颚须和下唇须明显可见，端部具一吐丝器。叶蜂类的口器与上颚相同，但仅具吐丝器开口，而无突出的吐丝器。

② 吸收式口器

a. 刺吸式口器：刺吸式口器是取食植物汁液或动物血液的昆虫所具有的既能刺入寄主体内又能吸食寄主体液的口器，为同翅目、半翅目、蚤目及部分双翅目昆虫所具有，虱目昆虫的口器也基本上属于刺吸式。

刺吸式口器是咀嚼式口器的特化。其上唇、下颚特化为口针；下唇延长特化为一保护性、支持性的喙；真正的口形成具有抽吸机构的食窦（图1-6）。当昆虫刺吸植物的时候，首先由两上颚口针交替插入，并由端部的倒刺固定。下颚口针随之插入。插入后，由下颚口针的唾液管注入唾液。食物由食物管吸入。大多数刺吸式口器的昆虫是由食窦唧筒和咽喉唧筒构成一抽吸机构，而微小的昆虫，如蚜虫、蚧类等则主要靠植物体中的压力和毛细管作用。刺吸式口器对植物造成的危害主要为3个方面：直接为害；唾液中含有毒素，对植物造成伤害；传播病毒。

b. 锉吸式口器：锉吸式口器，为缨翅目昆虫蓟马所特有，各部分的不对称性是其显著的特点。蓟马的口器短喙状或称鞘状；喙由上唇、下颚的一部分及下唇组成；右上颚退化或消失，左上颚和下颚的内颚叶变成口针，其中左上颚基部膨大，具有缩肌，是刺锉寄主组织的主要器官；下颚须及下唇须均在。蓟马取食时，喙贴于寄主体表，用口针将寄主组织刮破，然后吸取寄主流出的汁液。有人认为这类口器是咀嚼式口器和标准刺吸式口器的中间类型。

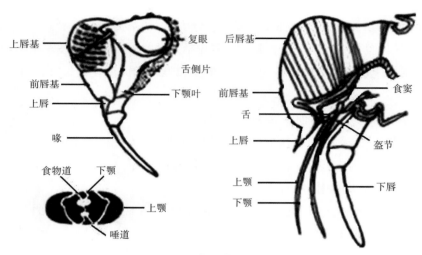

图1-6　刺吸式口器结构

c. 虹吸式口器：虹吸式口器为鳞翅目成虫（除少数原始蛾类外）所特有，其显著特点是具有一条能弯曲和伸展的喙，适于吸食花管底部的花蜜。虹吸式口器的上唇仅为一条狭窄的横片。上颚除少数原始蛾类外均已退化。下颚的轴节与茎节缩入头内，下颚须不发达，但左、右下颚的外颚叶却十分发达，两者嵌合成喙；每个外颚叶的横切面呈新月状，两叶中间为食物道；外颚叶内一系列骨化环，不取食时喙像发条一样盘卷，取食时借肌肉与血液的压力伸直；有些吸果蛾类的喙端尖锐，能刺破果实的表皮。下唇退化成三角形小片，下唇须发达。舌退化。

d. 舐吸式口器：舐吸式口器是双翅目蝇类特有的口器。家蝇的口器是其典型代表。家蝇的口器粗短，由基喙、中喙及端喙三部分组成。上颚和下颚都退化，口器由下唇特化而来，特别发达，像是个蘑菇头，下唇端部左右有两片圆形唇瓣，唇瓣表面为膜质，横列有很多小骨环组成的细沟，称为环沟，由于外形似气管，故称伪气管。取食时，唇瓣平展呈盘状，贴于食物上，液体食物经伪气管过滤进入食物道，如遇颗粒食物，两片唇瓣可以上翻，露出前口齿，刺刮固体颗粒食物，碎粒和液体可直接吸入食物道内。

e. 刮舐式口器：该口器见于牛虻中。其上唇、舌与下唇同蝇类，构成一舐吸机构；但上颚宽大呈片状，末端尖，可横向活动；下颚的外颚叶形成口针，下颚须两节，其余退化。当取食时，由上下颚口针刺破皮肤，再舐吸。

f. 刮吸式口器：仅见于双翅目中的芒角亚目的无头、无足式幼虫，即蛆。其口器完全退化，行使口器作用的是一个由头前壁特化来的口针钩，以此来刮破食物，然后吸取汁液和固体碎屑。

③嚼吸式口器：该口器见于蜜蜂总科，其既可咀嚼固体食物，又可吮吸液体食物。如蜜蜂既咀嚼花粉，又吸取花蜜；切叶蜂既切叶，又吸花蜜。该口器的特点为：上唇和上颚保留咀嚼式，用于咀嚼花粉或筑巢；下颚的外颚叶发达呈刀片状，内颚叶消失；下颚须十分短小，轴节和茎节依然存在。下唇变化最大，其中唇舌发达、细长，端部膨大，呈瓣状，称为中舌瓣，其腹面凹陷呈一纵槽。侧唇舌短小，位于中唇舌基部；下唇须发达，前颏发达。当取食时，由下唇须贴在中唇舌腹面

的纵槽上，形成唾液道；由下颚的外颚叶贴在中唇舌的两侧与背面，构成食物道。嚼吸式口器具有很强的灵活性，它组成的口针食物道，不像刺吸式口器那样紧密。当使用时，合并构成；当不用时，二者分开，分别弯折在头下。如此，上颚才可以进行咀嚼活动。

④ 口器构造与害虫防治的关系

a. 不同口器昆虫使用不同的杀虫剂

咀嚼式口器：使用胃毒剂，表面喷施（雾、粉、烟、超低量）、拌种、毒饵（防治苗期害虫）、生物农药如Bt等的使用。

刺吸式口器：可使用内吸性杀虫剂进行表面喷施、根施、涂干、涂根、种衣剂等。

虹吸式口器：使用糖醋液等。

b. 不同口器造成不同的危害症状

咀嚼式：剥食、蚕食，常可由其症状便知为何种害虫为害。一些可造成虫瘿，例如栗瘿蜂、梨瘿华蛾等。此类危害往往是直接危害。

吸收式：吸取汁液，剥夺营养，造成直接危害，如刺吸和虹吸式。刺吸式口器唾液中带毒素，造成失绿、畸形和虫瘿等，如蚜虫、蝽象和螨类等，造成伤口，引起病害，如烂果。可传播病毒，如黄瓜花叶病毒、小麦丛矮病、小麦黄矮病等。

1.1.2.2 昆虫的胸部

胸部是昆虫体躯的第二体段，由3节组成，依次为前胸、中胸和后胸。每个胸节下方各着生一对附肢，即前足、中足、后足。中胸和后胸背面两侧常各具1对翅，即前翅及后翅。胸部坚硬，连接紧密，内骨骼上着生有强大的肌肉，利于支撑和支持足和翅的运动，所以是昆虫运动的中心。

（1）胸部的构造

胸部是昆虫的第2个体段，由前胸、中胸和后胸3个体节组成。每一胸节的侧下方各有1对分节的足，分别为前足、中足和后足。在大多数昆虫中，中胸和后胸上各具1对翅，分别为前翅和后翅。足和翅是昆虫的运动器官，所以，胸部是昆虫的运动中心（图1-7）。

① 背板：前胸背板构造较简单，但形状多变。典型的中后胸背板具有3条沟、4块骨片，但后一节的端背片脱离本节并入前节时则形成后背片。

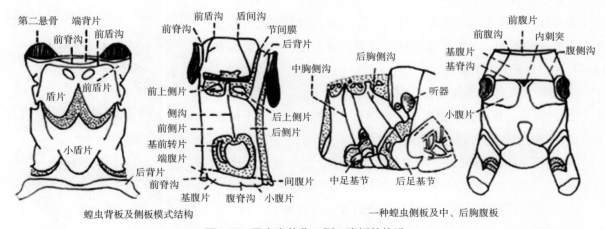

蝗虫背板及侧板模式结构　　　　一种蝗虫侧板及中、后胸腹板

图1-7　昆虫胸节背、侧、腹板的构造

② 侧板：无翅胸节的侧板不特化。中后胸侧板发达，每侧板因发生侧沟可区分为前侧板与后侧板两部分。

③ 腹板：无翅胸节的腹板一般无沟缝，但形状变化大。一般由前腹沟划分出前腹片和主腹片，主腹片又可区分为基腹片与小腹片。

（2）胸部的附肢及附器

1）足

昆虫的足是胸部的附肢，着生在胸部侧下方的基节窝内，由图1-8中所示各节组成。基节窝为本节的侧板和腹板所封闭称闭式；如本节的侧板和腹板未能封闭该节的基节窝，在其后方留有开口则称开式。

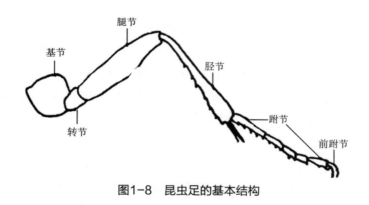

图1-8　昆虫足的基本结构

基节——是第一节，短而粗，较少变化。

转节——常为最小的一节，少数昆虫又分为2节。

腿节——长而大，通常是最大的一节。能跳跃的昆虫，腿节特别发达。

胫节——通常细而长，常具刺，端部常有能活动的距。

跗节——由1～5个小节组成，形状及被毛等变化较大。其第1节称基跗节，最末一节称末跗节。

前跗节（端跗节）——即末跗节端部的1对爪和1个中垫，用以握持和附着物体。完整的端跗节结构，跗节和中垫及爪垫都具有感觉器，其体壁很薄，所以害虫爬行在喷撒有药剂的地方时，易于中毒死亡。昆虫的足大多数是用来行走的，但由于生活环境和生活方式的不同，足的构造和功能有很大的变化，常见类型有以下几种，如图1-9所示。

① 步行足：各节均较细长，宜于行走。

② 跳跃足：腿节特别膨大，胫节细长，当折贴于腿节下的胫节突然伸直时虫体则向前上方跃起。

③ 捕捉足：基节延长，腿节的腹面有槽，胫节可以折嵌其内，形似一把折刀，腿节和胫节常还有刺列，用以捕捉猎物。

④ 开掘足：胫节宽扁，外缘具坚硬的齿，适宜掘土。

⑤ 游泳足：腿节、胫节及跗节长而扁平，边缘缀有长毛，

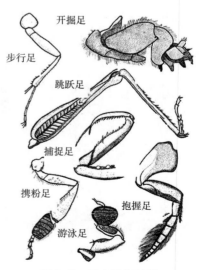

图1-9　昆虫的各种足

适于游泳。

⑥ 携粉足：胫节端部宽扁，外侧凹陷，凹陷的边缘密生长毛，可以携带花粉，称花粉篮；第1、第2跗节亦宽扁，内侧有多数横列刚毛，可以梳集黏附体毛上的花粉，与距一起将花粉压紧推向花粉篮内。

⑦ 抱握足：跗节特别膨大，上有吸盘状构造，借以抱握雌虫。

2）翅

昆虫是唯一具翅的无脊椎动物。昆虫的翅是胸部背板向两侧延伸成的背侧叶或气管鳃演化而来。翅的形成与虫体运动中枢（即胸部）进化过程中环境的演变（即高大植物的出现）改变了昆虫的生活方式，胸部产生滑翔器后又产生了关节有关。昆虫获得了翅，大大扩大了它们的活动范围，便利了觅食、求偶和避敌等，增强了生存的竞争能力，对昆虫自身的繁衍有着极其重要的意义。

翅一般呈三角形，具有3个角、3条边；并由2条褶线将翅面划分为4个区域，其命名如图1-10所示。翅与背板及侧板间的小骨片是其关节构造。翅基部背面的骨片统称为翅基片（Pteralia），肩板与肩片是常用的特征。

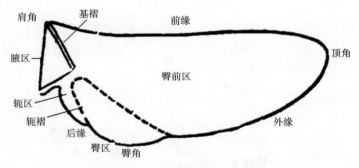

图1-10　昆虫翅的分区

① 翅脉：翅多为膜质，具有很多起骨架作用的翅脉，翅脉有纵脉和横脉之分，都是鉴别各类昆虫的重要依据。翅脉在翅面上的排列方式称脉相（序），昆虫种类不同，翅脉多少和分布形式变化很大。人们对现代昆虫和古代化石昆虫的脉相加以分析、比较、归纳概括出了假想原始脉序（或称理论脉序）（图1-10），其中最有影响的是 Comstock & needham（1898）提出的脉序。假想脉序是比较各种昆虫翅脉变异程度的标准，可以展现现存昆虫翅脉的变化规律及各昆虫类群间的亲缘关系。

纵脉是由翅基部伸到边缘的脉。包括前缘脉、亚前缘脉、径脉、中脉、肘脉、臀脉、轭脉，其缩写符号分别为 C、Sc、R、M、Cu、A、J。各脉的分支数如图1-10所示。

横脉是横列在纵脉间的短脉。常见的有肩横脉、径横脉、分横脉、径中横脉、中横脉、中肘横脉，其缩写符号分别为 h、r、s、r-m、m、m-cu。

翅脉常因愈合、消失而减少，因分枝的增加、产生新的纵脉而增多。其中两条或多条脉分段相接为一条脉时称系脉 Serial vein，用在原两脉缩写符间加 "&" 或 "-" 命名、如 M 1 & M 2；两条脉完全合并时在将两脉名称用 "+" 连接。在原有纵脉上产生的分支为副脉 Subsidiary vein，用在原纵脉缩写符后加小写字母 a、b、c… 表示，如 R2a、R2b。在原两纵脉间新增加的、不和原纵脉联系的纵脉为间脉或闰脉 Intercalary vein，在其前面纵脉名缩写符前加 I、II… 表示、如 IM 2、

IIM 2。

翅面为翅脉划分出的形状和大小不一的小格称翅室（Cell）。若翅室四周为翅脉所封闭称闭室（Closed cell），有一边不为翅脉封闭时称开室（Open cell）。翅室以其前面的纵脉名前加 1、2、3…命名，如 1R3、2R3、3R3，翅室密集成网状时则失去了其分类的特征价值，无必要再命名。

②翅的类型（图1-11）

a. 膜翅：翅膜质、透明，翅脉明显。

b. 鞘翅：前翅骨化、变硬、不透明，翅脉不可见。

c. 半鞘翅：翅基部一半骨化，端部透明，可见翅脉。

d. 复翅：翅面加厚、皮革质状、半透明，可见翅脉。

e. 鳞翅：翅膜质、因被有密集的鳞片而不透明，去掉鳞片后翅脉明显。

f. 毛翅：翅膜质、被有密集刺毛和鳞片而不透明，去掉刺毛和鳞片后翅脉明显。

g. 缨翅：翅狭窄，边缘排列有整齐的缨状长毛。

h. 平衡棒：后翅变为棒状。

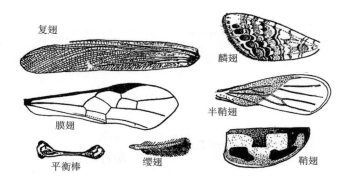

图1-11　昆虫翅的类型

③翅的连锁：昆虫的前后翅具有 5 种常见的连锁方式以形成飞行中的连动装置（图1-12）。

a. 翅轭型：前翅后缘基部的指状突挟持后翅前缘。

b. 翅缰型：后翅基部1~3根长刚毛（翅缰）钩挂于前翅腹面 Cu 脉上的短刚毛列或鳞毛上（翅缰钩＝安缰器）。

c. 翅钩型：后翅前缘中部的钩列下挂于前翅后缘的卷褶上。

d. 翅褶型：后翅前缘的耳状卷褶钩挂于前翅的卷褶上。

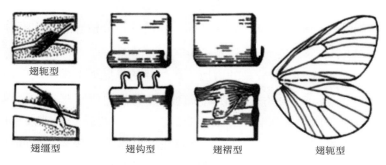

图1-12　昆虫翅的连锁

e. 翅贴型（翅抱）：后翅肩区扩大贴附于前翅后缘下。

1.1.2.3　昆虫的腹部

腹部是昆虫体躯的第三体段，以节间膜与胸部相连，一般由9～11节外加1个尾节构成。其内部有消化系统、生殖系统、呼吸器官、循环器官等，末端有外生殖器，所以是昆虫新陈代谢和生殖的中心。

（1）腹部的基本构造

腹部除末端几节具尾须和外生殖器外，有翅亚纲成虫一般无附肢。1～8腹节两侧常具气门1对。现有昆虫的腹部多为3～9节，节数的减少是由于前后两端的相互合并与退化所致。腹部的形状变化较大，但受呼吸功能的限制常使得腹部延伸而不是变得太粗。

每一腹节主要由背板和腹板两块骨板组成，两侧均为膜质，由于背板下延，侧面的膜质部分常不可见，相邻的两节常相互套叠，因此腹部能纵横伸缩，使整个腹部有很大的伸缩性，这有助于昆虫的呼吸、交配、产卵和释放性信息素等活动。

昆虫的腹部按功能可分为3段。生殖节：即雌虫第8～9、雄虫第9节，生殖节的附肢演化成了外生殖器。生殖前节（脏节）：即雌虫第1～7、雄虫第1～8，多数内脏包含其中。生殖后节：包括第10、第11及尾节，第11节即臀节，常退化为肛上板和肛侧板，尾节常退化不见。

（2）腹部的附肢

腹部的附肢主要为外生殖器、尾须、幼虫的腹足等。其中，外生殖器是最重要的附肢。

1）外生殖器

在构成雌雄虫的外生殖器中，仅一部分是由附肢特化而来。以上讲述的昆虫器官，均为个体器官，即这些器官的存在是为了维持个体的生命；而外生殖器则是种的器官，是为了延续种的存在。它代表着种，因此在种的识别中，外生殖器是一个最具决断性的器官，无论其他性状如何有差异，外生殖器是不会有变化的。

① 雌性外生殖器：又叫产卵器，它往往是一管状构造，司产卵之用。典型的产卵器由3对产卵瓣组成。由第8节腹节附肢的端肢节特化来的称第一产卵瓣，因其位于腹面，又称腹产卵瓣，其基部有第一载瓣片；由第9腹节附肢特化来的称第二产卵瓣，或称内产卵瓣，基部有第二载瓣片；位于背面的称第三产卵瓣，又称背产卵瓣，它是由第9腹节附肢基肢节的外长物特化而来。产卵器模式构造及常见雌虫产卵器如图1-13所示。

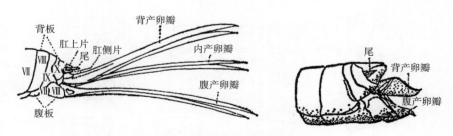

图1-13　产卵器模式构造

不同昆虫的产卵器特化的程度不一样，以下四种可作为类型的代表。

a. 蝗虫及直翅目：其内产卵瓣退化，而由背、腹产卵瓣行使功能。产卵瓣的形状变化很大，蝗虫为锥形，螽斯为马刀形、镰刀形，蟋蟀为矛形。蝗虫靠产卵瓣的一张一合来开掘土壤，将整个腹部伸下，在两产卵瓣之间靠一小指状的导卵器产卵；而其他的则靠产卵瓣的前后运动，将产卵瓣伸下，卵由其间产出。通过产卵瓣来正确识别昆虫的不同的类群和分辨雌雄。

b．同翅目：如蝉和叶蝉，虽然第8节腹板退化，其3对产卵瓣均正常。在3对产卵瓣中，由腹和内产卵瓣司产卵功能，背产卵瓣腹面呈凹槽状，用于包藏另2对产卵瓣，而成为一个保护性的鞘状器官。

c．蜂类：尤其是针尾组的蜂类，其构造与同翅目相似，但其腹和内产卵瓣相结合，组成一个管状的针刺，基部与毒腺相连，而成为螫刺，背产卵瓣起保护作用。卵则由产卵器基部的生殖孔产出。

d．鳞翅目等：这些昆虫的附肢消失，没有特化的产卵器；腹部末端几节细长，呈套管状，可以伸缩，叫伪产卵器。而实蝇的末端骨化强烈，可以刺穿果皮。

② 雄性外生殖器：又称为交配器，由两部分组成。一部分是由第9节的附肢或刺突演化而来的抱握器。抱器在鳞翅目等目中可见，但大多数已消失。另一部分是由第9腹板后节间膜的外长物演化而来的阳具，它可分为外面呈鞘状的阳茎片，在阳茎片的前部为两叶状的阳基侧突，后部为阳基。阳茎片可完全愈合。在阳茎片里面，是柔软的阳茎，由它完成交配功能。雄虫外生殖器模式构造如图1-14所示。

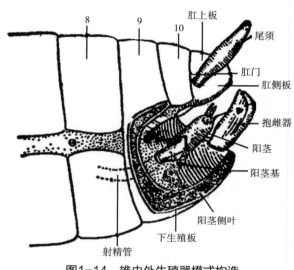

图1-14 雄虫外生殖器模式构造

2）尾须

其为第11节的附肢，着生在肛上板与肛侧板之间的膜上，只有在较低等的昆虫中存在。它分节或不分节，有的很发达，如革翅目的蠼螋。蜉蝣尾部的三根长丝中，两侧为尾须，中央的叫中尾丝，它是由第11背板特化而来。

3）幼虫的腹足

在鳞翅目幼虫中，第3~6节和臀节（第10节），各具一对腹足，也是附肢。每一腹足仅一个基节，着生有趾，趾呈泡状，趾上具钩状的刺，叫趾钩，其排列有序，用于固定身体。不同科的幼虫，其趾钩的形式常不相同，是分类的重要依据（图1-15）。

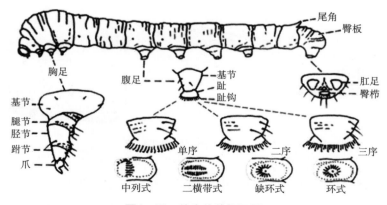

图1-15 幼虫的体躯及足

1.2　昆虫的生物学特性

昆虫在长期的演化过程中，为适应外界环境条件的变化，逐步形成了各自的生活特点及生活习性，即昆虫的生物学。它是研究昆虫的个体发育史，包括昆虫的繁殖、发育与变态，以及从卵到成虫各个时期的生活史。通过研究昆虫生物学，可进一步了解昆虫共同的活动规律，对害虫防治和益虫利用都有重要意义。

1.2.1　昆虫的生殖方式

绝大多数昆虫为雌雄异体，但极个别也有雌雄同体现象。自然界中雌雄异体的动物大多进行两性生殖，但也有其他的生殖方式。常见的生殖方式有以下4种。

1.2.1.1　两性生殖

两性生殖是昆虫最常见的一种生殖方式。这种生殖方式是由雌雄两性昆虫经过交配后，雌虫产下的受精卵发育成新个体的过程，又称卵生。如蛾蝶类、天牛等昆虫。

1.2.1.2　孤雌生殖

有的昆虫（如某些粉虱、介壳虫等）无或有极少量雄性个体，雌虫产下未经受精的卵发育成新个体，这种生殖方式称为孤雌生殖，又称为单性生殖。分为3种情况：① 偶发性的孤雌生殖。即在正常情况下进行两性生殖；偶尔出现未经受精的卵发育成新个体的现象，如家蚕。② 经常性的孤雌生殖。正常情况下孤雌生殖，偶尔发生两性生殖。例如膜翅目昆虫（如蜜蜂）中，未经交配或未受精的卵，发育为雄虫，受精卵发育为雌虫。还有一些昆虫如介壳虫、粉虱、蓟马、蓑蛾、叶蜂、小蜂等，经常进行孤雌生殖，在自然情况下雄虫极少，有的甚至还未发现过雄虫。③ 周期性的孤雌生殖。孤雌生殖和两性生殖随季节的变迁而交替进行，这种现象称为世代交替。如蚜虫，秋末随着气候变冷产生雄蚜牙，进行雌雄交配，产下受精卵越冬；而从春季到秋季连续十余代都以孤雌生殖的方式繁殖后代，在这段时期几乎没有雄蚜。

1.2.1.3　伪胎生

昆虫的绝大多数种类进行卵生，但也有一些昆虫从母体直接产出幼虫（若虫）。如蚜虫类，其卵在母体内发育并孵化，所产下来的是幼蚜（若蚜）似为胎生，但与哺乳动物的胎生不同，故称伪胎生。

另有少数昆虫在母体未达到成虫阶段，还处于幼虫期时就进行生殖，称为幼体生殖。这是一种特殊的、稀有的生殖方式。凡进行幼体生殖的昆虫，产出的都不是卵，而是幼虫，故幼体生殖可以认为是胎生的一种形式。如双翅目瘿蚊科、摇蚊科以及鞘翅目中的部分种类昆虫。

1.2.1.4　多胚生殖

多胚生殖是指一个成熟的卵可以发育成2个或2个以上个体的生殖方式。这种生殖方式常见于膜翅目的一些寄生性蜂类，如小蜂科、细蜂科、茧蜂科、姬蜂科等寄生性昆虫。多胚生殖的寄生蜂，将卵产在寄主的卵内，每个寄主里产卵1～8个不等（随种类而异），既可有受精卵，又可有非受精卵，前者发育为雌性，后者发育为雄性。一个蜂卵形成胚胎的数目变化很大，多数种类一个卵形成2个或多个胚胎，而寄生于鳞翅目幼虫的金小蜂可产生数百个甚至2000个左右的胚胎。

多胚生殖可以看做是对活体寄生物的一种适应。因为这些寄生性昆虫常常不是所有的个体都能找到它相应的寄主，而一旦找到寄主就能产生较多的后代。

昆虫的生殖是为了种群的延续，而生殖方式的多样性是昆虫对不同生态环境的有利适应。如孤雌生殖对于昆虫扩大其分布和维持其种群都很重要，在任何适于生存的环境下，只要有1头雌虫，便可进行繁殖。胎生是对其卵的一种保护性适应，又无独立的卵期，所以完成生活史的周期较短。一些寄生性昆虫常常不容易找到寄主，而多胚生殖可以保证其一旦找到寄主就能产生较多的后代。幼体生殖缺乏成虫期和卵期甚至蛹期，更可以缩短其世代周期，在较短时期可迅速增大其种群数量。兼行两种生殖方式的昆虫，如蚜虫，在适宜环境下行孤雌生殖，可在短期内迅速繁殖，而在环境条件不宜时行两性生殖，产卵越冬，以度过不良环境。

1.2.2 昆虫的发育与变态

1.2.2.1 发育阶段的划分和变态类型

（1）发育阶段的划分

昆虫的个体发育可分为胚胎发育和胚后发育两个阶段。胚胎发育是在卵内完成的，至孵化为止；胚后发育是从幼虫孵化开始直到成虫性成熟为止。

昆虫的生长发育是新陈代谢的过程。从幼虫到成虫要经过外部形态、内部构造以及生活习性上一系列变化，这种变化现象称变态。

（2）变态类型

昆虫经过长期的演化，随着成、幼虫体态的分化，翅的获得，以及幼虫期对生活环境的特殊适应，形成了不少变态类型。根据各虫态体节数目的变化、虫态的分化及翅的发生等特征，可把昆虫的变态分为2大类。

1）不完全变态

不完全变态为有翅亚纲外翅部除脖蜻目以外的昆虫所具有。其特点是只经过卵期、幼期和成虫期3个阶段（图1–16），翅在幼体外发育。不完全变态又可分为3个亚型。蜻蜓目、襀翅目昆虫的幼期水生，其体形、呼吸器官、取食器官、行动及行为等与成虫有明显的差异，其变态特称半变态，幼期虫态统称稚虫。直翅目、竹节虫目、螳螂目、蜚蠊目、革翅目、等翅目、啮虫目、纺足目、半翅目、大部分同翅目昆虫的幼期与成虫在体形、食性、生境等方面非常相似，这样的不完全变态特称为渐变态，其幼期虫态统称若虫。在缨翅目、同翅目粉虱科和雄性介壳虫中，幼期向成虫期转变时有一个不取食、类似蛹期的静止时期，这种变态介于不完全变态和完全变态之间被称为过渐变态。

2）完全变态

完全变态特点是具有卵、幼虫、蛹和成虫4个虫期。具有这类变态的昆虫包括翅亚纲中比较高等的各目，在分类上属于内翅部的昆虫。完全变态类的幼虫在外部形态、内部器官上与成虫不同（图1–16），翅在体内发育。当幼虫转变为成虫时，很多构造如触角、口器、翅、足等，都要换以成虫的构造，因此必须经历蛹期来完成这些变化。

全变态类昆虫的幼虫与成虫不仅在形态上各异，而且在生活习性方面也有显著的不同，如蛾、蝶的幼虫多以植物的各部分为食，而成虫则取食花蜜或不取食，因此具有完全不同的口器。许多甲虫的幼虫和成虫的口器虽然都是咀嚼式，然而它们所取食料和栖息环境在很多种类中不相同。如金龟子幼虫为害园林植物的根部，而成虫则取食地上部分；很多叩头虫幼虫是地下害虫，而成虫只取食腐烂的有机质等；不少芫菁的幼虫是肉食性的，而成虫大都为害植物。寄生性膜翅目和双翅目昆虫的幼虫营寄生生活，而成虫营自由生活。凡此种种，都说明全变态类的幼虫由于生活习性和成虫不同，因此有些昆虫仅以幼虫为害，有些昆虫仅以成虫为害，有些昆虫的幼虫和成虫分别为害不同的植物，而且还有程度上的差异。但也有些完全变态类昆虫的幼虫和成虫为害同一种或同一类植物，如多数叶甲和植食性的瓢虫。完全变态类昆虫成、幼虫在食性、习性等方面的分化，很大程度上避免了同种昆虫对食物资源和活动空间等方面的竞争，这是完全变态类昆虫的种类占昆虫总数80%以上的主要原因之一。

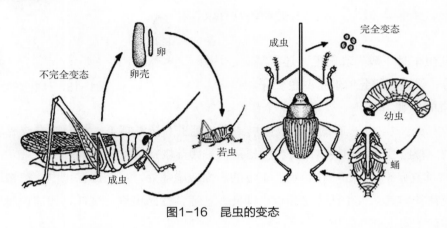

图1-16 昆虫的变态

1.2.2.2 各虫期生命活动特点

（1）卵期

昆虫的生命活动是从卵开始的，卵自产下后至孵化出幼虫（若虫）所经过的时间称为卵期。

1）卵的基本构造

卵是一个大型细胞，最外面是一层坚硬的卵壳，起着保护胚胎正常发育的作用。紧贴卵壳内面的薄层称卵黄膜，包住里面的原生质、卵黄和细胞核（图1-17）。有些种类昆虫卵壳的表面具有各式刻纹，可作为识别卵的依据。卵的端部常有1个或若干个贯穿卵壳的小孔，称为卵孔或受精孔，受精时精子由此进入卵内。昆虫的卵壳是由卵巢管中卵泡细胞分泌而来，多较厚且坚硬，但亦可薄或膜质（如很多寄生性膜翅目昆虫的卵），在胎生性昆虫中卵壳消失。卵壳基本是由硫键及氢键交叉联结形成的一种蛋白质结构。其构造相当复杂，由若干亲水性层次组成，水分可以自由通透。排卵前，在卵壳与卵黄膜之间由卵细胞分泌一薄层拒水性的蜡层，紧贴卵壳下。蜡层具有亲脂性与拒水性，起着防止水分蒸发、水溶性物质侵入的作用。此外，产卵时卵壳外黏附有大量性附腺的分泌物，鞣化蛋白形成一层坚硬的黏胶层，使卵能黏体上或黏集成卵块。复杂的卵壳结构及其附着物形成复杂的功能，一方面有适度的透水透气性，保证卵的正常发育；另一方面，可防止外来物质的侵入。因此，许多对其他虫态有效的杀虫剂往往不能杀卵。

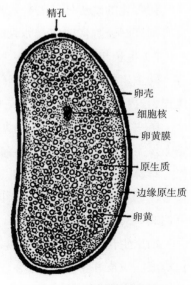

图1-17 昆虫卵的结构

精孔
卵壳
细胞核
卵黄膜
原生质
边缘原生质
卵黄

2）卵的类型和产卵方式

各种昆虫卵的大小、形状和产卵方式因种类而异，昆虫卵的大小一般与成虫的大小成正比，种间差异很大。如一种螽斯的卵长近10mm，而葡萄根瘤蚜的卵长仅0.02~0.03mm，大多数昆虫的卵长1.5~2.5mm。

昆虫卵的形状也呈现多样性。最常见的为卵圆形或肾形。此外，还有半球形、球形、桶形、纺锤形、鱼篓形、瓶形、弹形等（图1-18），有的卵还具有或长或短的柄。

卵的颜色初产时一般为乳白色，还有淡黄、淡绿、淡红、褐色等，至接近孵化时通常颜色变深。

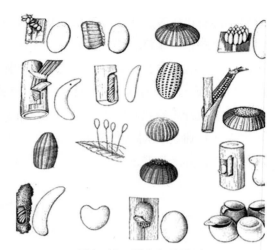

图1-18 昆虫卵的类型

各种昆虫的产卵方式不一。有的单个散产，如天蛾、天牛等，每处产1~2粒；有的聚集成卵块，如松毛虫、杨毒蛾等，将卵成堆或成块地产于植物组织上；有的卵裸露；有的卵块表面有各种覆被物，如毒蛾、灯蛾等。

昆虫的产卵场所各异，如产在植物、土壤的表面或隐蔽处，甚至产在土中、植物组织内等。成虫的产卵部位往往与其幼虫生活环境相近，即使一些捕食性昆虫也是这样，如捕食蚜虫的瓢虫、草蛉等，常将卵产于蚜虫群落之中。

（2）幼（若）虫期

昆虫幼虫（若虫）从卵孵化至发育到蛹（完全变态昆虫）或成虫（不完全变态昆虫）为止的时间称为幼（若）虫期。该阶段是昆虫的生长期，特点是大量取食获得营养，满足生长发育的需要。大多数害虫以幼虫期为害园林植物，而多数天敌昆虫则以幼虫期捕食或寄生于园林植物害虫中。

1）孵化

昆虫在胚胎发育完成后，幼虫（若虫）即破壳而出的行为称孵化。不同种类昆虫的孵化方式不同，如蛾、蝶类幼虫多以上颚直接咬破卵壳，蝽类孵化时则靠若虫肌肉收缩的压力顶开卵盖。

初孵化的幼虫体壁的外表皮尚未形成、体柔软、色淡、抗药能力差。有些种类昆虫的初孵幼虫常有围绕卵壳静伏或取食卵壳的习性。此时是化学防治的有利时期。

2）生长与蜕皮

幼虫生长到一定程度后，受了体壁的限制，必须将旧表皮蜕去，重新形成新的表皮，才能继续生长，这种现象称为蜕皮。脱下的旧皮称为蜕。

昆虫在蜕皮前常不食不动。每蜕皮一次，虫体的重量、体积都显著增大，食量也增加，在形态上发生相应的变化。从卵孵化至第1次蜕皮前称为第1龄虫（若虫），以后每蜕皮一次增加1龄。所以，计算虫龄是蜕皮次数加1。两次蜕皮之间所经历的时间，称为龄期。昆虫蜕皮的次数和龄期的长短，因种类及环境条件而不同，一般5~6龄。如金龟类3龄，草蛉4龄，蛾蝶类2~9龄，蜉蝣最多可达20~30龄。

幼虫生长到最后一龄，称为老熟幼虫，若再蜕皮就变成蛹或成虫。伴随着生长的蜕皮，称为生长蜕皮。蜕皮并不伴随生长，而同变态联系在一起，则称为变态蜕皮。

在害虫的调查研究和防治中，由于有些害虫不同龄期的取食、活动及抵抗外界不良环境能力等情况有所差异，因此要正确地识别虫龄，以便掌握防治的有利时机，如大多数食叶害虫在3龄以前防治效果较好。鳞翅目幼虫各龄间头壳宽度按一定的几何级数增长，即相继各龄幼虫的头壳宽度之比为一常数：

上一龄的头壳宽/下一龄的头壳宽=常数

如果测量前后两龄幼虫的头壳宽度，计算出增长的比例，就可以从已知的1龄或末龄幼虫的头壳宽度推算其余各龄的大小；反之，从幼虫头壳宽度也可以推算出幼虫的龄期。例如大菜粉蝶5龄幼虫的头壳宽度为3.0mm；4龄幼虫头壳宽度为1.8mm，即增长比例为1.8/3.0=0.6，依次推算各龄幼虫的头壳宽度与实测结果相比较极为近似。

龄数	推算	实测
4	$3.0 \times 0.6 = 1.8$	1.8
3	$1.8 \times 0.6 = 1.08$	1.1
2	$1.08 \times 0.6 = 0.65$	0.72
1	$0.65 \times 0.6 = 0.39$	0.4

3）幼虫的类型

完全变态类昆虫的幼虫还有各种不同的类型，掌握幼虫的类型有助于识别昆虫。根据足的多少及发育情况可将全变态类昆虫的幼虫分为三大类型（图1-19）。

① 多足型：幼虫除有3对胸足外，腹部还具多对附肢，各节的两侧有气门。多足型幼虫又可分为蠋式、拟蠋式两类。蠋式幼虫除胸足外，腹部第3~6节及第10节各有1对腹足，有时某些腹足退化，这些腹足端部都具有趾钩列，如鳞翅目蛾蝶类幼虫。拟蠋式幼虫除胸足外，还有6~8对腹足，腹足均无趾钩列，如膜翅目叶蜂幼虫。

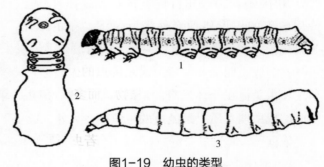

图1-19　幼虫的类型

1—多足型　2—寡足型　3—无足型

② 寡足型：幼虫仅有胸足，无腹足，常见于鞘翅目和部分脉翅目昆虫。典型的寡足型幼虫是捕食性的，通常称为"1"形昆虫，如鞘翅目步甲幼虫。其他有蛴螬式幼虫，体粗壮，具3对胸足，无尾须，静止时体呈"C"形弯曲，如鞘翅目金龟子幼虫。还有蠕虫式幼虫，体细长，前后宽度相似，胸足较小，如鞘翅目叩头虫幼虫。

③ 无足型：幼虫体无任何附肢，即无胸足、腹足。无足型幼虫按头部发达或骨化程度，分为全头式、半头式和无头式三种类型。全头无足式（如鞘目天牛、吉丁虫幼虫）有充分骨化的头部。半头无足式（如双翅目大蚊幼虫）头部仅前半部骨化，后半部缩入胸内。无头无足式（或称蛆式）如双翅目蝇类幼虫，头部完全退化，完全缩入胸部，或口钩伸出取食。

（3）蛹期

蛹是完全变态昆虫在胚后发育过程中，由幼虫转变为成虫必须经历的虫态。

1）前蛹和蛹期：

完全变态类昆虫的末龄幼虫老熟后，停止取食，寻找适当场所，有的吐丝结茧，有的建造土室等，随后缩短身体，不再活动，此时称为前蛹。前蛹实际上是末龄幼虫化蛹前的静止时期。在前蛹期内，幼虫表皮已部分脱离，成虫的翅和附肢等已翻出体外，只是被末龄幼虫的表皮所包围掩盖。待蜕去末龄幼虫的表皮后，翅和附肢即显露于体外，这一过程称为化蛹。自末龄幼虫蜕去表皮起至变为成虫时止所经历的时间，称为蛹期。

2）蛹的类型：

根据翅、触角和足等附肢是否紧贴于蛹体上，以及这些附属器官能否活动和其他外形特征，可将蛹分为离蛹、被蛹和围蛹3种类型（图1-20）。

① 离蛹：又称为裸蛹，其特点是翅和附肢不贴附虫体上，可以活动，腹部也能扭动。一些脉翅目和毛翅目的蛹甚至可以爬行或游泳。长翅目、鞘翅目、膜翅目等昆虫的蛹均属此种类型。

② 被蛹：其特点是附肢和翅紧贴于虫体上不能活动，表面只能隐约见其形态，大多数腹节或全部腹节不能扭动。鳞翅目、鞘翅目隐翅虫、双翅目虻类和瘿蚊等昆虫的蛹皆为此种类型，其中以鳞翅目的蛹最为典型。

③ 围蛹：为双翅目蝇类特有。蛹体被幼虫最后蜕下的皮形成桶形外壳所包围，蛹的本体为离蛹。

图1-20　蛹的类型

1—被蛹（蛾）　2—离蛹（天牛）　3—围蛹（蝇）

（4）成虫期

成虫是昆虫个体发育的最后一个阶段。成虫一般不再生长，主要任务是交配产卵、繁殖后代。因此，成虫期本质上是昆虫的生殖期。另外，成虫形态固定，特征高度发展，所以成虫又是分类的主要依据。

1）羽化

不完全变态的若虫或完全变态的蛹，蜕去最后一次皮变为成虫的过程称为羽化。不完全变态昆虫在羽化前，其若虫或稚虫寻找适宜场所，用胸足攀附在物体上不再活动，准备羽化。羽化时，成虫头部先自若虫的胸部裂口处伸出，逐渐蜕出全身。完全变态昆虫在近羽化时，蛹色变深，借成虫在蛹体内扭动使蛹壳破裂。不同种类昆虫蛹破裂的方式各异。如一些蝇类羽化时，身体收缩，将血液压向头部额囊，额囊因之膨大，将蛹壳挤破，成虫羽化后，额囊又缩回。蛹外包有茧的昆虫，有的用身体上坚硬的突起将茧割破；一些鞘翅目、膜翅目昆虫则用上腭破茧而出；家蚕、柞蚕等鳞翅目昆虫自口内分泌一种溶解丝的液体，将茧的一端软化溶解，成虫由此钻出。

成虫羽化之初，体柔软、色淡，有翅者翅皱缩，常爬至高处借血液的压力展平翅面，并自肛门内排出蛹期的代谢产物——黄褐色混浊的浓液称为蛹便。羽化后不久，成虫体色加深，体壁硬化，便开始活动。

2）性成熟与补充营养

有些昆虫在羽化后，性器官已经成熟，不需要取食即可交配、产卵。这类成虫口器往往退化，寿命很短，对植物危害不大，如一些蛾、蝶类。大多数昆虫羽化为成虫时，性器官还未完全成熟，需要继续取食，才能达到性成熟，如蝗虫、蝽类、叶蝉、叶甲等，这类昆虫成虫阶段对植物仍能造成危害。成虫阶段继续取食，以满足其生殖腺发育对营养的需求，这种取食称为补充营养。

3）交配及产卵

成虫从羽化到第1次交配的间隔期称为交配前期；从羽化到第1次产卵的间隔期称为产卵前期；由第1次产卵到产卵终止的时间称为产卵期。各种昆虫交配前期、产卵前期和产卵期均不同。了解和掌握这些活动的规律，不仅有生物学上的意义，而且在防治害虫上也十分重要。

昆虫的交配次数因种而异。有的一生只交配1次，有的可进行两次或多次。一般雌虫比雄虫寿命长。交配后雄虫不久死亡，雌虫则多在产卵结束后死亡。

同种昆虫雌、雄个体数量之比称为性比。一般情况下雌雄比接近1∶1，有些昆虫的性比受外界环境的影响而变动。昆虫生殖能力的大小，决定于种的遗传特性和生活环境条件两个基本因素。如黏虫一般产卵500~600粒，而在最有利的条件下产卵量可达1800粒之多。

4）性二型与多型现象

同一种昆虫雌、雄个体除生殖器官等第一性征不同外，其个体大小、体形、颜色等也有差别，这种现象称为性二型或雌雄二型。如介壳虫、蓑蛾等昆虫的雄虫具翅，雌虫则无翅；鞘翅目锹形虫雄虫的上颚比雌虫发达。此外，还有颜色的不同，如菜粉蝶雄性的体色浅于雌性；触角的类型不同，如蛾类雄虫的触角多为羽毛状，雌虫为丝状；发音器官的有无，如燧蜂、螽斯、蝉，仅雄虫具有发音器。

多型现象是指同种昆虫除雌雄两型外，还有两种或更多不同类型个体的现象。多型现象常表现在构造或颜色上的不同或性的差异。一些社会性昆虫如蚂蚁、白蚁、蜜蜂中，多型现象最为明显。如蜜蜂，除了能生殖的蜂王、雄蜂外，还有不能生殖的全为雌雄的工蜂。又如白蚁，在同一群中可能具有包括雌雄在内的6种主要类型，即3种能生殖的长翅型、短翅型和无翅型的雌性，2种不育型（或雌或雄）的工蚁、兵蚁和1种具有生殖能力的雄蚁。蚜虫在生长季节里都是雌蚜，但有无翅型与有翅型之别。

1.2.2.3　昆虫的世代与生活史

（1）世代

昆虫自卵或若虫从离开母体开始到成虫性成熟并能产生后代为止称为一个世代，简称为一代或一化。

昆虫因种类、生活环境不同，完成一个世代、一年内发生的世代数及每个世代历期长短各不相同。短的一年数代或数十代，长的一年或数年甚至数十年才完成1代。一年发生1代的昆虫如天幕毛虫、舞毒蛾等；一年发生2代或更多代的如杨扇舟蛾（随地区不同可发生2~7代，个别地区甚至8代），多数蚜虫一年可发生十余代或二三十代。另一些昆虫完成一个世代往往需要2~3年，如一些金针虫、金龟子、桑天牛等；而十七年蝉完成一个世代则需十余年。同一种昆虫在不同分布区每年发生的代数也不同。如菜缢管蚜在东北一年发生10~20代，在华北发生30多代。一年发生1代的昆虫称为一化性昆虫，一年发生2代及其以上者称为多化性昆虫。

世代划分顺序均从卵期开始，按一年内先后出现的世代顺序依次称第1代、第2代……但应注意跨年度虫态的世代划分，习惯上凡以卵越冬的，越冬卵就是次年的第1代卵。如梧桐木虱，当年秋末产卵越冬，越冬卵即是次年的第1代卵。以其他虫态越冬的均不是次年的第1代卵，而是前1年的最后1代，称为越冬代。如马尾松毛虫当年11月中旬以4龄幼虫越冬，越冬幼虫则称为越冬代幼虫，来年越冬代成虫产下的卵才是第1代的卵。

（2）年生活史

昆虫完成一个世代的个体发育史称为代生活史或生活代史。昆虫在一年中的生活史称为年生活史或生活年史。年生活史包括越冬虫态、一年中发生的世代数，越冬后开始活动的时间、各代及各虫态的历期、生活习性等。

1）世代重叠

每种昆虫都以种群方式存在。由于成虫产卵先后不一、个体营养条件不同和栖息场所小气候存在差异，造成同一个世代的各个个体发生有早有迟，因而一年多代的昆虫经常出现上下世代间重叠。这种前后世代同时存在的现象称为世代重叠。世代重叠现象给害虫测报和防治增加了一定的困难。

2）局部世代

同种昆虫在同一地区发生不同代数的不完整世代现象称为局部世代。如桃小食心虫在辽宁省一年内可以发生一个完整的世代及一个局部世代，第1代幼虫脱果早的部分个体继续发生第2代，而脱果迟的个体则入土结茧越冬。

3）世代交替

大部分多化性昆虫一年中各世代间相应虫态、习性和生活方式大致相同，仅存在历期长短的差异。但有些多化性昆虫在一年中的若干世代间生殖方式甚至生活习性等方面存在明显差异，常以两性世代与孤雌生殖世代交替，这种现象称为世代交替。以蚜虫、瘿蜂、瘿蚊的世代交替现象最为常见，如桃蚜完成其年生活史需要世代间的寄主交替（越冬寄主和夏季寄主）、生殖方式交替（有性生殖和无性生殖）和形态交替（有翅与无翅）。

（3）休眠和滞育

昆虫的生活史总是与环境条件的季节变化相适应。多数种类在隆冬或盛夏季节，常有一段或长或短的生长发育停滞的时期，即所谓的越冬或越夏。这种现象是昆虫安全度过不良环境条件的一种表现。根据引起和解除生长发育停滞的条件，可将停滞现象分为休眠和滞育两类。

1）休眠

休眠是由不良环境条件直接引起的（如高温或低温），当不良环境条件消除后，昆虫很快就能恢复正常的生长发育，如温带、温寒带地区秋冬季气温的下降或热带地区的高温干旱季节都可引起一些昆虫的休眠。不同种昆虫休眠越冬的虫态不同，如飞蝗、螽斯、天幕毛虫等以卵越冬；凤蝶、粉蝶、尺蛾以蛹越冬；瓢虫以成虫越冬。有的昆虫以任何虫态（或虫龄）都可休眠，如小地老虎主要以蛹越冬，但也能以幼虫越冬。

2）滞育

滞育是由环境条件引起的，但通常不是由不良环境条件直接引起的。在自然条件下，当不利的环境条件还远未到来之前，具有滞育特性的昆虫就进入滞育状态。一旦进入滞育，即使给以最适宜的条件，也不会马上恢复生长发育，所以滞育具有一定的遗传稳定性。凡有滞育特性的昆虫都各有固定的滞育虫期，如天幕毛虫、舞毒蛾，在6～7月以卵进入滞育，这时胚胎发育虽已完成，但其幼虫并不孵化，越冬后翌春才孵出幼虫。昆虫滞育主要受光周期控制，温度、食料等因子也有一定的影响。引起和解除诱导滞育的环境因子都必须通过内部激素的分泌来实现。

1.2.2.4　昆虫的行为和习性

在长期演化过程中，昆虫为适应各种复杂的环境条件，形成了特殊的行为和习性。昆虫的行为和习性，是以种或种群为表现特征的生物学特性。所以，某些行为和习性并非存在于所有的种类中，但亲缘关系相近的种类往往具有相似的习性。如天牛科幼虫均有蛀干习性，夜蛾类昆虫一般均有夜出活动的习性。昆虫种类多，习性和行为非常复杂，在此仅对一些重要的方面加以简介。了解昆虫的行为和习性，有助于进一步认识昆虫，对害虫治理亦具重要的实践意义。

（1）活动的昼夜节律

绝大多数昆虫的活动，如飞翔、取食、交配等常随昼夜的交替而呈现一定节奏的变化规律，这种现象称为昼夜节律。根据昆虫昼夜活动节律，可将昆虫分为日出性昆虫和夜出性昆虫。在白天活动的昆虫称为日出性昆虫，如蝶类、蜻蜓、步甲等；夜间活动的昆虫称为夜出性昆虫，如绝大多数的蛾类。那些只在弱光下活动的昆虫称为弱光性昆虫，如蚊子等常在黄昏或黎明时活动。

由于自然界中昼夜长短是随季节变化的，所以许多昆虫的活动节律也表现出明显的季节性。多化性昆虫各世代对昼夜变化的反应也不相同，明显地表现在迁移、滞育、交配、生殖等方面。

（2）趋性

趋性是指昆虫对外界刺激（如光、热、化学物质等）产生的定向活动行为。根据刺激源可将趋性分为趋光性、趋化性、趋热性、趋湿性、趋声性等。根据反应的方向，有正趋性（趋向）和负趋性（背离）之分。昆虫种类不同，甚至性别和虫态不同，趋性也不同。例如，多数夜间活动的昆虫对灯光表现为正趋性，尤对波长为330～400nm的紫外光敏感；而蟑螂对光有负趋性，见光便躲；蚜虫类则对550～600nm的黄色光反应强烈。趋化性是昆虫对某些化学物质的刺激所表现出的反应，通常与觅食、求偶、避敌、寻找产卵场所等有关，如一些蛾类对糖醋液有正趋性。

害虫防治中常利用害虫的趋光性和趋化性，如灯光诱杀和潜所诱杀分别是以趋光性、负趋光性为依据的；食饵诱杀和忌避剂则各以趋化性、负趋化性为依据。

（3）假死性

假死性是指昆虫受到外界某种刺激时，身体蜷缩、静止不动或从停留处跌落下来呈死亡之状，稍停片刻即恢复常态而离去的现象。不少鞘翅目的成虫和鳞翅目的幼虫具有假死性。假死性是昆虫逃避敌害的一种有效方式。利用某些昆虫的假死性，可采用振落法捕杀害虫或采集昆虫标本。

（4）群集、扩散与迁飞

1）群集性

同种昆虫的大量个体高密度聚集在一起的习性称为群集性。根据聚集时间的长短，可将群集分为临时性群集和永久性群集两类。临时性群集是指昆虫仅在某一虫态或一段时间内群集在一起，过后即分散。如一些刺蛾、毒蛾、叶蜂等的低龄幼虫行群集生活，长至若干龄后分散活动；榆蓝叶甲和多种瓢虫的成虫有群集越冬习性，来年出来后即分开活动。永久性群集则是终生群集在一起，具有社会性生活习性的蜜蜂、白蚁等为典型的永久性群集。

2）扩散

扩散是指昆虫个体在一定时间内发生空间变化的现象。根据扩散的原因可将扩散分为主动扩散和被动扩散两种类型。前者是昆虫由于取食、求偶、避害等自主形成的小范围空间变化；后者则是由于水力、风力、动物或人类活动引起的几乎完全被动的空间变化。扩散常使该种昆虫的分布区域扩大,对于害虫而言即形成所谓的虫害传播和蔓延。昆虫的扩散主要受到自身生理状况、适应环境的能力及外界环境条件的限制。对于多数陆生昆虫来说,地形、气候、生物、人类活动等都会直接或间接地影响其扩散与分布。

3)迁飞

迁飞是指某种昆虫成群地从一个发生地长距离地转移到另一个发生地的现象。许多常见的农业害虫具有迁飞习性,如东亚飞蝗、小地老虎、甜菜夜蛾、白背飞虱、黑尾叶蝉、多种野虫等。迁飞多发生在成虫的生殖前期,并与一定的季节有关。迁飞的原因、发生的世代、动力、持续时间、飞行距离与高度等因昆虫种类不同而异。如蚜虫、叶蝉、飞虱等小型昆虫自身飞行能力弱,常被上升的气流带到上空顺风做长距离的迁飞,而蝶类、蜻蜓等大型昆虫的迁飞至少在开始迁飞时是主动的。

1.3 昆虫的分类

1.3.1 昆虫分类的意义和方法

昆虫分类是研究昆虫科学的基础。人们根据昆虫的形态、生理、生态、生物学等特征、特性,通过分析、比较、归纳、综合,将自然界种类繁多的昆虫分门别类,尽可能客观地反映出昆虫历史演化过程、类群间的亲缘关系、中间形态及习性等方面的差异。学习昆虫分类,可以增加识别昆虫的能力,便于进一步研究昆虫、利用益虫和控制害虫。昆虫分类和其他动植物一样,目前仍以外部形态为主要依据,并以成虫形态特征为主。因为成虫是昆虫个体发育的最后阶段,形态已固定,种的特征已显示。

昆虫分类的阶元(也称单元)和其他生物分类的阶元相同。分类学中有7个主要阶元:界、门、纲、目、科、属、种。为了更详细地反映物种之间的亲缘关系,还常在这些主要阶元加上次生阶元,如"亚""总"级阶元等。例如在"门"下添加"亚门","纲"下添加"亚纲","目"下添加"亚目"及总科,"科"下添加"亚科"及族,"属"下添加"亚属"。通过分类阶元,我们可以了解一种或一类昆虫的分类地位和进化程度。现以马尾松毛虫为例,说明昆虫分类的一般阶元:

界:动物界

门:节肢动物门

纲:昆虫纲

亚纲:有翅亚纲

目:鳞翅目

亚目:异角亚目

总科:蚕蛾总科

科:枯叶蛾科

属:松毛虫属

种:马尾松毛虫

除上述阶元外,还有"亚种"、"变种"、"变型"及"生态型"等分类阶元,这些都是属于种内阶元。

亚种：是指具有地理分化特征的种群，不存在生理上的生殖隔离，但有可分辨的形态特征差别。

变种：是与模式标本不同的个体或类型。因为这个概念非常含糊不清，现已不再采用。

变型：多用来指同种内外形、颜色、斑纹等差异显著的不同类型。

生态型：同一种在不同生态条件下产生的形态上有明显差异的不同类型。这种变异不能遗传，随着生态条件的恢复，其子代就消失了这种变异，而恢复原始性状，如飞蝗的群居型和散居型。

1.3.2　昆虫的命名和命名法规

按照国际动物命名法规，昆虫的科学名称采用林奈的双名法命名，即一种昆虫的学名由1个属名及1个种名2个拉丁字或拉丁化的字组成。属名在前，首字母大写，种名在后，首字母小写，在种名之后通常还附上命名人的姓，首字母也要大写。属名和种名打印时用斜体字，手写稿时应在下面画一横线，命名人的姓用正体字排印，手写时不用画横线，如舞毒蛾〔*Lymantria dispar*（Linnaeus）〕。若是亚种，则采用三名法，将亚种名排在种名之后，首字母小写，亚种名也用斜体字排印，如东亚飞蝗〔*Locusta migratoria manilensis*（Meyen）〕。将命名人的姓加上括号，是因为这个种已从原来的*Acrydium*属移到*Locusta*属，这叫新组合。命名人的姓不应缩写，除非该命名人由于他的著作的重要性以及由于他的姓的缩写能被认识，如将Linnaeus缩写为L.。属名只有在前面已经提到的情况下可以缩写，如〔*L. migratoria manilensis*（Meyen）〕；当属名首次提及时不能缩写。

一种昆虫首次作为新种公开发表以后，如果没有特殊理由，不能随意更改。凡后人将该种昆虫定名为别的学名，按国际动物命名法规的规定，应作为"异名"而不被采用。因此，科学上采用最早发表的学名，这叫做"优先权"。优先权的最早有效期公认从林奈的《自然系统》第10版出版的时间，即1758年1月1日开始。

在动物分类学上，对族以上的一些分类单元的字尾作了规定，如族、亚科、科及总科的字尾分别为-ini，-inae，-idae，-oidea。目以上阶元无固定字尾，首字母均应大写，正体字排印，书写时不画横线。

1.3.3　与园林有关的主要目及其分类

1.3.3.1　等翅目

通称白蚁。口器咀嚼式，触角念珠状。有翅成虫2对翅狭长，膜质，前后翅质地、大小、形状及脉序均相同，故名。翅飞行一次后即脱落。跗节4或5节，有2爪。腹部10节，第1腹板退化，尾须短，1~8节。渐变态。多型性社会性昆虫。有些种类对建筑物和堤坝有极大破坏性。世界已知5000余种，我国250余种，分属3科（图1-21）。主要包括以下几科：

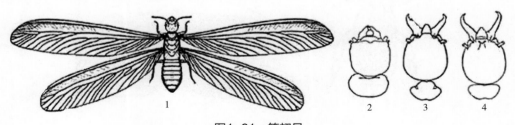

图1-21　等翅目

1—有翅成虫　2—木白蚁科　3—白蚁科　4—鼻白蚁科

（1）木白蚁科

头部无额腺及囟；前胸背板等于或宽于头部；前翅鳞达后翅鳞基部；跗节4节，胫节有2～4个端刺；尾须2~4节。无工蚁，其职能由若蚁完成。木栖。常见的种类有铲头堆砂白蚁〔*Cryptotermes domecticus*（Haviland）〕等。

（2）鼻白蚁科

头部有额腺及囟；前胸背板扁平，狭于头；前翅鳞明显大于后翅鳞，其顶端达后翅鳞基部；尾须2节。土木栖。我国常见种有家白蚁〔*Coptotermes formosanus*（Shiraki）〕和黑胸散白蚁〔*Reticulitermes chinensis*（Snyder）〕。

（3）白蚁科

头部有额腺及囟；前胸背板的前中部分隆起；前、后翅鳞等长；跗节4节；尾须1～2节。以土栖为主，如黑翅土白蚁〔*Odontotermes formosanus*（Shiraki）〕和黄翅大白蚁〔*Macrotermes barneyi*（Light）〕。

1.3.3.2　直翅目

本目动物多为中、大型体较壮实的昆虫，前翅为覆翅，后翅扇状折叠。后足多发达善跳。包括蝗虫、螽斯、蟋蟀、蝼蛄等。广泛分布于世界各地，热带地区种类多。全世界已知18000余种，分隶64科3500属。中国已知800余种，分隶28科。体小型至巨型，体长4~115毫米，仅少数种类小形。上颚发达，强大而坚硬，口器为典型咀嚼式口器，多数种类为下口式，少数穴居种类为前口式。触角长而多节，多数种类触角丝状，有的长于身体，有的较短；少数种类触角为剑状或锤状。（图1-22）

（1）蝗科

体粗壮。触角短，不超过体长，呈丝状、剑状或棒状等。多数种类有2对翅，少数种类翅退化或缺翅。跗节3节，第1跗节腹面常有三个垫状物，雄虫能以后足腿节摩擦前翅发音，听器位于第1腹节两侧，产卵器短粗，顶端弯曲呈锥状，蝗科为植食性昆虫，能取食许多不同科的植物，有些能造成严重危害，多数种类一年一代。卵为圆柱形而略弯曲，通常聚产于土中，外包以胶囊保护，又名卵囊。东亚飞蝗〔*Locusta migratoria manilensis*（Meyen）〕是我国的重要害虫之一。另外，林业上重要的害虫还有黄脊竹蝗〔*Rammeacris kiangsu*（Tsai）〕和青脊竹蝗〔*Ceracris nigricornis*（Walker）〕。

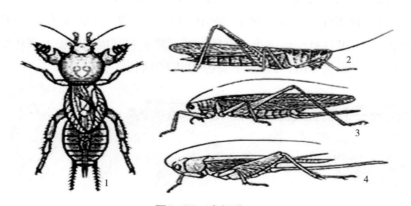

图1-22　直翅目

1—蝼蛄科　2—蝗科　3—螽蟖科　4—蟋蟀科

（2）蝼蛄科

大型、土栖昆虫。触角短于体长，前足开掘式，缺产卵器。本科昆虫通称蝼蛄。俗名拉拉蛄、土狗。全世界已知约50种。中国已知4种：华北蝼蛄、非洲蝼蛄、欧洲蝼蛄和台湾蝼蛄。我国常见的种类有东方蝼蛄〔*Gryllotalpa orientalis*（Burmeister）〕和华北蝼蛄〔*G. unispina*（Saussure）〕。

（3）螽蟖科

触角超过体长，丝状，30节以上。跗节4节，听器位于前足胫节基部。以两前翅摩擦发音。产卵器发达，呈刀状。常见的种类有纺织娘〔（*Mecopoda elongata*（L.）〕等。

（4）蟋蟀科

多数中小型，少数大型。黄褐色至黑褐色。头圆，胸宽，触角细长。咀嚼式口器。有的大颚发达，强于咬斗。各足跗节3节，前足和中足相似并同长；后足发达，善跳跃；前足胫节上的听器，外侧大于内侧。常见种类如油葫芦〔*Teleogryllus mitratus*（Burmeister）〕。

1.3.3.3　缨翅目

缨翅目，昆虫通称"蓟马"，体微小至小形，长0.5~14mm，一般为1~2mm。口器锉吸式，左右不对称。复眼发达，单眼2~3个，无翅型常缺单眼。翅狭长，具少数翅脉或无翅脉，翅缘扁长，有或长或短有毛。也有无翅及仅存遗迹的种类。缺尾须。过渐变态。常见的科如下（图1-23）。

（1）管蓟马科

触角8节，少数种类7节，有锥状感觉器。腹部末节管状，后端较狭，生有较长的刺毛，无产卵器。翅表面光滑无毛，前翅没有脉纹。常见种类有中华蓟马〔*Haplothrips chinensis*（Priesner）〕等。

（2）纹蓟马科

触角9节。翅较阔，前翅末端圆形，围有缘脉，翅上常有暗色斑纹。侧面观，锯状产卵器的尖端向上弯曲。如横纹蓟马〔*Aeolothrips fasciala*（Linnaeus）〕等。

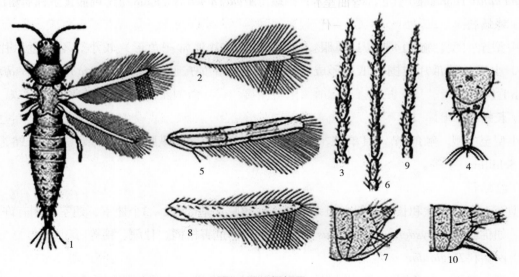

图1-23　缨翅目

管蓟马科：1—成虫　2—前翅　3—触角　4—腹部末端

纹蓟马科：5—前翅　6—触角　7—腹部末端

蓟马科：8—前翅　9—触角　10—腹部末端

（3）蓟马科

触角6～8节，末端1～2节形成端刺，第3、4节上常有感觉器。翅狭而端部尖锐。雌虫腹部末端圆锥形，生有锯齿产卵器，侧面观，其尖端向下弯曲。如烟蓟马〔*Thrips tabaci*（Lindeman）〕等。

1.3.3.4 半翅目

半翅目（Hemiptera），也叫异翅目。此类昆虫俗称蝽或椿象，由于很多种能分泌挥发性臭液，因而又叫放屁虫、臭虫、臭板虫。半翅目包括蝽和同翅类（蝉、蚜虫、介壳虫等）。全世界约有133科、超过6万种。体微小至大型（0.3～100mm）。头后口式。口器刺吸式。复眼多发达，单眼0～3个。触角刚毛状或丝状，3～10节，而雄介壳虫达25节。翅2对，前翅为革质、膜质，或基半部角质，端半部膜质；后翅膜质；静止时常呈屋脊状或两翅平叠于腹背；部分无翅，少数种类后翅退化成平衡棒。跗节1～3节。多数种类有蜡腺或臭腺。渐变态、过渐变态。性二型及多型常见。与园林植物关系密切的有蝽科、网蝽科、盲蝽科、缘蝽科、猎蝽科和花蝽科（图1-24）。

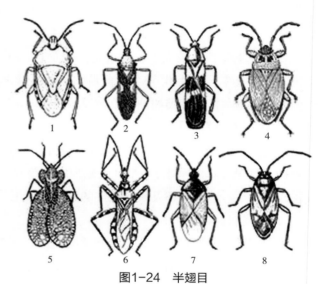

图1-24　半翅目

1—蝽科　　2—缘蝽科　　3—长蝽科　　4—红蝽科
5—网蝽科　　6—猎蝽科　　7—花蝽科　　8—盲蝽科

（1）蝽科

体小型至大型。触角5节，少数种类4节。通常具2个单眼。喙4节。小盾片通常三角形，较大，至少超过爪片长度。如麻皮蝽〔*Erthesina fullo*（Thunberg）〕危害多种林木；蠋蝽〔*Arma chinensis*（Fallou）〕可捕食多种鳞翅目幼虫。

（2）缘蝽科

体中型至大型。触角4节。具单眼。喙4节。小盾片通常三角形，较小，不超过爪片长度，静止时，小盾片被爪片包围，爪片形成完整的接合缝。如广腹同缘蝽〔*Homoeocerus dilatatus*（Horvath）〕等。

（3）长蝽科

体小型至中型。触角4节。具单眼。喙4节。膜片上有4～5条纵脉。跗节3节。如小长蝽〔*Nysius ericae*（Schilling）〕等。

（4）红蝽科

中型至大型。形状和长蝽相似，但无单眼，前翅膜片基部有2～3个翅室，翅室外侧有许多分枝的翅脉。如棉红蝽〔*Dysdercus cingulatus*（Fabricius）〕危害柑橘、甘蔗、棉等。

（5）网蝽科*Tingididae*

体小型，扁平。触角4节，第3节极长，第4节膨大。喙4节。如梨冠网蝽〔*Stephanitis nashi* Esaki *et*（Takeya）〕危害梨树等。

（6）猎蝽科

体小型至中型。头部较窄，后部细缩如颈状。喙3节，粗短而弯曲，不紧贴腹面，强劲，适于刺吸。如捕食森林害虫的中黄猎蝽〔*Sycanus croceovittatus*（Dohrn）〕。

（7）花蝽科

体微小或小型。通常具单眼。喙3~4节。前翅有明显的缘片和楔片，膜片有不明显的纵脉1~3条或缺。如细角花蝽〔*Lyctocoris campestris*（Fab.）〕广布于全世界。

（8）盲蝽科

体小型。无单眼。触角4节。喙4节，第1节与头部等长或较长。如绿盲蝽〔*Lygus lucorum*（Meyer–Dür）〕为害虫，黑肩盲蝽〔*Cyrtorrhinus lividipennis*（Reuter）〕为益虫。

1.3.3.5　鞘翅目

鞘翅目通称甲虫。是昆虫纲乃至动物界中种类最多、分布最广的第一大目，全世界已知约35万种，占昆虫总数的1/3，中国已知7000余种，广布地球陆地及淡水每一个角落。完全变态。本目分肉食亚目和多食亚目。

（1）肉食亚目

主要特征是腹部第1腹板中间被后足基节窝所分割，前胸背板与侧板间有明显的分界，跗节5节，触角多为丝状（图1–25）。

1）步甲科

步甲科为鞘翅目肉食亚目的1科。唇基狭于触角窝间距，适于爬行的甲虫。通称步甲。世界已知约2.5万种，中国已记载800种以上。体小型至大型，黑色或褐色而有光泽。头小于胸部，前口式。触角丝状，触角间距大于上唇宽度。足适于行走，跗节5节。如金星步甲〔*Calosoma maderae*（Fabr.）〕为农田常见的种类，常捕食黏虫、地老虎等夜蛾类幼虫。

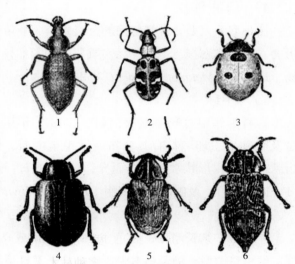

图1–25　鞘翅目（一）

1—步甲科　2—虎甲科　3—瓢虫科　4—叶甲科
5—豆象科　6—吉丁虫科

2）虎甲科

虎甲科为鞘翅目肉食亚目的一科。有拦路虎或导路虫之称。世界已知约2000种，主要分布于热带和亚热带地区。中国记载100多种。体小型至中型，体色鲜艳。下口式，头比胸部宽。复眼大而突出。触角丝状，其基部间的距离小于上唇宽度。如中华虎甲〔*Cicindela chinensis*（De Geer）〕。

（2）多食亚目

本亚目包括鞘翅目多数种类。共同特征有：腹部第1腹板不被后足基节窝所分割，后足基节不固定在后胸腹板上；前胸背板与侧板无明显分界。跗节3~5节。食性杂。多食亚目主要包括以下几科（图1–25、图1–26）。

1）瓢虫科

瓢虫为鞘翅目昆虫，圆形突起甲虫的通称，是体色鲜艳的小型昆虫，常具红、黑或黄色斑点。别称为红娘、金龟、金龟子（但金龟子实际上是指另一种甲虫），甚至因为某些种其分泌物带有臭味而俗称为臭龟子（但这也是混称）。该类昆虫体小型至中型，呈半球形或卵圆形，常具有鲜明的色斑，外形似瓢而得名，触角棒状，下颚须斧形。另外，有些种类为植食性害虫，如马铃薯瓢虫

〔*Henosepilachna vigintioctopunctata*（Fabricius）〕危害马铃薯和茄科植物。

2）叶甲科

因成虫、幼虫均取食叶部而得名，又因成虫体多闪金属光泽，所以又有"金花虫"之称。体小型至中型，触角丝状，一般短于体长之半，不着生在额的突起上。复眼圆形，不环绕触角。园林上重要种类有白杨叶甲〔*Chrysomela populi*（L.）〕。

3）豆象科

本科昆虫外观近似小型的象鼻虫，成员并不太多。分布在广东、福建、云南、湖南、江西、山东、河南、天津、浙江、湖北、广西等地。体小型，卵圆形。额延长成短喙状。复眼极大，前缘凹入，包围触角基部。触角锯齿状、梳状或棒状。鞘翅短，腹末露出。跗节隐5节。后足基节左右靠近，腹部可见6节。幼虫复变态。如紫穗槐豆象〔*Acanthoscelides pallidipennis*（Motschulsky）〕。

4）吉丁虫科

体小型至大型。常具鲜艳的金属光泽。触角锯齿状。前胸与鞘翅相接处不凹下，前胸腹面有尖形突，与中胸密接，不能弹跳。重要的种类如杨锦纹截尾吉丁〔*Poecilonota variolosa*（Paykull）〕，杨十斑吉丁〔*Melanophila picta*（Pallas）〕。

5）叩甲科

本科为叩甲总科中最大的科，广布全世界，已知超过1万种，我国已知近600种，全国各地区及各种生态环境都有其分布。体小至中型，体色多为灰、褐、红褐等暗色。触角锯齿状、栉齿状或丝状，形状常因雌雄而异，11～12节。跗节5节。如沟线角叩甲〔*Pleonomus canaliculatus*（Faldermann）〕及细胸锥尾叩甲〔*Agriotes subvittatus*（Motschulsky）〕。

6）粉蠹科

体小型，细长略扁，颜色多深暗、光滑或具微毛。复眼大而突出。触角11节，锤状部由2节组成。幼虫蛴螬型，栖于枯木中，主要危害家具类等。如枹扁蠹〔*Lyctus linearis*（Goeze）〕。

7）长蠹科

鞘翅目长蠹总科的1科。长筒形，暗色，前胸背板风帽状，完全遮盖头部，幼虫蛀木的甲

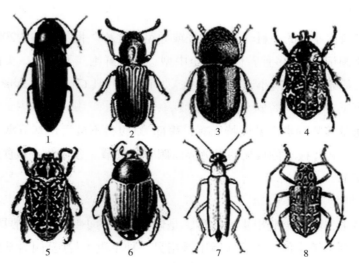

图1-26　鞘翅目（二）

1—叩甲科　2—粉蠹科　3—长蠹科　4—花金龟科　5—鳃金龟科　6—丽金龟科　7—芫菁科　8—天牛科

虫。本科昆虫通称长蠹。记载有 60属400种，分布世界各地。中国已知有10余种。除寒带外，各地都有分布，大多数种类在高温高湿地区。可依靠木材、竹材、贮粮的运输传播他处。体小至大型。头部向下弯，被前胸背板遮盖，触角10～11节，锤状部由3节组成。幼虫蛴螬型，如双棘长蠹〔*Sinoxylon anale*（Lesne）〕。

8）花金龟科

花金龟科是金龟子总科的一科，通称花金龟，广布全球。世界已记录2640多种，中国已记录约184种。花金龟科的绝大部分成虫主要危害果树、林木、农作物的花、花卉，其次危害有伤的或成熟的果实，造成减产或影响果实的质量。体中型至大型，体阔，背面扁平，颜色鲜明。鞘翅侧缘近肩角处向内凹入。成虫日间活动，常钻入花朵取食花粉、花蜜，咬坏花瓣和子房，故有"花潜"之称。常见种类如小青花金龟〔*Oxycetonia jucunda*（Fald.）〕等。

9）鳃金龟科

金龟总科中最大的一科，已有记载逾万种，分布几乎遍及全球，以热带地区种类最多。中国已记录近500种。体中型至大型，多为椭圆形或略呈圆筒形，体色多样。触角鳃状部3～7节，雄虫触角鳃状部比雌虫发达。腹末最后2节外露。园林上常见种类如华北大黑鳃金龟〔*Holotrichia oblita*（Faldermann）〕等，危害多种林木幼苗。

10）丽金龟科

体中型，多具金属光泽。跗节2爪不等长（爪不对称），尤其后足爪更为明显。后足胫节有2枚端距。常见种类如铜绿异丽金龟〔*Anomala corpulenta*（Motschulsky）〕，危害多种林木及果树等。

11）芫菁科

体中型，长圆筒形，体色多样。头与体垂直，后头收缩成细颈状。足细长，跗节5-5-4式，爪1对，每爪分裂成2叉状（爪双裂）。鞘翅较柔软，2翅在端部分离，不合拢。复变态。如中华芫菁〔*Epicauta chinensis*（Laporte）〕。

12）天牛科

体中型至大型，长筒形。触角丝状，特长，常超过体长，至少超过体长之1/2，着生于额的突起上，是区别于叶甲科的重要特征。复眼环绕触角基部，呈肾形凹入，或分裂为2个。重要种类如双条杉天牛〔*Semanotus bifasciatus*（Motschulsky）〕、光肩星天牛〔*Anoplophora glabripennis*（Motschulsky）〕等。

1.3.3.6　鳞翅目

鳞翅目包括蛾、蝶两类昆虫。属有翅亚纲、全变态类。全世界已知约20万种，中国已知约8000余种。该目为昆虫纲，仅次于鞘翅目的第2个大目。分布范围极广，以热带种类最为丰富。绝大多数种类的幼虫为害各类栽培植物，体形较大者常食尽叶片或钻蛀枝干。体形较小者往往卷叶、缀叶、结鞘、吐丝结网或钻入植物组织取食为害。成虫多以花蜜等作为补充营养，或口器退化不再取食，一般不造成直接危害。

体小至大型3～77mm，翅展3～265mm。口器虹吸式。复眼发达，单眼2个或无。触角细长，多节，蛾类中有丝状、栉齿状等多种形状，蝶类中则为球杆状。翅2对，膜质，翅面密布鳞片和毛；翅脉接近标准，但有的雌虫无翅。跗节5节，少数种类前足退化，跗节减少。腹部10节，无尾须。幼虫蠋型，除3对胸足外，腹部有2～5对腹足，腹足端部还有各种形式排列的趾钩。全变态。绝大部分为植食性，除少数成虫能为害外，均以幼虫为害。

（1）蝶类（图1-27）

1）凤蝶科

多为大型种类，翅面多以黑、黄或绿作为底色，衬以其他色斑。重要种类如柑橘凤蝶〔*Papilio xuthus*（L.）〕。

2）粉蝶科

多为中型，翅面常为白、黄、橙等色，并杂有黑斑纹，3对胸足发达。重要种类如山楂粉蝶〔*Aporia crataegi*（L.）〕。

3）蛱蝶科

中型到大型，颜色多样，前足极退化，无功能；雌虫跗节4～5节，雄虫只1节，均无爪。园林上有名的如为害杨、柳的紫闪蛱蝶〔*Apatura iris*（L.）〕及为害朴、桤木等林木的榆黄黑蛱蝶〔*Nymphalis xanthomelas*（L.）〕等。

图1-27　鳞翅目（一）

1—凤蝶科　2—粉蝶科　3—蛱蝶科

（2）蛾类（图1-28、图1-29、图1-30）

1）透翅蛾科

小型至中型。翅狭长，大部分透明，外形似蜂类。触角棍棒状，顶端生1刺或毛丛。重要种类有白杨透翅蛾〔*Paranthrene tabaniformis*（Rott.）〕、杨干透翅蛾〔*Sesia siningensis*（Hsu）〕等。

2）蝙蝠蛾科

体一般中型，个别极大或极小，多杂色斑纹。头较小，单眼无或很小，口器退化。触角短，丝状，少数为栉齿状。林业上重要种有柳蝙蛾〔*Phassus excrescens*（Butler）〕等。

3）巢蛾科

小型至中型。前翅多为白色或灰色，上具多数小黑点；各脉分开，中室内存在中脉主干。幼虫前胸侧毛组（气门前方处）有3根毛；趾钩为多行环。如白头松巢蛾〔*Cedestis gysselinella*（Duponchel）〕危害油松针叶。

4）鞘蛾科

小型。翅狭长而端部尖，前翅中室斜形。幼虫趾钩为单序二横带。早龄潜叶，稍长即结鞘，随身带鞘取食，所结鞘随种类而不同，可用以分种。重要的种类有兴安落叶松鞘蛾〔*Coleophora obducta*（Meyric）〕。

5）麦蛾科

小型。头部鳞片光滑。喙中等长，下唇须向上弯曲。前翅狭长，后翅菜刀状，顶角多突出，外缘凹入。主要种类如危害多种林木及果树的核桃楸麦蛾〔*Chelaria gibbosella*（Zeller）〕和山杨麦蛾〔*Anacampsis populella*（Clerck）〕。

6）木蠹蛾科

中型至大型，体粗壮，无喙。翅一般为灰褐色，具有黑斑纹。幼虫粗壮，黄白色或红色。腹足趾钩为2或3序环。重要的种类有芳香木蠹蛾东方亚种〔*Cossus cossus orientalis*（Gaede）〕、柳干木蠹蛾〔*Holcocerus vicarious*（Walker）〕等。

7）豹蠹蛾科

有的书将本科包括在木蠹蛾科中，两科的区别在于本科后翅Rs与M$_1$远离。下唇须极短，决不伸

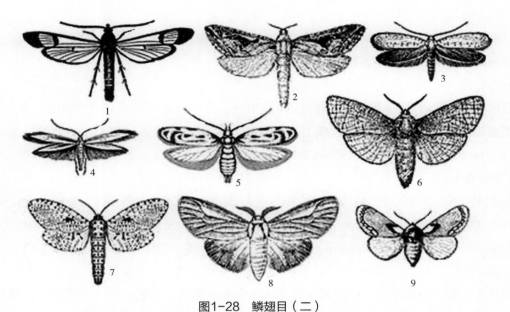

图1-28　鳞翅目（二）

1—透翅蛾科　2—蝙蝠蛾科　3—巢蛾科　4—鞘蛾科　5—麦蛾科

6—木蠹蛾科　7—豹蠹蛾科　8—袋蛾科　9—刺蛾科

向额的上方。重要种类有咖啡豹蠹蛾〔*Zeuzera coffeae*（Nietner）〕、梨豹蠹蛾〔*Z. pyrina*（L.）〕和木麻黄豹蠹蛾〔*Z. multistrigata*（Moore）〕等。

8）袋蛾科

又名蓑蛾科。小型至中型，雌、雄异形。雄蛾有翅。触角羽状。喙消失。翅面鳞片薄，近于透明。重要的园林种类主要是大袋蛾〔*Clania variegate*（Snellen）〕。

9）刺蛾科

中型，体粗短。喙退化。翅鳞片松厚，多呈黄、褐或绿色。重要种类有黄刺蛾〔*Cnidocampa flavescens*（Walker）〕，褐边绿刺蛾〔*Parasa consocia*（Walker）〕和扁刺蛾〔*Thosea sinensis*（Walker）〕等。

10）斑蛾科

中型至大型。成虫颜色鲜艳或呈灰黑色。喙发达。如榆斑蛾〔*Illiberis ulmivora*（Graeser）〕等。

11）卷叶蛾科

小型至中型。前翅略呈长方形，休止时两翅合成古钟罩形。前后翅脉多分离，即翅脉都从中室或翅基伸出，不合并成叉状。重要种类如油松球果小卷蛾〔*Gravitarmata margarotana*（Heinemann）〕，松梢小卷蛾〔*Rhyacionia pinicolana*（Doubleday）〕等。

12）螟蛾科

小型至中型。前翅狭长，后翅较宽。如微红梢斑螟〔*Dioryctria rubella*（Hampson）〕，油松球果螟〔*D. mendacella*（Stgr.）〕等。

13）枯叶蛾科

中型至大型。体粗壮多毛，一般为灰褐色。单眼与喙退化。如黄褐天幕毛虫〔*Malacosoma neustria testacea*（Motschulsky）〕、马尾松毛虫〔*Dendrolimus punctatus*（Walker）〕等。

14）家蚕蛾科

中形蛾子，喙退化。有益种类如闻名世界的家蚕蛾〔*Bombyx mori*（L.）〕，有害林业的如野蚕蛾〔*Theophila mandarina*（Moore）〕等。

15）尺蛾科

小型至大型。体小，翅大而薄，休止时4翅平铺，前、后翅常有波状花纹相连；有些种类的雌虫无翅或翅退化。重要种类有春尺蛾〔*Apocheima cinerarius*（Erschoff）〕、槐尺蛾〔*Semiothisa cinerearia Bremer et*（Grey）〕、枣尺蛾〔*Chihuo zao*（Yang）〕等。

16）大蚕蛾科

大型或极大型，色泽鲜艳。许多种类的翅上有透明窗斑或眼斑。口器退化。无翅缰。我国产著名的如乌桕大蚕蛾〔*Attacus atlas*（L.）〕是最大昆虫之一，银杏大蚕蛾〔*Dictyoploca japonica*（Moore）〕为害樟、银杏等甚烈。柞蚕〔*Antheraea pernyi*（Guerin-Meneville）〕的丝则有重大经济价值。

17）天蛾科

大型。体粗壮，呈纺锤形。喙发达。触角末端弯曲成钩状。前翅狭长，外缘倾斜；后翅Sc+R1与Rs在中室外平行，二脉之间有1短脉相连。幼虫粗大，体光滑或密布细颗粒，第8腹节有1个背中角；趾钩为双序中带。重要种类有蓝目天蛾〔*Smerinthus planus planus*（Walker）〕、南方豆天蛾〔*Clanis bilineata bilineata*（Walker）〕等。

18）舟蛾科

又名天社蛾科。中型至大型，喙不发达。重要种类有杨扇舟蛾〔*Clostera anachoreta*（Fabricius）〕、杨二尾舟蛾〔*Cerura menciana*（Moore）〕等。

19）灯蛾科

中型至大型。体粗壮，色较鲜艳，腹部多为黄或红色，且常有黑点。翅为白、黄、灰色，多具条纹或斑点。如林业外来种美国白蛾〔*Hyphantria cunea*（Drury）〕。

20）夜蛾科

体粗壮。前翅狭长，常有横带和斑纹；后翅较宽，多为浅色。如旋皮夜蛾〔*Eligma narcissus*（Cramer）〕。

21）毒蛾科

体中型。体色多为白、黄、褐色等。喙退化。有些雌虫无翅或翅退化。重要种类有危害多种林木和果树的舞毒蛾〔*Lymantria dispar*（Linnaeus）〕、杨毒蛾〔*Stilpnotia candida*（Staudinger）〕等。

图1-29　鳞翅目（三）

1—斑蛾科　2—卷叶蛾科　3—螟蛾科　4—枯叶蛾科

5—家蚕蛾科　6—尺蛾科　7—大蚕蛾科　8—天蛾科　9—舟蛾科

22）举肢蛾科

小型。翅狭长而尖，多为褐色；前翅外端常有浅色花纹。后足胫节和各足跗节顶端多有刺。栖息时中、后足常上举，高出翅背，因而得名。重要种类如核桃举肢蛾〔*Atrijuglans hetaohei*（Yang）〕、柿举肢蛾〔*Stathmopoda masinissa*（Meyrick）〕等。

23）潜蛾科

小型蛾类。通常为白色，特别在翅基部有淡色花纹。触角长，第1节膨大。重要种类有杨白潜蛾〔*Leucoptera susinella*（Herrich-Schaffer）〕。

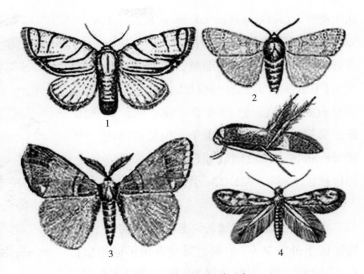

图1-30　鳞翅目（四）

1—灯蛾科　2—夜蛾科　3—毒蛾科　4—举肢蛾科

1.3.3.7　膜翅目

膜翅目（Hymenoptera）包括蜂、蚁类昆虫。属有翅亚纲、全变态类。全世界已知约12万种，中国已知2300余种，是昆虫纲中第3个大目、最高等的类群。广泛分布于世界各地，以热带相亚热带地区种类最多。膜翅目是昆虫纲中的一个目，它的名字来自于其膜一般的，透明的翅膀，它包括各种蜂和蚂蚁。在全世界它有11万多个种，是昆虫纲中第三大的目（次于鞘翅目和鳞翅目）。

体微小型至大型，口器咀嚼式或嚼吸式。复眼发达，单眼3个或无。触角多于10节且较长，有丝状，膝状等。大部分种类的腹部第1节常与后胸连接称为并胸腹节。翅2对，膜质，前翅大，后翅小，前后翅以翅钩列连接。跗节5节。雌虫常有锯齿状或针状产卵器。一般为全变态。目下分为广腰亚目和细腰亚目。

（1）广腰亚目（Symphyta）

本亚目幼虫均为植食性种类，食叶、蛀茎或形成虫瘿。园林上较重要的有下列4科（图1-31）。

1）扁叶蜂科

体较大，产卵管短，脉序原始，幼虫无腹足。如松阿扁叶蜂〔*Acantholyda posticalis*（Matsumura）〕、贺兰腮扁叶蜂〔*Cephalcia alashanica*（Gussakovskij）〕、鞭角华扁叶蜂〔*Chinolyda flagellicornis*（Smith）〕等。

2）松叶蜂科

成虫粗壮，飞行缓慢，触角多于9节，锯齿状或栉齿状，第3节不长。如欧洲新松叶蜂〔*Neodiprion sertifer*（Geoffroy）〕、靖远松叶蜂〔*Diprion jingyuanensis*（Xiao et Zhang）〕等。

3）叶蜂科

触角丝状或棒状，幼虫腹足6～8对，体节常由横褶分成许多小环节。如落叶松叶蜂〔*Pristiphora erichsonii*（Hartig）〕、油茶叶蜂〔*Dasmithius camellia*（Zhou et Huang）〕、樟叶蜂〔*Mesonura rufonota*（Rohwer）〕等。

4）树蜂科

多为大型，体粗壮，长筒形，黑色或黄色等，常具褐纹，前足胫节有1个端距。如为害针叶树的泰加大树蜂〔*Urocerus gigas taiganus*（Bens.）〕等。

（2）细腰亚目（Apocrita）

胸腹间显著收缩如细腰，或具柄。各足转节为1节或少数为2节。翅脉大多减少，后翅最多只有2个基室。产卵器锥状或针状。幼虫无足。多居于巢室内或寄生于其他昆虫体内，少数可在植物上作虫瘿或危害种子。细腰亚目主要包括以下8科（图1-32、图1-33）。

1）姬蜂科

小型至大型，体细长。触角线状多节。前翅翅痣下外方常有1个四角形或五角形的小室，有2条回脉（第1回脉和第2回脉），有3个盘室。腹部细长或侧扁。产卵器常露出。多寄生于各种昆虫的幼虫和蛹内，一般单寄生。如寄生于松毛虫幼虫体内的喜马拉雅聚瘤姬蜂〔*Gregopimpla himalayensis*（Cameron）〕和舞毒蛾黑瘤姬蜂〔*Coccygomimus disparis*（Viereck）〕。

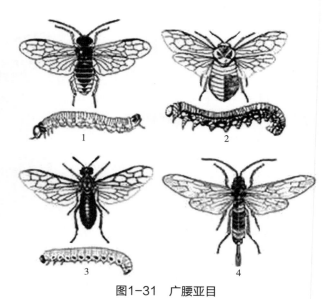

图1-31　广腰亚目

1—扁叶蜂科　2—松叶蜂科　3—叶蜂科　4—树蜂科

2）茧蜂科

体微小或小型。外形与姬蜂科相似，但前翅只有1条回脉即第1回脉，有2个盘室。腹部卵形或圆柱形，第2节与第3节背板通常愈合，两者之间的缝不能活动。一般为多寄生，并有多胚生殖现象。本科对抑制害虫起很重要的作用，如寄生于松毛虫体内的红头茧蜂〔*Rhogas dendrolimi*（Mats.）〕等。

3）小蜂科

体长0.2~5mm。有黑、褐、黄、白、红等颜色，无金属光泽。头胸部背面常有粗大刻点；头横宽，触角柄节长，端部有时呈锤状。足转节2节，跗节5节，后足基节极大，为前足基节的5~6倍，后足腿节通常膨大，内缘成锯齿状；胫节弯曲，生有2距。腹柄短，产卵器直而短。如寄生于多种鳞翅目蛹内的广大腿小蜂〔*Brachymeria lasus*（Walker）〕。

4）跳小蜂科

体长1~2mm，平滑或有点刻，黑色而有金属光泽。头阔，触角8~13节。复眼发达。中胸侧板

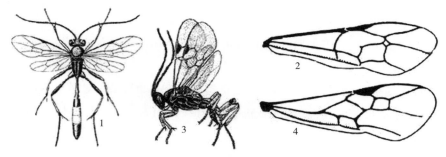

图1-32　细腰亚目（一）

1，2—姬蜂科成虫及前翅　3，4—茧蜂科成虫及前翅

大，完整而隆起，背板无盾侧沟。中足常膨大，适于跳跃。胫节有1粗而长的端距。重要种类有大蛾卵跳小蜂〔*Ooencyrtus kuwanai*（Howard）〕以及寄生于蚧虫的蜡蚧扁角跳小蜂Anicetus ceroplastis Ishii等。

5）金小蜂科

体微小至小型，多具金属光泽。触角多为13节。如寄生于粉蝶和凤蝶蛹内的蝶蛹金小蜂〔*Pteromalus puparum*（L.）〕等。

6）广肩小蜂科

体小型，常为黑色。触角11～13节，雄虫触角上具长毛轮。如重要的种实害虫落叶松种子小蜂〔*Eurytoma laricis*（Yano）〕等。

7）赤眼蜂科

体微小。触角短，肘状，鞭节不超过7节。如松毛虫赤眼蜂〔*Trichogramma dendrolimi*（Mats.）〕、广赤眼蜂〔*T. evanescens*（Westwood）〕等。

8）缘腹卵蜂科

体微小至小型，多数黑色而有金属光泽。触角棍棒状。如松毛虫黑卵蜂〔*Telenomus dendrolimusi*（Chu）〕等。

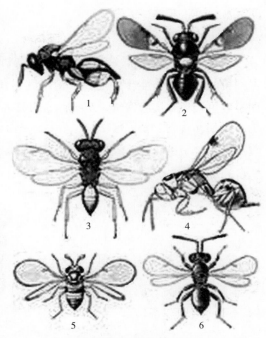

图1-33　细腰亚目（二）

1—小蜂科　2—跳小蜂科　3—金小蜂科
4—广肩小蜂科　5—赤眼蜂科　6—缘腹卵蜂科

1.3.3.8　双翅目（Diptera）

包括蝇、蚊、虻、蚋等。体微小至大型，头部球形或半球形；口器为刺吸式或舐吸式；复眼发达，单眼2个或无；触角线状（蚊类）或具芒状。仅有1对发达的膜质前翅，后翅特化成平衡棒；跗节5节；腹部体节一般可见4～5节，末端数节内缩，成为伪产卵器。对园林植物为害比较严重的包括以下6个科（图1-34）。

（1）瘿蚊科

小型种类，外观似蚊。触角念珠状，10～36节组成；前翅有3～5条纵脉，少横脉；幼虫体多呈纺锤形；头退化。

（2）食虫虻科

中型到大型，头、胸部大，腹端多呈锥形。两复眼间头顶向下凹陷。触角3节，末节端部有1刺。爪间突针状。成虫多为捕食性。常见的如长足食虫虻〔*Dasypogon aponicum*（Bigot）〕、中华盗虻〔*Cophinopoda chinensis*（Fabricius）〕等。

（3）实蝇科

小型至中型，触角芒无毛，翅多有褐色斑纹；臀角末端形成1个锐角。如梨实蝇〔*Dacus pedestris*（Bezzi）〕，以及柑橘小实蝇〔*Dacus dorsalis*（Hendel）〕等。

（4）食蚜蝇科

外观似蜜蜂，中等大小，体暗色带有黄色或白色的条纹、斑纹。触角3节，具芒。幼虫似蛆，腐生或捕食蚜虫等。常见的有黄颜食蚜蝇〔*Syrphus ribessi*（L.）〕和大灰食蚜蝇〔*Metasyrphus corollae*（Fabricius）〕等。

（5）寄蝇科

中等大小，常为黑、褐、灰等色。触角芒光滑。成虫产卵于寄主体上、体内或寄主食料上等。寄蝇科的幼虫多寄生于鳞翅目、鞘翅目、直翅目等昆虫体内，对抑制害虫的大量繁殖有较大的作用。如松毛虫天敌蚕饰腹寄蝇〔*Blepharipa zebina*（Walker）〕和伞裙寄蝇〔*Exorista civilis*（Rondani）〕等。

（6）花蝇科

小型至中型，细长多毛。触角芒光滑，有毛或羽毛状。如林业重要害虫落叶松球果花蝇〔*Strobilomyia laricicola*（Karl）〕等。

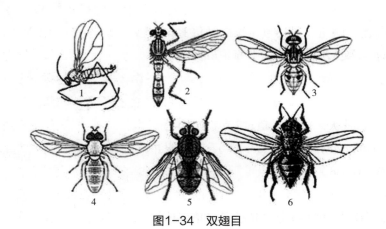

图1-34　双翅目

1—瘿蚊科　2—食虫虻科　3—实蝇科　4—食蚜蝇科　5—寄蝇科　6—花蝇科

1.4　昆虫的发生与环境条件的关系

1.4.1　气候因素

气候因素包括温度、湿度（降水）、光照、气流（风）等。自然界中各种气候因素相互影响，共同作用于昆虫，但对昆虫的作用又各有其特殊性。各种气候因素直接或间接地影响着昆虫的生存、繁育和分布等，是昆虫生活的必需条件。本章重点讨论温度、湿度、光照和气流等因素与昆虫个体生态的关系。

1.4.1.1　温度

（1）昆虫对温度的适应

温度是发生生命活动的条件之一，它决定着生命过程的特点、趋向和水平。这是因为正常的代谢过程要求在一定的温度下进行才能进行，温度的变化可以加速或抑制代谢过程，也可以使代谢过程完全终止。昆虫只能在一定的温度范围内进行正常的生长发育，超过这一范围（过高或过低），其生长发育就会停滞，甚至死亡。为了便于说明温度在昆虫生命活动的作用，可以假定把温度范围划分为5个温区，以说明在这些温区内生命活动的特点。

1）致死高温区

一般为45～60℃。在此范围内，昆虫经短期兴奋后即行死亡。这是由于高温直接破坏酶的作用，甚至蛋白质也受到破坏、凝固。这个破坏过程是不可逆的，高温引起有机体的损伤是不可能恢复的。如稻蓟马在42℃时，3分钟即死亡。

2）临界（亚）致死高温区

一般为40～45℃。在此范围内，昆虫各种代谢过程的速度不一致，从而引起功能失调，表现出热昏迷状态。如果继续维持在这样的温度下，也会引起死亡。如果在短时间内温度恢复正常，昆虫仍可恢复正常状态，但可能部分功能特别是生殖功能受到损伤。昆虫死亡取决于高温的强度和高温持续的时间。

3）适温区

各种昆虫都有其适温范围。在此范围内，昆虫生命活动正常进行，处于积极状态，一般为8～40℃。在适温范围内又可分为高适温区、最适温区、低适温区3种。

① 高适温区：在温带地区一般为30～40℃。在此范围内，昆虫的发育速度随温度的升高反而减慢。此范围的上限称为最高有效温度，此时昆虫虽不一定死亡，但发育速度迟缓，或寿命缩短，繁殖量减少。如小地老虎在30℃时，寿命缩短一半以上；产卵量显著减少，卵的受精率很低。棉红铃虫在35℃时，不能产卵。

② 最适温区：一般为20～30℃。在此范围内，昆虫表现为热能消耗量最少，发育速度适当，寿命较长，繁殖力最大，死亡率最小。如黄地老虎卵发育的最适温度为25.3℃，第1代幼虫为25.6℃，第2代幼虫为21.0℃，蛹为19.0℃；麦二叉蚜在22℃时，胎生最速；黏虫成虫在20～22℃（相对湿度90%）时产卵最多；棉铃虫卵发育的最适温度为25℃。

③ 低适温区：在温带一般为8～20℃。在此范围内，随温度下降，发育速度缓慢，繁殖力降低，甚至不能繁殖。此范围的下限称为最低有效温度，此时昆虫代谢作用减慢至很低程度，发育停止，高于这一温度昆虫才开始发育，故也称为发育始点（发育起点）温度或发育零度。如黏虫幼虫的发育始点为（7.7±1.3）℃，黄地老虎幼虫为9～10℃，国槐尺蠖幼虫为10.5℃，稻纵卷叶螟绒茧蜂成虫产卵前期为16.8℃。

4）临界（亚）致死低温区

一般为−10～8℃。在此范围内，昆虫体内各种代谢过程不同程度减慢而处于冷昏迷状态或体液开始结冰。如果继续维持在这样的温度下，也会导致死亡；如果在短时间内恢复适温，昆虫仍可恢复活动。

5）致死低温区

一般为−40～−10℃。在此范围内，昆虫体液大量冰冻和结晶，使原生质受到机械损伤、脱水和生理结构遭到破坏，细胞膜受到破损，从而引起组织或细胞内部产生不可复原的变化而死亡。

（2）有效积温法则

积温的概念在植物学上是Reaumer（1735）提出来的。他认为，生物在生长发育过程中须从外界摄取一定的热量，其完成某一发育阶段所摄取的总热量为一常数。昆虫和其他生物一样，完成其发育阶段（卵、幼虫、蛹、成虫或整个世代）需要从外界获得并积累一定的热能，而完成此一发育阶段所需的总热量是一个常数。积累的总热能以发育历期与此期间的平均温度的乘积表示，称为积温常数，即：

$$K'=DT \text{ 或 } K'=\frac{T}{V}$$

式中：K'代表积温常数，单位为"日温度"；D代表发育历期；T代表平均发育温度。V代表发育速率，$V=\dfrac{1}{D}$。

然而，许多生物的发育起点温度常常不是0℃，而是在0℃以上。外界温度对生长发育的作用只能在发育起点温度以上才显示出来，因此在发育起点以上的温度才是有效温度。生物在生长发育过程中所受的总热量应该是有效温度的总和。上面的积温公式也应进行相应的校正而成为：

$$K=D（T-C）\quad 或\quad T=C+\frac{K}{D}$$

上式相当于双曲线$xy=k$，但在实际求得昆虫发育始点（C）和有效积温（K）时，一般都采用实验和统计分析方法，为了计算方便应将上述双曲线公式转换为直线关系。因发育速度（V）是单位时间内完成发育的比值，即为发育历期（D）的倒数，即：

$$V=1/D$$

代入上式得：

$$T=C+KV$$

此式即为一直线公式（$y=a+bx$），表明发育温度与发育速度呈直线关系，这种直线关系只限于一定的适温范围内，而从发育始点至最高有效温度的范围内，二者不呈直线关系，而呈"S"曲线，即逻辑斯蒂曲线。在偏低温度范围内发育速率增长缓慢，温度继续升高，发育速率迅速增长，而在偏高温度范围内发育速率又复减慢。

（3）有效积温法则的应用

1）预测一种昆虫在不同地区可能发生的世代数

确定一种昆虫完成一个世代的有效积温（K），根据气象资料计算出某地对这种昆虫全年有效积温的总和（K_1），两者相比，便可推测该地区一年内可能发生的世代数（D）。计算公式为：

$$K_1=\sum D（T_i-C）$$

其中T_i代表1～12月份各月平均温度；D代表各月的天数；C为发育始点。

$$世代数（D）=\frac{某地全年有效积温总和（日度）}{某虫完成一个世代的有效积温（日度）}=\frac{K_1}{D}$$

2）预测昆虫的发育期

如果已知一种昆虫的发育起点温度（C）和有效积温（K），则可在气温（T）预测的基础上预测下一发育期的出现。

例：7月10日是深点食螨瓢虫产卵盛期，7月中旬气象预报平均气温为28℃，请预测其1龄幼虫的盛期。（已知深点食螨瓢虫卵的发育始点为15.46℃，完成卵的发育要求的有效积温为58.06日度）。

利用公式$K=D（T-C）$，则D=58.06/（28-15.46）=4.6天，即5天。

故7月15日为其1龄幼虫盛期。

3）利用于初选保存天敌低温和释放天敌适期

例：已知玉米螟赤眼蜂全代的发育始点为5℃，完成1代要求的有效积温为235日度，故选择低温保存温度应在5℃以下。

而在5月20日预测6月2日（即13天后）是玉米螟越冬代成虫的产卵初期，求在何种温度下繁蜂，可不误在6月2日适期放蜂。

根据 $K=D(T-C)$，则235=13（$T-5$），所以$T=21.5℃$

4）利用于选择和引进天敌

选择和引进天敌时，应考虑天敌的发育始点要与农业害虫的发育始点基本一致。如果天敌与害虫的发育始点差异很大，就会导致两种昆虫发育速度在时间上的不一致，而达不到控制害虫的目的。如吹绵蚧的发育始点为0℃，而其天敌澳洲瓢虫为9℃，因此吹绵蚧在较低温度下能发育，而澳洲瓢虫则不能发育。由于这两种昆虫在生活上有着季节性的差异，在引进和利用天敌时，就需要人工控制饲养才能达到效果。

有限积温法则有一定的准确性，但也有其局限性，有时会产生较大误差。因为该法则只注意了昆虫的发育起点温度和平均温度，而反映不出过高或过低温度对其发育的延缓或阻止作用；该法则在实验室的恒温下测得，而昆虫在自然界变温情况下发育快；有效积温法则只注意了温度这个孤立的因子，忽视了其他环境因素的影响；另一方面气象部门提供的平均气温也不能完全反映昆虫所处环境的小气候变化。

1.4.1.2　湿度

和温度一样，水也是生命活动所必需的条件之一。原生质的化学活性与水是不可分割的，盐和碳水化合物只有在水溶液状态下才能发生生理作用；酶的作用也只能在水溶液中才会显示出来；体内的激素联系、营养物质的输送、代谢产物的运转、废物的排除等，都只有在溶液状态下才能实现。昆虫主要从周围环境中摄取水分，而且具有保持体内水分避免散失的能力，但环境湿度、水分、食物含水量的变化对有机体起着极其重要的影响。

（1）湿度对昆虫生长发育的影响

湿度对昆虫发育速度的影响远不如温度明显，主要是因为昆虫的血液有一定的调节代谢水分的能力和在其发育期间食物含水量充足，所以只有在湿度过高或过低而且持续一定时间，其影响才比较明显。如东亚飞蝗卵在30℃时，土壤含水量在15%~18%范围内发育正常，但当土壤含水量下降至4%时，不仅孵化率低，而且孵化时间大大延迟。

（2）湿度对昆虫繁殖的影响

湿度对昆虫繁殖的影响是比较明显的，多数昆虫产卵时要求高湿度。例如黏虫成虫在25℃的适温下，在相对湿度90%时产卵量比60%时高出1倍以上。棉红铃虫成虫的交配产卵要求80%以上的相对湿度；稻纵卷叶螟成虫在95%以上的相对湿度产卵最多，偏低的湿度不产卵，且产下的卵亦不孵化；飞蝗的产卵量以相对湿度为70%时最多。

1.4.1.3　光

光主要影响昆虫的活动与行为，对协调昆虫的生活周期起信号作用。光的性质以波长来表示。不同波长显示出不同颜色。人类可见光波长为400~700nm，而昆虫可见光为253~700nm。许多昆虫对330~400nm的紫外光有较强趋性，利用黑光灯诱杀害虫就是这个原理。昆虫对不同光的颜色有明显的分辨能力，蜜蜂能区分红、黄、绿、紫4种颜色，蚜虫对黄色敏感。光的强度对昆虫的活动与行为影响也很明显，如蝶类在白天强光下飞翔，蛾类喜在弱光下活动。昼夜交替时间在一年中的周期性变化称为光周期，它是时间与季节变化最明显的标志，不同昆虫对光周期的变化反应不同。光照时间及其周期性变化是引起昆虫滞育的重要因素，季节周期性变化影响着昆虫的年生活史。试验证明，许多昆虫的孵化、化蛹、羽化都有一定的昼夜节奏特性，与光周期变化有密切的关系。

1.4.1.4　风

风与蒸发量的关系甚大，从而对湿度产生影响。蒸发量大也会引起温度下降，因而风对环境温、湿度都会发生作用。对昆虫来说，风也有助于体内水分和周围热量的散失而对昆虫体温发生影响。这是风对昆虫影响的一个方面。

风对昆虫迁移、传播的作用是相当明显的。这是风对昆虫的影响的重要方面。许多昆虫能借风力传播到比较远的地方。例如，曾有记载，一些蚊、蝇类可被风带到25～1 680公里以外；蚜虫可借风力迁移1 220～1 440公里的距离；一些无翅昆虫，附于枯枝落叶碎片上随上升气流而到达高空传播到远方等。据最近研究，日本于太平洋海域（菲律宾至日本）的海面上能捕获到随季风北向迁移的稻褐飞虱。我国近两年在1 500米空中也曾捕获稻褐飞虱、白背飞虱等多种昆虫。这些都说明了风对昆虫迁移和传播的重要作用。

1.4.2　生物因素

生物因素是指环境中的所有生物由于其生命活动，而对某种生物（某种昆虫）所产生的直接和间接影响，以及该种生物（昆虫）个体间的相互影响。这些影响主要表现在营养联系上，如种间竞争、种内竞争及共生、共栖等。其中食物和天敌是生物因素中的两个最为重要的因素。

1.4.2.1　食物因素对昆虫的影响

食物是一种营养性环境因素，食物的质量和数量影响昆虫的分布、生长、发育、存活和繁殖，从而影响种群密度。昆虫对食物的适应，可引起食性分化和种型分化。食物联系是表达生物种间关系的基础。昆虫在长期演化过程中，对食物形成了一定的选择性（即食性）。不同种类的昆虫，取食食物的种类和范围不同；同种昆虫的不同虫态，其食性也常有很大差异。各种昆虫都有其适宜的食物，虽然杂食性和多食性昆虫可取食多种食物，但它们仍都有各自的最嗜食的植物或动物种类。昆虫取食嗜食的食物，其发育、生长快，死亡率低，繁殖力高。例如东亚飞蝗蝻期，饲以禾本科和莎草科植物，其发育历期缩短，死亡率较低；饲以油菜，则发育历期延长，死亡率增高，只有少量能完成生活史；饲以棉花、洋麻、豌豆等则不能完成其生活史。以不同食科饲养黏虫幼虫，不仅对其发育历期和成活率有较大的影响，而且对雌蛾的繁殖力也有明显的影响。取食同一种植物的不同器官，对昆虫的发育历期、成活率、性比、繁殖力等都有明显的影响。如棉铃虫饲以玉米雌穗、雄穗和心叶，饲以棉花蕾铃和心叶都表现出较明显的差异。研究食性和食物因素对植食性昆虫的影响，在农业生产上有重要的意义。可以据此预测引进新的作物后，可能发生的害虫优势种类；可以据害虫的食性的最适范围，改进耕作制度和选用抗虫品种等，以创造不利于害虫生存的条件。

1.4.2.2　天敌因素对昆虫的影响

昆虫在生长发育过程中，常由于其他生物的捕食或寄生而死亡，这些生物称为昆虫的天敌。昆虫的天敌主要包括致病微生物、天敌昆虫和食虫动物3类，它们是影响昆虫种群数量变动的重要因素。

（1）致病微生物

这类微生物常使昆虫在生长发育过程中染病死亡。利用病原微生物防治害虫已受到人们的重视，主要包括细菌、真菌、病毒等。有些病原微生物已能人工繁殖生产。

（2）天敌昆虫

1）捕食性天敌昆虫

捕食性天敌昆虫种类颇多，主要隶属于蜻蜓目、啮虫目、螳螂目、长翅目、半翅目、广翅目、脉翅目、蛇蛉目、鞘翅目、双翅目10余个目。最常见有的螳螂、蜻蜓、捕食蝽、草蛉、步行虫、瓢虫、食虫虻、食蚜蝇及多种蜂类。这些天敌昆虫在自然界中能捕食大量害虫，如七星瓢虫对控制麦蚜的能力很强。许多种类已被应用于害虫的生物防治中，如在麦田内当瓢蚜比达1∶80~100时，可不需施用药剂防治麦蚜；如利用黄猿蚁防治柑橘害虫、利用大红瓢虫防治吹绵蚧和利用草蛉防治棉铃虫等都取得了较好的效果。

2）寄生性天敌昆虫

寄生性天敌昆虫的种类也很多，隶属于双翅目、膜翅目、鞘翅目、鳞翅目、捻翅目等。其中以双翅目和膜翅目中的寄生性昆虫如寄蝇、姬蜂、茧蜂、小蜂、细蜂等在生物防治上的利用价值最大。

3）食虫动物

食虫动物是指天敌昆虫以外的一些捕食昆虫的动物。主要包括蛛形纲、鸟纲和两栖纲中的一些动物。蛛形纲中的食虫动物隶属于蜘蛛目和蜱螨目，其中以狼蛛、球腹蛛、微蛛、跳蛛等类群在生物防治中的作用较大。如当稻田中草间小黑蛛与稻飞虱（或稻叶蝉）的数量比达1∶4~5，或水狼蛛与稻飞虱（或稻叶蝉）的数量比达1∶8~9时，稻飞虱或稻叶蝉的种群就难以发展。蜱螨目中以植绥螨科中的捕食螨捕食害虫的作用最大，如尼氏钝绥螨、德氏钝绥螨、东方钝绥螨等，已被利用。

1.4.3　人类活动对昆虫的影响

人类是改造自然的强大动力，对昆虫也必然有巨大影响。突出表现为：第一，改变一个地区的昆虫组成。人类在生产活动中，常有目的地从外地引进某些益虫，如澳洲瓢虫相继被引进各国，控制了吹绵蚧；但人类活动中无意带进一些危险性害虫，如苹果棉蚜、葡萄根瘤蚜、美国白蛾等，也给生产带来了灾难。第二，改变昆虫的生活环境和繁殖条件。人类培育出抗虫、耐虫植物，大大减轻了受害程度；大规模的兴修水利、植树造林和治山改水活动，从根本上改变昆虫的生存环境，从生态上控制害虫的发生，如对东亚飞蝗的防治就是一个例子。第三，人类直接消灭害虫。1949年后我国大规模的治虫活动，对害虫的防治具有明显的作用，如森林害虫的飞机防治，果树食心虫、叶螨和卷叶蛾的成功防治，就是明显例证。但在化学防治中，由于用药不当，又出现某些害虫猖獗为害现象，如树上的叶螨类久治不下，滥用农药就是主要原因之一。

复习思考题

1. 昆虫头部具有哪些附属器官？

2. 头式具有哪几种？

3. 触角的基本构造中肌肉着生在哪一节？感觉器官主要着生在哪一节？

4. 试列举6种触角类型——代表昆虫，并讲明其特化情况。

5. 复眼、单眼着生在哪些部位？各自的作用？

6. 口器分哪3种基本类型？

7. 咀嚼式口器各由哪几部分组成？哪些是由附肢演化而来？各部位的主要功能和主要构造如何？

8. 刺吸式口器各由咀嚼式口器的哪些部位演化而来？其特化状态如何？其主要功能是什么？

9. 锉吸式口器与上述刺吸式口器有何区别？

10. 家蝇和蜜蜂属哪种式样的口器？其主要特化部位在哪里？

11. 胸部分哪几节？每节各有哪几块主要骨片组成？每节各具有哪些器官？

12. 足由哪几节组成？

13. 举出 6 种类型的足，并说明其特化情况？

14. 翅分哪三边、哪三角、哪四区？各位于翅面的哪个位置？

15. 假象脉序有哪些翅脉？

16. 现代昆虫的腹部最多由几节组成？最末一节如何特化？

17. 气门位于哪几节？一个典型的腹节分为哪两块骨板？

18. 雌性外生殖器是如何组成的？各由哪个腹节伸出？其来源是哪里？

19. 蝗虫、叶蝉、胡蜂和蛾类的雌性外生殖器是如何组成的？

20. 腹足是如何构造的？鳞翅目与叶蜂幼虫如何区分？

第2章　园林植物病害基础知识

2.1　园林植物病害的含义

园林植物在生长发育和储运过程中，由于受到环境中物理化学等因素的非正常影响，或受其他生物的侵染，导致生理、组织结构、形态上产生局部或整体的不正常变化，使植物的生长发育不良，品质变劣，甚至引起死亡，造成经济损失和降低绿化效果及观赏价值，这种现象称为园林植物病害。

植物在生长过程中受到多种因素的影响，其中直接引起病害的因素称为病原，包括生物性和非生物性病原，其他因素统称为环境因子。生物性病原又称为病原物，包括真菌、细菌、病毒、植原体、寄生线虫、寄生性种子植物、藻类和螨类（图2-1）。非生物性病原包括温度不宜、湿度失调、营养不良和有毒物质的毒害等。病原物引起的病害称为侵染性病害。非生物性病原引起的病害称为非侵染性病害，也叫生理病害。

植物病害的发生都具有一个病理变化的过程。植物遭病原物的侵染或不利的非生物因素的影响后，首先是生理方面发生不正常变化，如呼吸作用和蒸腾作用的加强，同化作用的降

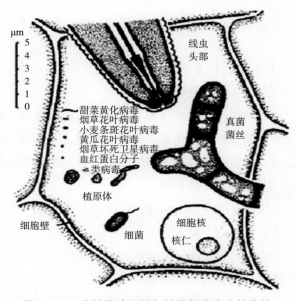

图2-1　几类植物病原物与植物细胞大小的比较

低，酶的活力和碳、氮代谢的改变，以及水分和养分吸收运转的失常等，称为生理病变。之后是内部组织发生不正常变化，如叶绿体或其他色素体的增减、细胞数目和体积的增减、维管束的堵塞、细胞壁的加厚，以及细胞和组织的坏死等，称为组织病变。继生理病变和组织病变之后，外部形态也会随之发生不正常变化，如植物的根、茎、叶、花、果实的坏死、腐烂、畸形等，称为形态病变。往往先引起生理功能的改变，继而造成植物组织形态的改变。这些病变是一个逐渐加深、持续发展的过程，称为病理变化过程或病理程序。病理变化过程是识别园林植物病害的重要标志。

在侵染性病害中，受侵染的植物称为寄主。病原物在寄主体中生活，双方之间既具有亲和性，又具有对抗性，构成一个有机的寄主——病原物体系。病理程序也就是这一体系建立和发展的过程，这一体系又受到环境条件影响和制约。环境一方面影响病原物的生长发育，同时也影响植物的生长状态，增强或降低植物对病原物的抵抗力。如环境有利于植物生长发育而不利于病原物的活动，病害就难以发生或发展很慢，植物受害也轻；反之病害就容易发生或发展很快，植物受害也重。植物病害的发生过程实质上就是病原物、植物和环境的相互影响与相互制约而发生的一系列顺序变动的总和。人类活动对植物病害的发展也会产生重大影响。

此外，从生产和经济的观点出发，有些园林植物由于生物或非生物因素的影响，尽管发生了某些病态，但是却增加了它们的经济价值和观赏价值，同样也不称它们为植物病害。例如，绿菊、绿牡丹是由病毒、植原体侵染引起的；羽衣甘蓝是食用甘蓝叶的变态。这些虽然都是"病态"植物，由于提高了经济和观赏价值，人们将这些"病态"植物视为观赏花卉中的珍品，因此也不当做病害。

损伤与病害是两个不同的概念。无论非生物因素还是生物因素都可以引起植物的损伤。植物损伤是由突发的机械作用所致，如风折、雪压、动物咬伤等，受害植物在生理上不发生病理程序，因此不能称为病害。

2.2 园林植物病害的症状

园林植物感病后，其外表所显现出来的各种各样的病态特征称为症状。典型症状包括病状和病症。根据它们的主要特征，可划分为以下几种类型（图2-2）。

2.2.1 病状类型

2.2.1.1 变色型

植物感病后，叶绿素不能正常形成或解体，因而叶片上表现为淡绿色、黄色甚至白色。叶片的全面褪绿常称为黄化或白化。营养贫乏如缺氮、缺铁和光照不足都可以引起植物黄化。在侵染性病害中，黄化是病毒病害和植原体病害类的重要特征，如翠菊黄化病等。

2.2.1.2 坏死型

坏死是细胞和组织死亡的现象。多发生在叶、茎、果等部位，常见的有腐烂、溃疡、斑点。

2.2.1.3 萎蔫型

植物因病而表现失水状态称为萎蔫。植物的萎蔫可以由各种原因引起，茎部的坏死和根部的腐烂都可引起萎蔫。典型的萎蔫是指植物的根部或枝干部维管束组织感病，使水分的输导受到阻碍而致植株枯萎的现象。萎蔫是由真菌或细菌引起的，有时植株受到急性旱害也会发生生理性枯萎。

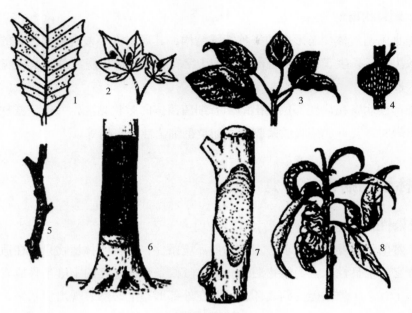

图2—2　症状类型

1—白粉病　2—叶斑病　3—花叶病　4—肿瘤病　5—溃疡病　6—腐朽病　7—腐烂病　8—畸形

2.2.1.4　畸形

畸形是因细胞或组织过度生长或发育不足引起的。常见的有丛生、瘿瘤、变形、疮痂、枝条带化等。

2.2.1.5　流脂或流胶型

植物细胞分解为树脂或树胶流出，常称为流脂病或流胶病。前者发生于针叶树，后者发生于阔叶树。流脂病或流胶病的病原很复杂，有侵染性的，也有非侵染性的，或为两类病原综合作用的结果。

2.2.2　病症类型

病原物在病部形成的病症主要有5种类型。

2.2.2.1　粉状物

某些真菌孢子在病部所表现的特征。因形状、色泽的不同，可分为锈状物、白锈状物、白粉状物、黑粉状物等。如月季、黄杨白粉病、玫瑰、海棠锈病等。

2.2.2.2　霉状物

真菌性病害常见的病症。是真菌的菌丝、各种孢子梗和孢子在植物表面构成的特征，其着生部位、颜色、质地、结构常因真菌种类不同而异，标志着病原真菌种类的不同。如霜霉、绵霉、青霉等。

2.2.2.3　点状物

点状物是在病变部位产生的形状、大小、色泽和排列方式各不相同的小颗粒状物，它们大多呈暗褐色至褐色，针尖至米粒大小。为真菌的子囊壳、分生孢子器、分生孢子盘等形成的特征，如苹果树腐烂病、各种植物炭疽病等。

2.2.2.4 颗粒状物

颗粒状物是真菌菌丝体变态形成的一种特殊结构，其形态大小差别较大，有的似鼠粪状，有的像菜籽形，多数黑褐色，生于植株受害部位。如十字花科蔬菜菌核病、莴苣菌核病等。

2.2.2.5 脓状物

脓状物是细菌性病害在病变部位溢出的含有细菌菌体的脓状黏液，一般呈露珠状，或散布为菌液层；在气候干燥时，会形成菌膜或菌胶粒。如黄瓜细菌性角斑病等。

2.3 园林植物病害的分类

2.3.1 非侵染性病害

园林植物正常的生长发育，要求一定的外界环境条件。各种园林植物只有在适宜的环境条件下生长，才能发挥它的优良性状。当植物遇到恶劣的气候条件、不良的土壤条件或有害物质时，植物的代谢作用受到干扰，生理功能受到破坏，因此在外部形态上必然表现出症状来。引起非侵染性病害发生的原因很多，主要有营养失调、温度失调和有毒物质污染。

2.3.1.1 营养失调

营养失调包括营养过量或不足。营养缺乏是指植物缺乏氮、磷、钾、钙、镁和微量元素铁、硼、锰、锌、铜等十几种。缺乏这些元素时，就会出现缺素症，例如，如植物缺氮引起植物生长不良、植株矮小、缺钾植株下部老叶首先出现黄化或坏死斑块等。营养过量主要指某些微量元素过量，导致对植物的危害，如纳过量导致的植物吸水困难，硼过量导致的矮化和叶枯。

2.3.1.2 环境不适

环境不适主要包括水、温度、湿度、光照、风等不适宜环境。例如，在缺水条件下，植物生长受到抑制，组织中纤维细胞增加，引起叶片凋萎、黄化、花芽分化减少、落叶、落花、落果等现象。土壤水分过多，会造成土壤缺氧，使植物根部呼吸困难，造成叶片变色、枯萎、早期落叶、落果，最后引起根系腐烂和全树干枯死亡；低温可以引起霜害和冻害，这是温度降到冰点以下，使植物体内发生冰冻而造成的危害；高温破坏植物正常的生理生化过程，使原生质中毒凝固导致细胞死亡，最后造成茎、叶或果实发生局部的灼伤等症状；光照过弱可影响叶绿素的形成和光合作用的进行。受害植物叶色发黄，枝条细弱，花芽分化率低，易落花落果，并易受病原物侵染。特别是温室、温床栽培的植物更容易出现上述现象。

2.3.1.3 环境污染

环境中的有毒物质达到一定的浓度就会对植物产生有害影响。空气中的有毒气体包括二氧化硫、氟化物、臭氧、氮的氧化物、乙烯、硫化氢等。空气中的二氧化硫主要来源于煤和石油的燃烧。有的植物对二氧化硫非常敏感，如空气中含硫量达5×10^{-9}时，美国白松顶梢就会发生轻微枯死，针叶表面出现褪绿斑点，针叶尖端起初变为暗色，后呈棕色至褚红色。阔叶树受害的典型病状是自叶缘开始沿着侧脉向中脉伸展，在叶脉之间形成褪绿的花斑。如果二氧化硫的浓度过高，则褪色斑很快变为褐色坏死斑。女贞、刺槐、垂柳、银桦、夹竹桃、桃、棕榈、法国梧桐等对二氧化硫的抗性很强。

2.3.1.4 药害

药害是指用药后使作物生长不正常或出现生理障碍。药害有急性和慢性两种。前者在喷药后几小时至3~4天出现明显症状，如烧伤、凋萎、落叶、落花、落果；后者是在喷药后经过较长时间才发生明显反应，如生长不良、叶片畸形、晚熟等。常见的症状是叶面出现大小、形状不等、五颜六色的斑点，局部组织焦枯，穿孔或叶片脱落，或叶片黄化、褪绿或变厚。

2.3.2 侵染性病害

侵染性病害是植物受到病原物的侵染而引起的，具有传染性，所以又称传染性病害。引起侵染性病害的病原物主要有真菌、原核生物、病毒。此外，还有线虫、寄生性植物等。

2.3.2.1 侵染性病原物及其所致的病害

（1）园林植物病原真菌

1）真菌的一般性状

真菌属于真菌界真菌门，种类很多，约有10万多种，分布很广，绝大多数植物的寄生性病害是由真菌引起的。蔷薇、紫丁香、大丽花、菊花、福禄考和其他植物的白粉病可根据叶面有无白色、淡灰色或稍带浅褐色的菌体加以辨认。世界上许多著名的毁灭性病害，如松干疱锈病、榆树荷兰病、板栗疫病、根白腐病、猝倒病，以及各种立木腐朽都是由真菌引起的。

① 真菌的营养体：真菌营养生长阶段的结构称为营养体。绝大多数真菌的营养体都是可分枝的丝状体，单根丝状体称为菌丝。许多菌丝在一起统称菌丝体。菌丝体在基质上生长的形态称为菌落。菌丝在显微镜下观察时呈管状，具有细胞壁和细胞质，无色或有色。菌丝可无限生长，但直径是有限的，一般为2~30微米，最大的可达100微米。低等真菌的菌丝没有隔膜称为无隔菌丝，而高等真菌的菌丝有许多隔膜，称为有隔菌丝（图2-3）。此外，少数真菌的营养体不是丝状体。而是无细胞壁且形状可变的原质团或具细胞壁的、卵圆形的单细胞。寄生在植物上的真菌往往以菌丝体在寄主的细胞间或穿过细胞扩展蔓延。有些真菌侵入寄主后，菌丝体在寄主细胞内形成吸收养分的特殊机构称为吸器。吸器的形状不一，因不同种类而异，如白粉菌吸器为掌状，霜霉菌为丝状，锈菌为指状，白锈菌为小球状（图2-4）。真菌的菌丝可以形成各种组织，常见的有菌核、菌索及子座（图2-5）。

a. 菌核：菌核是由菌丝交织而成的变态体，它的大小、形状、颜色和组织紧密的程度因种类而不一样。菌核能贮存大量营养物质，并对高温、低温干燥具有很强的抵抗能力。当环境条件适宜的时候，菌核就萌发而形成新的菌丝体，或者在上面产生繁殖器官。

b. 菌索：菌索是一些高等真菌的菌丝平行排列组织而成的绳索状体，外形与高等植物的根有些相似，特称为根状菌索。菌索既可抵抗不良环境条件，也有助于真菌扩大蔓延或侵入寄主植物。

c. 子座：子座也是由菌组织构成的，间或混有寄主组织，结合成一种坚硬的垫状或头状物。子座是许多真菌由营养体向繁殖体转化的一种过渡形式，它有时也具有很强的抵抗不良环境的作用。

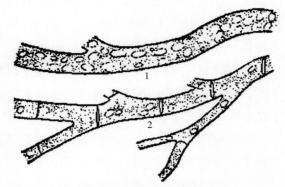

图2-3 真菌的菌丝体
1—无隔菌丝 2—有隔菌丝

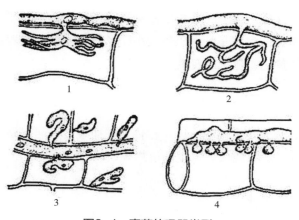

图2-4　真菌的吸器类型

1—白粉菌　2—霜霉菌　3—锈菌　4—白锈菌

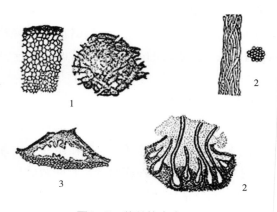

图2-5　菌丝的变态

1—菌核　2—菌索　3—子座

② 真菌的繁殖体：真菌的繁殖有无性繁殖和有性繁殖两种方式。无性繁殖是不经过性器官的结合而产生孢子，这种孢子称为无性孢子。主要有以下几种（图2-6）。

a. 游动孢子：鞭毛菌的菌丝可直接形成或发育成各种形状的游动孢子囊，游动孢子囊内的原生质体分割成许多小块，小块逐渐变圆，围以薄膜而形成游动孢子。游动孢子肾形、梨形或球形，具一或二根鞭毛，在水中游动一段时间后，鞭毛收缩，产生细胞壁进行休眠，然后萌发形成新个体。

b. 孢囊孢子：接合菌亚门无性生殖产生地孢子，接合菌无性繁殖所产生地孢子生在孢子囊内，孢子囊一般生于营养菌丝或孢囊梗的顶端。孢子囊内的原生质体割裂成许多小块，每一块发育成一个孢囊孢子，数量一般都相当大。

c. 分生孢子：它是真菌最普遍的一种无性孢子，着生在由菌丝分化而来呈各种形状的分生孢子梗上。

d. 厚垣孢子：有的真菌在不良的环境下，菌丝内的原生质收缩变为浓厚的一团原生质，外壁很厚，称为厚垣孢子。

有性繁殖是通过性细胞或性器官的结合而进行繁殖，所产生的孢子称为有性孢子。有性生殖要经过质配、核配和减数分裂三个阶段。常见的有性孢子有下列几种（图2-7）。

a. 卵孢子：鞭毛菌类产生的有性孢子是卵孢子，由较小的棍棒形的雄器与较大的圆形的藏卵器结合形成的。

b. 接合孢子：接合菌类产生的有性孢子是接合孢子，由两个同形的配子囊接合形成。

c. 子囊孢子：子囊菌产生的有性孢子是子囊孢子，由两个异形的配子囊雄器和产囊体结合而成。一般在子囊内形成8个细胞核为单倍体的子囊

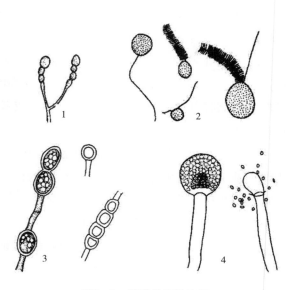

图2-6　真菌的无性孢子

1—分生孢子　2—游动孢子　3—厚垣孢子

4—包囊孢子

孢子，形状为球形、圆桶形、棍棒形或线形等。

d. 担孢子：担子菌产生的有性孢子是担孢子，是由性别不同单核的初生菌丝相结合而形成双核的次生菌丝。双核菌丝经过营养阶段后直接产生担子和担孢子，或先产生一种休眠孢子（冬孢子或厚垣孢子），再由休眠孢子萌发产生担子和担孢子。

图2-7　真菌的有性孢子

1—卵孢子　2—接合孢子　3—子囊孢子　4—担孢子

2）真菌的生活史

真菌的生活史是指真菌孢子经过萌发、生长和发育，最后又产生同一种孢子的整个生活过程。典型的生活史包括无性阶段和有性阶段。真菌经过一定时期的营养生长就进行无性繁殖产生无性孢子，这是它的无性阶段，又称无性态。在适宜的条件下，真菌无性繁殖阶段在它的生活史中往往可以独立地多次重复循环，而且完成一次无性循环所需的时间较短，产生的无性孢子数量大，对植物病害的传播、蔓延作用很大。例如，马铃薯晚疫病菌在温度偏低、高湿条件下，游动孢子侵入感病的马铃薯叶片后3~4d，就可以在病魔表面产生大量的游动孢子囊，并释放游动孢子，完成这样一个无性循环只需3~4d的时间。新产生的游动孢子经传播可以继续侵染马铃薯，并产生新的游动孢子。在马铃薯的一个生长季节，这种无性循环可以重复进行多次，使病害迅速传播。在营养生长后期、寄主植物休闲期或缺乏养分、温度不适宜的情况下，真菌转入有性生殖产生有性孢子，这就是它的有性阶段，又称有性态，在整个生活史中往往只出现一次。植物病原真菌的有性孢子多半是在侵染后期或经过休眠后才产生的，有助于病菌度过不良环境，成为翌年病害的初侵染来源（图2-8）。

有些真菌的生活史中，只有无性繁殖阶段或极少进行有性繁殖。如泡桐炭疽病菌、油桐枯萎病菌；有些真菌生活中，以有性繁殖为主，无性孢子少发生或不发生，如落叶松癌肿病

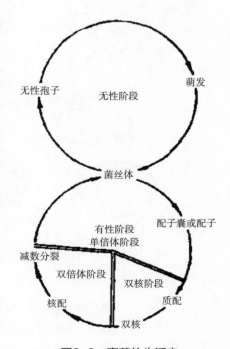

图2-8　真菌的生活史

菌；有些真菌生活中不产生或很少产生孢子，其侵染过程全由菌丝体完成，如引起苗木猝倒病的丝核菌；有些真菌的生活史中，可以产生几种不同类型的孢子，这种现象称为真菌的多型性，如锈菌在其生活史中能形成5种不同类型的孢子。

3）真菌的主要类型及其所致病害

关于真菌分类体系，各真菌分类学家意见不一，但大都是依据真菌的形态学、细胞学、生物学特性和个体发育及系统学发育的研究资料进行分类。1973年出版的由Ainsworth等主编的《真菌辞典》第八版提出将菌物界下分为粘菌门和真菌门，真菌门下分为5个亚门，即鞭毛菌亚门（Mastigomycotina）、接合菌亚门（Zygomycotina）、子囊菌亚门（Ascomycotina）、担子菌亚门（Basidiomycotina）和半知菌亚门（Deuteromycotina）。这一分类系统现已被广泛接受。

① 鞭毛菌及其所致病害：鞭毛菌亚门是较低等的真菌，共同的特征是产生具鞭毛、能游动、不具细胞壁的游动孢子。低等水生鞭毛菌多生活在水中的有机物残体上或寄生在水生植物上。比较高等的鞭毛菌生活在土壤中，常引起植物根部和茎基部的腐烂与苗期猝倒病。具陆生习性的鞭毛菌可以侵害植物的地上部，其中许多是专性寄生菌，引起极为重要的病害，如霜霉病、疫霉病等。

a. 腐霉属（*Pythium*）菌丝大量繁殖呈棉絮状，分枝、无隔多核。大都腐生在土壤或水中，有的能寄生植物引起幼苗猝倒及根、茎、果实的腐烂。其中瓜果腐霉、德巴利腐霉引起苗木猝倒病（图2-9）。

b. 疫霉属（*Phytophthora*）菌丝产生无限生长的分枝孢子囊梗，梗上产生大量孢子囊，在孢子囊梗生成孢子囊的位置变肿大（图2-10）。此属大多寄生，诱发许多重要的植物病害，例如危害山茶、杜鹃引起根、茎腐烂；危害刺槐引起茎腐；危害凤梨引起心腐。

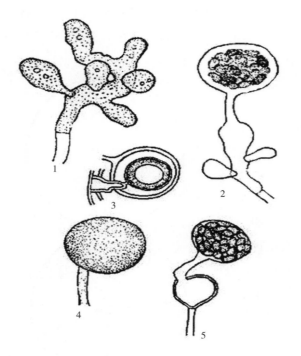

图2-9　腐霉属

1—姜瓣形孢子囊　2—孢子囊萌发图形成排孢管及泡囊
3—雄器及藏卵器　4—球形孢子囊　5—孢子囊萌发

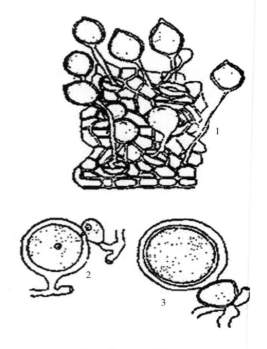

图2-10　疫霉属

1—孢囊梗及孢子囊　2—雄器侧位　3—雄器下位

② 接合菌及其所致病害：接合菌亚门真菌的共同特征是有性繁殖产生接合孢子。接合菌几乎都是陆生的，多数腐生，少数弱寄生。接合菌亚门分两个纲，毛菌纲不含植物病原真菌，接合菌纲能引起植物花及果实、块根、块茎等储藏器官的腐烂，病部初期产生灰白色，后期呈灰黑色的霉层。

根霉属（*Rhizopus*）菌丝发达、有分枝、一般无隔，有匍匐丝与假根，孢囊梗球形，产生大量孢囊孢子。囊轴锣槌形。孢囊孢子球形、多角形或棱形，表面有饰纹。接合孢子有瘤状突起，配囊柄不弯曲，无附属丝（图2-11）。主要引起腐烂，其中匍枝根霉引起果实、种子的腐烂。

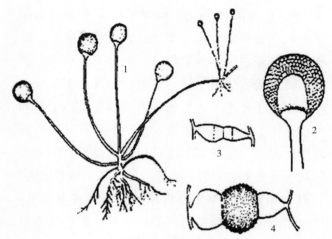

图2-11 根霉属

1—孢囊梗、假根及匍匐丝 2—孢囊梗放大、示囊轴
3—配囊柄及原配子囊 4—接合孢子

③ 子囊菌及其所致病害：子囊菌是有性繁殖产生子囊及子囊孢子的一类真菌。子囊菌根据有性子实体的形态结构分为6个纲，即半子囊菌纲、不整子囊菌纲、核菌纲、盘菌纲、腔菌纲和虫囊纲。有2700多个属，28000多个种。子囊菌全部陆生、腐生或寄生。无性繁殖发达产生分生孢子，可引起多次再侵染；有性繁殖产生子囊和子囊孢子。子囊有的裸生在菌丝体上或寄主植物表面，但大多数子囊菌的子囊由菌丝组成的包被包围着形成具有一定形状的子实体，称为子囊果。子囊果分4种类型：闭囊壳即子囊层外面的保护组织是完全封闭的，不留孔口；球形或瓶状、顶端有小孔口的称子囊壳；盘状或杯状、顶部开口大的称子囊盘；子囊着生于子座的空腔内，称子囊腔。子囊菌亚门根据是否形成子囊果、子囊果的类型和子囊结构进行分类。与园林植物病害关系密切的有下列几个目。

a. 外囊菌目（*Taphrinales*）：属半子囊菌，形态较简单，菌丝有隔、无色、分支，且都是双核菌丝，这最后一点在子囊菌中是特殊的。菌丝体只寄生于寄主表皮细胞下或表面的角质层下，最后形成一层产囊细胞，从而发育成一层子囊，呈栅状排列于寄主表面。子囊一般呈圆筒状，内含8个子囊孢子。有时由于雌雄核融合后只进行减数分裂而不再进行有丝分裂，从而一个子囊只含4个子囊孢子。另外还有些外囊菌，子囊内的单倍核还会进行多次有丝分裂，因而形成许多子囊孢子。子囊孢子单核、单倍体，有时可在子囊内进行芽殖，产生芽孢子。子囊孢子和芽孢子成熟后被子囊喷射出去，然后随风传播。外囊菌除芽孢子外，无典型的分生孢子，无性世代不发达，如桃缩叶病、李袋果病、桦木丛枝病和樱桃丛枝病等（图2-12）。

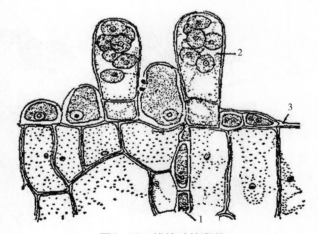

图2-12 桃缩叶外囊菌

1—胞间菌丝 2—子囊及子囊孢子 3—角质层

b. 白粉菌目（*Erysiphales*）：白粉菌目真菌常生长在植物的表面。菌丝体表生或半内生，以吸胞进入寄主细胞吸取养分。无性型是从菌丝上长出直立的分生孢子梗，在梗端形成单生或成串的分生孢子。绝大多数属只有大型分生孢子梗和分生孢子，个别属则有大、小两型。有性型形成球型、扁球形或陀螺形无孔口的子囊果。绝大多数属的子囊果壁分内、外壁，各由几层细胞组成，只有个别属的子囊果壁由单层细胞组成而无内、外壁之分。子囊果壁最外层的少数细胞后来发育成附属丝，大多数属的附属丝为长型，仅少数属有长、短两型。在子囊果底部有单个或多个子囊，子囊内有2～8个单胞、无色至近无色的子囊孢子。在热带和亚热带很少形成子囊果，完全以分生孢子或菌丝体越冬；在温带，夏季形成分生孢子，秋季形成子囊果，以子囊果越冬（图2-13）。

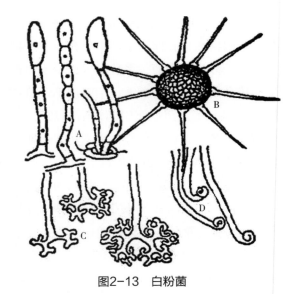

图2-13 白粉菌

A—分生孢子梗和分生孢子 B— 具针状附属丝的闭囊壳 C—叉型附属丝 D—钩状附属丝

c. 球壳菌目（*Sphaeriales*）：子囊壳多暗色，散生或聚生在基质表面或部分或整个埋在子座内，子囊孢子单胞或多胞，无色或有色。子囊间大多有侧丝。无性世代发达，形成各种形状的分生孢子。引起叶斑、果腐、烂皮和根腐等病害。其中小丛壳属（*Glomerella*）、日规壳属（*Gnomonia*）、内座壳属（*Endothia*）、黑腐皮壳属（*Valsa*）、丛赤壳属（*Nectria*）常引起园林植物腐烂（图2-14）。

d. 座囊菌目（*Dothideales*）：子囊果是子囊腔，子囊成束或平行排列在子囊腔内，子座内有一个或几个子囊腔，无性阶段发达，形成各种形状的分生孢子。如煤炱属（*Capnodium*）、黑星菌属（*Venturia*）（图2-15）、球腔菌属（*Mycrosphaerella*）、葡萄座腔菌属（*Botryosphaeria*）、球座菌属（*Guignardia*）等属中，有许多种引起园林植物严重病害。

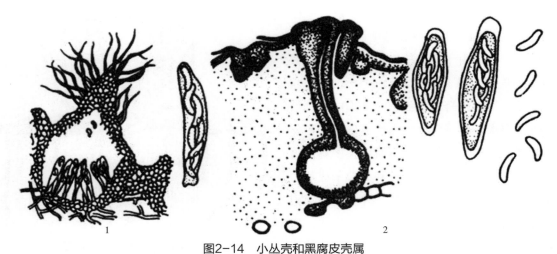

图2-14 小丛壳和黑腐皮壳属

1—小丛壳属 2—黑腐皮壳属

④ 担子菌及其所致病害：真菌中最高等的一个类群，全部陆生。营养体为发育良好的有隔菌丝。多数担子菌的菌丝体分为初生菌丝、次生菌丝和三生菌丝3种类型。初生菌丝由担孢子萌发产生，初期无隔多核，不久产生隔膜，而为单核有隔菌丝。初生菌丝联合质配使每个细胞有两个核，但不进行核配，常直接形成双核菌丝，称为次生菌丝。次生菌丝占生活史大部分时期，主要行营养功能。三生菌丝是组织化的双核菌丝，常集结成特殊形状的子实体，称担子果。重要的有以下几种。

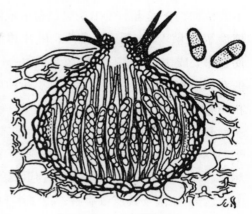

图2-15　黑星菌属

a. 锈菌目（Uredinales）：锈菌目全部为专性寄生菌。寄生于蕨类、裸子植物和被子植物上，引起植物锈病。菌丝体发达，寄生于寄主细胞间，以吸器穿入细胞内吸收营养。不形成担子果。生活史较复杂，典型的锈菌生活史可分为5个阶段，顺序产生5种类型的孢子：性孢子、锈孢子、夏孢子、冬孢子和担孢子（图2-16）。

锈菌种类很多，并非所有锈菌都产生5种类型的孢子。因此，各种锈菌的生活史是不同的，一般可分3类：5个发育阶段（5种孢子）都有的为全型锈菌，如松芍柱锈菌；无夏孢子阶段的为半型锈菌，如梨胶锈菌、报春花单孢锈菌；缺少锈孢子和夏孢子阶段，冬孢子是唯一的双核孢子为短型锈菌，如锦葵柄锈菌。

锈菌寄生在植物的叶、果、枝干等部位，在受害部位表现出鲜黄色或锈色粉堆、疱状物、毛状物等显著的病征。引起叶片枯斑，甚至落叶，枝干形成肿瘤、丛枝、曲枝等畸形现象。因锈菌引起的病害病征多呈锈黄色粉堆，故称为锈病。

b. 多孔菌目（Polyporales）：一般形成较大的裸型担子果。担子果的下方有管孔，锯齿或平滑，子实层着生在管孔内壁齿状组织上或平展的菌体上，担子果的质地为革质、木质或栓质，一般比较坚实，大多数是腐生菌。其主要危害是引起立木腐朽和木材腐朽。

c. 黑粉菌目（Ustilaginales）：黑粉菌因其形成大量黑色的粉状孢子而得名。由黑粉菌引起的植物病害称黑粉病。黑粉菌无性繁殖，通常由菌丝体上生出小孢子梗，其上着分生孢子，或由担子和分生孢子以芽殖方式产生大量子细胞，它相当于无性孢子。有性繁殖产生圆形厚壁和冬孢子，因冬孢子的形成方式有些像厚垣孢子，故过去也称厚垣孢子。冬孢子群集成团的产生，可出现在寄主的花器、叶片、茎或根等部位。被黑粉菌寄

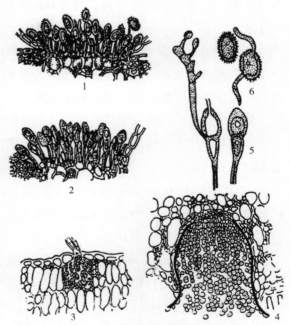

图2-16　锈菌的各种孢子类型

1—夏孢子堆和夏孢子　2—冬孢子堆和冬孢子
3—性孢子器和性孢子　4—锈孢子腔和锈孢子
5—冬孢子及其萌发　6—夏孢子及其萌发

生的植物均在受害部位出现黑色粉堆或团。最常见的是寄生在花器上，使其不能授粉或不结果实；植物幼嫩组织受害后形成菌瘿；叶片和茎受害其上发生条斑和黑粉堆；少数黑粉菌能侵害植物根部使它膨大成块瘿或瘤。黑粉菌与锈菌一样，主要根据冬孢子性状进行分类。危害园林植物重要病原菌有条黑粉菌属（*Urocystis*）及黑粉菌属（*Ustilago*）等。常见的有银莲花条黑粉病及石竹科植物花药黑粉病等。

d. 外担子菌目（*Exobasidiales*）：不形成担子果，担子果裸生在寄主表面，形成子实层，担孢子2~8枚生于小梗上。危害植物的叶、茎和果实。常常使被害部位发生膨肿症状，有时也引起组织坏死。其中外担子菌属是园林植物重要的病原菌，常见的有杜鹃和山茶的饼病。

⑤ 半知菌及其所致病害：由于半知菌的生活史只发现无性阶段，有性阶段未发现，或不产生有性态，所以称为半知菌。已发现的有性态多属于子囊菌亚门，极少数属于担子菌，个别属于接合菌。半知菌亚门分3个纲，即丝孢菌纲、腔孢菌纲和芽孢菌纲。半知菌营养体发达，有隔膜。其繁殖方式是从菌丝体上分化出特殊的分生孢子梗，由产孢细胞产生分生孢子，孢子萌发产生菌丝体。分生孢子梗分散着生在营养菌丝上或聚生在一定结构的子实体中。半知菌的无性子实体有以下几种（图2-17）：

分生孢子器：球形或烧瓶状，顶端具孔口结构的为分生孢子器。器内壁或底部的细胞长出分生孢子梗，一般较短和不分枝，但也有的梗较长而分枝。

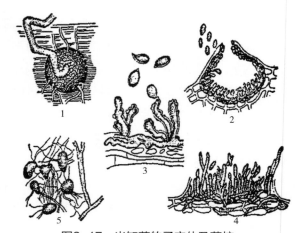

图2-17　半知菌的子实体及菌核

1—分生孢子器外形　2—分生孢子器剖面

3—分生孢子梗　4—分生孢子盘　5—菌丝及菌核

分生孢子盘：扁平开口的盘状结构称分生孢子盘。盘基部凹面的菌丝团上平行着生分生孢子梗，有的分生孢子盘上长有黑色的刚毛。

分生孢子座：垫状或瘤状结构，其上着生分生孢子梗的称为分生孢子座。

半知菌亚门中有许多园林植物病原菌，引起植物各种器官的病害。与园林植物有关的重要半知菌有以下5个目。

a. 丝孢目（*Hyphomycetales*）：菌丝体发达，呈疏松棉絮状，有色或无色。分生孢子直接从菌丝上或分生孢子梗上产生，分生孢子梗散生或簇生，不分枝或上部分枝。分生孢子与分生孢子梗无色或有色，其重要属见图2-18。

粉孢属（*Oidium*）：如菌丝表面生分生孢子，单胞，椭圆形，串生。分生孢子梗丛生与菌丝区别不显著。如瓜叶菊白粉病、月季白粉病菌等（图2-18-1）。

葡萄孢属（*Botrytis*）：分生孢子梗细长，分枝略垂直，对生或不规则。分生孢子圆形或椭圆形，聚生于分枝顶端成葡萄穗状。如菊花、牡丹、芍药、四季海棠、仙客来灰霉病菌等（图2-18-2）。

轮枝孢属（*Verticillium*）：分生孢子梗轮状分枝，孢子卵圆形、单生。如大丽花黄萎病、茄黄萎病菌等（图2-18-3）。

链格孢属（交链孢属）（*Alternaria*）：分生孢子梗深色，顶端单生或串生分生孢子。分生孢子多胞，具纵、横隔膜成砖格状，孢子长圆形或棒形，顶端尖细，串生，很多是常见的腐生菌。如香石竹叶斑病、圆柏叶枯病菌等（图2-18-4）。

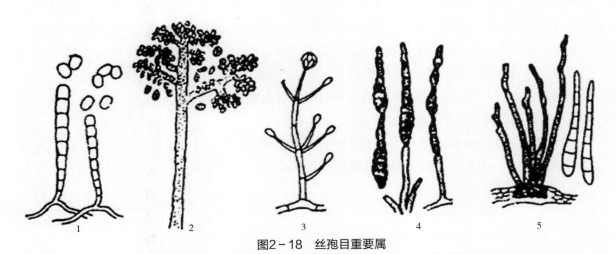

图2-18 丝孢目重要属

1—粉孢属 2—葡萄孢属 3—轮枝孢属 4—交链孢属 5—尾孢属

尾孢属（*Cercospora*）：分生孢子梗黑褐色，不分枝，顶端着生分生孢子。分生孢子线形，多胞，有多个横隔膜。如樱花褐斑病、丁香褐斑病、桂花叶斑病、杜鹃叶斑病菌等（图2-18-5）。

b. 无孢菌目（*Agonomycetales*）：菌丝体发达，褐色或无色，有的能形成厚垣孢子，有的只能形成菌核。菌核无定形，或长形或球形。但不产生分生孢子。主要危害植物的根、茎基或果实等部位，引起立枯、根腐、茎腐和果腐等症状。重要的园林植物病原菌如下：

丝核菌属（*Rhizoctonia*）：菌丝细胞短而粗，褐色，分枝多呈直角，在分枝处较细缢，并有一隔膜。菌核表面及内部褐色至黑色，形状多样，生于寄主表面，常有菌丝相连（图2-19-1）。引起多种园林植物猝倒病、立枯病。

小核菌属（*Sclerotium*）：产生较有规则的圆形或扁圆形菌核，表面褐色至黑色，内部白色，菌核之间无菌丝相连（图2-19-2）。引起兰花等多种花木白绢病。

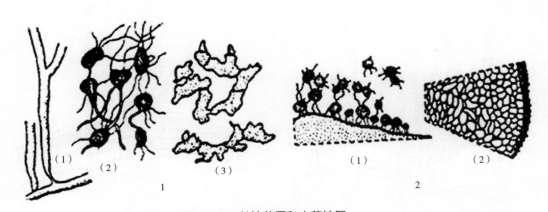

图2-19 丝核菌属和小菌核属

1—丝核菌属：（1）菌丝分枝基部隘缩（2）菌核（3）菌核组织的细胞

2—小核菌属：（1）菌核（2）菌核部分切面

c. 瘤座孢目（*Tuberculariales*）：分生孢子梗集生在菌丝体纠结而成的分生孢子座上。分生孢子座呈球形、碟形或瘤状，鲜色或暗色。重要的有镰刀菌属（*Fusarium*）。此属分生孢子有两种：大分生孢子多胞、细长、镰刀形；小分生孢子卵圆形、单胞，着生在子座上，聚生呈粉红色。本属种类多，分布广，腐生、弱寄生或寄生，能危害多种不同植物，引起根、茎、果实腐烂，穗腐，立枯，或破坏植物输导组织，引起萎蔫。如黄瓜枯萎病、香石竹等多种花木枯萎病（图2-20）。

d. 黑盘孢目（*Melanconiales*）：分生孢子梗产生在孢子盘上。其中刺盘孢属、盘多毛孢属引起园林植物多种炭疽及各种叶斑病。

刺盘孢属（*Colletotrichum*）分生孢子盘有刚毛，孢子单胞，无色，圆形或圆柱状。如兰花、梅花、茉莉花、米兰、山茶、樟树炭疽病菌等（图2-21-1）。

痂圆孢属（*Sphaceloma*）：分生孢子盘半埋于寄主组织内，分生孢子较小，单胞，无色，椭圆形，稍弯曲。如葡萄黑痘病、柑橘疮痂病菌等（图2-21-2）。

盘多毛孢属（*Pestalotia*）：分生孢子多胞，两端细胞无色，中部细胞褐色，顶端有2～3根刺毛，如山楂灰斑病菌等。

e. 球壳孢目（*Sphaeropsidales*）：分生孢子梗着生在分生孢子器内。大茎点属（*Macrophoma*）、茎点属（*Phoma*）、壳针孢属（*Sptoria*）和叶点霉属（*Phyllosticta*）常引起枝枯及各种叶斑病（图2-22）。

叶点霉属（*Phyllosticta*）：分生孢器暗色，扁球形至球形，具有孔口，埋生于寄主组织内，部分突出，或以孔口突破表皮外露。分生孢子梗短，孢子小，单胞，无色，卵圆形至长椭圆形。寄生性强，主要在植物叶片上。如荷花斑枯病、桂花斑枯病菌等。

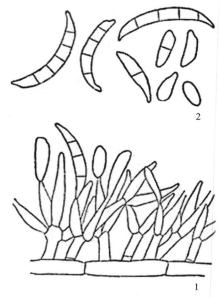

图2-20　镰孢属

1—分生孢子梗和分生孢子

2—大、小型分生孢子

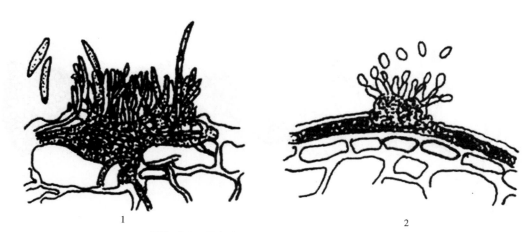

图2-21　黑盘孢菌的分生孢子器和分生孢子

1—刺盘孢属　2—痂圆孢属

壳针孢属（*Septoria*）：分生孢子器暗色，散生，近球形，生于病斑内，孔口露出。分生孢梗短，分生孢子无色、多胞，细长至线形，寄生引致菊花褐斑病、番茄斑枯病等。

半知菌生活史一般比较简单，分生孢子萌发产生菌丝体，菌丝体上再产生分生孢子。在生长季节中重复若干代后，以分生孢子、菌丝体或菌核越冬。由于分生孢子量大，迅速成熟和传播，再侵染次数多，而且潜育期短，所以常造成病害流行。

（2）园林植物病原细菌

植物细菌病害分布很广，目前已知的植物病害细菌有300多种，我国发现的有70种以上。细菌病害主要见于被子植物，松柏等裸子植物上很少发现。

1）病原细菌的一般性状

① 细菌的形态结构：细菌属于原核生物界，是单细胞的微小生物。其基本形状可分为球状、杆状和螺旋状三种。植物病原细菌全部都是杆状，两端略圆或尖细，一般宽0.5～0.8μm，长1～3μm。

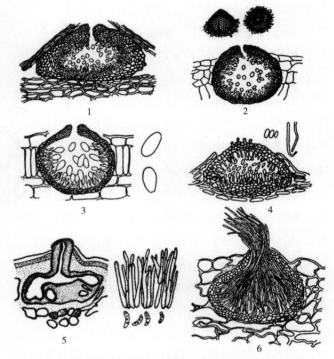

图2-22　球壳孢菌的分生孢子器和分生孢子
1—叶点霉属　2—茎点霉属　3—大茎点霉属
4—拟茎点霉属　5—壳囊孢属　6—壳针孢属

细菌的结构较简单。外层是有一定韧性和强度的细胞壁，细胞壁外常围绕一层黏液状物质，其厚薄不等，比较厚而固定的黏质层称为夹膜。在细胞壁内是半透明的细胞膜，它的主要成分是水、蛋白质和类脂质、多糖等。细胞膜是细菌进行能量代谢的场所，细胞膜内充满呈胶质状的细胞质。细胞质中有颗粒体、核糖体、液泡、气泡等内含物，但无高尔基体、线粒体、叶绿体等。细菌的细胞核无核膜，在电子显微镜下呈球状、卵状、哑铃状或带状的透明区域。它的主要成分是脱氧核糖核酸（DNA），而且只有一个染色体组（图2-23）。

绝大多数植物病原细菌不产生芽孢，但有一些细菌可以生成芽孢。芽孢对光、热、干燥及其他因素有很强的抵抗力。通常煮沸消毒不能杀死全部芽孢，必须采用高温、高压处理或间歇灭菌法才能杀灭。

大多数植物病原细菌都能游动，其体外生有丝状的鞭毛。鞭毛数通常3～7根，多数

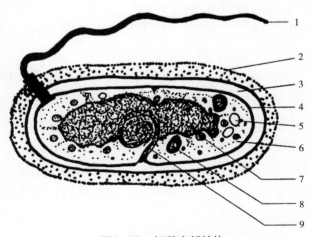

图2-23　细菌内部结构
1—鞭毛　2—荚膜　3—细胞壁　4—原生质膜　5—气泡
6—核糖体　7—核质　8—内含体　9—中心体

着生在菌体的一端或两端，称极毛；少数着生在菌体四周，称周毛。细菌有无鞭毛和鞭毛的数目及着生位置是分类上的重要依据之一（图2-24）。

② 细菌的繁殖：细菌可以以无性或者遗传重组两种方式繁殖，最主要的方式是以二分裂法这种无性繁殖的方式：一个细菌细胞细胞壁横向分裂，形成两个子代细胞。并且单个细胞也会通过如下几种方式发生遗传变异：突变（细胞自身的遗传密码发生随机改变），转化（无修饰的DNA从一个细菌转移到溶液中另一个细菌中），转染（病毒的或细菌的DNA，或者两者的DNA，通过噬菌体转移到另一个细菌中），细菌接合（一个细菌的DNA通过两细菌间形成的特殊的蛋白质结构，接合菌毛，转移到另一个细菌）。细菌可以通过这些方式获得DNA，然后进行分裂，将重组的基因组传给后代。许多细菌都含有包含染色体外DNA的质粒。

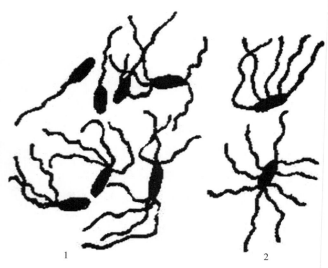

图2-24　细菌的鞭毛

1—极生鞭毛　2—周生鞭毛

③ 细菌的生理特性：植物病原细菌都是非专性寄生菌，都能在培养基上生长繁殖。在固体培养基上可形成各种不同形状和颜色的菌落，通常以白色和黄色的圆形菌落较为居多，也有褐色和形状不规则的。菌落的颜色和细菌产生的色素有关。细菌的色素若限于细胞内，则只有菌落有颜色；若分泌到细胞外，则培养基也变色。假单胞杆菌属的植物病原细菌，有的可产生荧光性色素并分泌到培养基中。青枯病细菌在培养基上可产生大量褐色色素。

大多数植物病原细菌是好气的，少数是嫌气菌。细菌的最适生长温度是26~30℃，温度过高过低都会使细菌生长发育受到抑制。细菌对高温比较敏感，一般致死温度是50~52℃。

革兰氏染色反应是细菌的重要属性。细菌用结晶紫染色后，再用碘液处理，然后用乙醇或丙酮冲洗，洗后不褪色是阳性反应，洗后褪色的是阴性反应。革兰氏染色能反映出细菌本质的差异，阳性反应的细胞壁较厚，为单层结构；阴性反应的细胞壁较薄，为双层结构。

2）植物病原细菌的分类概况

细菌个体很小，构造简单，不像其他生物那样主要以形态作为分类依据。细菌分类主要以下列几个方面的性状为依据：① 形态上的特征；② 营养型及生活方式；③ 培养特性；④ 生理生化特性；⑤ 致病性；⑥ 症状特点；⑦ 抗原构造；⑧ 对噬菌体的敏感性；⑨ 遗传学特性。关于细菌分类问题意见颇不一致，过去曾有许多种分类系统。现在较普遍采用的是伯节（Bergey）在1973年《伯节细菌鉴定手册》第八版提出的分类系统。植物病原细菌分属于土壤杆菌属（*Agrobacterrum*）、黄单胞杆菌属（*Xanthomonas*）、假单胞杆菌属（*Pseudomonas*）、欧文杆菌（*Erwinia*）和棒形杆菌（*Clavibacter*）等。

3）植物细菌病害的症状特点

植物细菌病害的主要症状有斑点、腐烂、枯萎、畸形等几种类型。

① 斑点：植物由假单孢杆菌侵染引起的病害中，有相当数量呈斑点状。通常发生在叶片和嫩枝

上，叶片上的病斑常以叶脉为界线形成的角形病斑，细菌为害植物的薄壁细胞，引起局部急性坏死。细菌病斑初为水渍状，在扩大到一定程度时，中部组织坏死呈褐色至黑色，周围常出现不同程度的半透明的褪色圈，称为晕环。如水稻细菌性褐斑病、黄瓜细菌性角斑病、棉花细菌性角斑病等。

② 腐烂：多数由欧文氏杆菌侵染植物后引起腐烂。植物多汁的组织受细胞侵染后通常表现腐烂症状，细菌产生原粘胶酶，分解细胞的中胶层，使组织解体，流出汁液并有臭味。如白菜细菌性软腐病、茄科及葫芦科作物的细菌性软腐病以及水稻基腐病等。

③ 枯萎：大多是由棒状杆菌属引起，在木本植物上则以青枯病假单胞杆菌为最常见，一般由假单孢杆菌侵染植物维管束，阻塞输导通路，引起植物茎、叶枯萎或整株枯萎，受害的维管束组织变褐色，在潮湿的条件下，受害茎的断面有细菌黏液溢出，如番茄青枯病、马铃薯枯病、草莓青枯病等。

④ 畸形：由癌肿野单胞杆菌的细菌可以引起植物的根、根茎或侧根以及枝杆上的组织过度生长，形成畸形，呈肿瘤状或使须根丛生。假单胞杆菌也可能引起肿瘤，如菊花根癌病等。

4）植物细菌病害的侵染循环和防治要点

植物病原细菌没有直接穿透寄主表皮而入侵的能力，主要通过寄主体表的自然孔口和伤口侵入。

假单胞杆菌和黄单胞杆菌多从自然孔口侵入，也能从伤口侵入；而棒状杆菌、野杆菌和欧式杆菌则多从伤口侵入植物。植物病原细菌主要是通过雨水飞溅、灌溉水、昆虫和线虫等传播。有些细菌还可以通过农事操作，如嫁接和切花的刀具传播；有些则随着种子、球根、苗木等繁殖材料的调运而远距离传播。如花木的根癌病就是由带病苗木远程传播的，百日草细菌性叶斑病由种子带菌传播，唐菖蒲疮痂病由球茎带菌传播。

植物病原细菌没有特殊的越冬结构，必须依附于感病植物，不能离开感病植物而独立存活。因此，感病植物是病原细菌越冬的重要场所，病株残体、种子、球根等繁殖材料，以及杂草都是细菌越冬场所，也是初侵染的重要来源。一般细菌在土壤内不能存活很久，当植物残体分解后，它们也逐渐死亡。一般高温、多雨，尤以帮风雨后，湿度大、氮肥施用过多等环境条件，均有利于细菌病害的发生和流行。

植物细菌病害的防治最重要的是减少侵染源。从地区来说，要采取检疫措施，防止新病菌的传入。在病区内则应培养无病种苗，进行种苗的消毒处理和清除病株及残体。化学药剂对细菌病害的防治效果一般不理想。原因是细菌由雨水传播到寄主感病部位的同时就有侵入的条件，从接触到侵入的时间较短，一般保护剂不能充分发挥作用。植物病原细菌对抗生素较为敏感，波尔多液也有较好的效果。对于根部侵入的细菌，可以考虑用抗病的植物作砧木进行嫁接来防病。选育抗病品种也是防治细菌病害的重要途径。

（3）园林植物病原病毒

病毒是一类非细胞形态的具有传染性的寄生物，其核酸基因的质量小于3×10^8道尔顿，需要有寄主细胞的核糖体和其他成分才能复制增殖。

1）植物病毒的一般性状

① 病毒的形态结构：病毒比细菌小，只有在电子显微镜下才能观察到病毒粒体。其形态可分为三类（图2-25）：a. 棒状。有硬棒状和软棒状（或称纤维状、线状）两类。软棒状一般长350~1250nm，个别长2000nm，宽10~13nm；硬棒状长130~300nm，宽15~20nm。b. 球状。粒体

常呈几面体，直径一般为16～80nm。c．弹状或称杆状，一般呈子弹状，一端钝圆一端平截或呈杆菌状两端钝圆。长50～230nm，为宽的3倍。不同类型的病毒粒体大小差异很大。

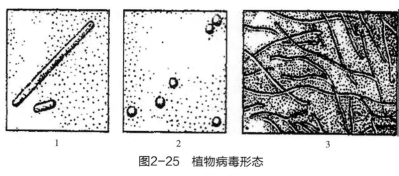

图2-25　植物病毒形态

1—杆状　2—球状　3—纤维状

病毒粒体是由核酸和蛋白质两大部分组成，蛋白质在外形成衣壳，核酸在内，形成轴心。绝大部分植物病毒的核酸是核糖核酸（RNA），个别种类是脱氧核糖核酸（DNA）。RNA为单链，少数是双链的。核酸携带着病毒的遗传信息，使病毒具有传染性。

各种病毒的结构是不同的。一般棒状病毒的粒体是空心的，其外壳由蛋白质亚基呈螺旋形对称排列组成，中间是核酸链。球状病毒的粒体中心也是空的，外壳由60个或60个倍数的蛋白质亚基组成，蛋白质亚基镶嵌在粒体表面。弹状病毒粒体的结构更复杂，具有较粒体短而细的管状中髓；蛋白质亚基也组成螺旋形衣壳，在衣壳外有一层突起的外膜，外膜是由脂蛋白的亚基组成，外膜的突起为糖蛋白；核酸链与蛋白质的结合与棒状病毒相似。

② 病毒的寄生性与致病性：病毒是一种专性寄生物，它的粒体只能存在于活的细胞中。病毒的寄生性和寄生专化性不完全符合，一般对寄主选择性不严格，因此它的寄主范围很广。如烟草花叶病毒能侵染36科的236种植物。不少植物感染某种病毒后不表现症状，其生长发育和产量不受显著的影响，这表明有的病毒在寄主上只具有寄生性而不具有致病性。这种现象称为带毒现象，被寄生的植物称为带毒体。

③ 病毒的增殖：病毒体在细胞外是处于静止状态，基本上与无生命的物质相似，当病毒进入活细胞后便发挥其生物活性。由于病毒缺少完整的酶系统，不具有合成自身成分的原料和能量，也没有核糖体，因此决定了它的专性寄生性，必须侵入易感的宿主细胞，依靠宿主细胞的酶系统、原料和能量复制病毒的核酸，借助宿主细胞的核糖体翻译病毒的蛋白质。病毒这种增值的方式叫做复制。病毒复制的过程分为吸附、穿入、脱壳、生物合成及装配释放五个步骤，又称复制周期。

④ 病毒的变异：植物病毒发生变异的现象是普遍的。发生变异的原因很多，有自然发生的，也有人工诱发的。最常见的是病毒通过不同的寄主时，首先使种内的某些更适应的粒体分别得到增殖而形成若干变株。其次，化学和物理因素也能诱发病毒变异，如电离辐射以及高温、亚硝酸、羟胺等处理，特别是亚硝酸处理的作用最明显。再次，病毒的增殖也会发生遗传变异。不同的变株可能引起植物表现不同的症状。株系或变株之间在致病力、传毒介体、抗原特异性等方面也有差异，有的甚至粒体形状也不一样。因此，病毒的变异使鉴定、选育抗病品种及防治变得相当复杂。

⑤ 病毒对外界条件的稳定性：病毒对外界因子的影响较其他微生物稳定，主要表现在以下几

个方面。

a. 致死温度（失毒温度）：将病毒汁液在不同温度下处理10分钟后，使病毒失去致病力的最低温度，成为致死温度。病毒对温度的抵抗力比其他微生物高，也相当稳定。不同病毒具有不同的致死温度。

b. 稀释终点：指病毒在植物病株的汁液中保持侵染力的最大稀释限度。病毒的稀释终点与病毒汁液的浓度有关，浓度越高，稀释终点也越大，而病毒的浓度往往受栽培条件、寄主植物的状况所影响。因此，同一病毒的稀释终点不一定相同，稀释终点只能作为鉴定病毒的参考指标。

c. 体外保毒期：病毒汁液离体后，在20～22℃条件下保持侵染力的最长时间，称为体外保毒期。不同植物病毒在体外保持致病力的时间长短不一，有的只有几小时或几天，有的可长达一年以上。

d. 对化学物质的反应：病毒对杀菌剂如升汞、乙醇、甲醛、硫酸铜等有较强的抗性，但肥皂等除垢剂可使许多病毒失去毒力。

2）植物病毒病害的症状特点

① 外部症状：植物病毒病害绝大多数属于系统侵染的病害。当寄主植物感染病毒后，症状发生总是从局部开始，经过或长或短的时间扩展至整体。病毒病状可分为三种类型。

a. 变色：由叶绿素受阻引起，分花叶和黄化两种。一般全株叶片呈现深浅绿色不匀，形成浓淡相嵌的现象。如大丽花花叶病、月季花叶病及牡丹环斑病，伴随花叶常发生凹凸不平的皱缩和变形。有些叶片黄化、白化、紫化，叶片全部或部分均匀褪绿变色，如虞美人病毒病。

b. 组织坏死：寄主表现出枯斑或组织、器官坏死。主要是寄主对病毒侵染后的过敏性反应，如建兰花叶病毒病、苹果锈果病等。

c. 畸形：植物感染病毒后，表现出各种反常的生长现象，如卷叶、花器退化、矮化、癌肿、丛枝等，如仙客来病毒病、甜菜曲顶病毒病、番茄病毒病等。

② 内部变化：植物受病毒侵染后除在外部表现一定的症状外，在感病植物细胞内也可以引起病变。细胞内结构变化较明显的如叶绿体的破坏和各种内含体的出现。在光学显微镜下所见到的内含体，分为无定形内含体和结晶状内含体两种。这两种内含体在细胞质内和细胞核内均有。此外，还有一些内含体在电子显微镜下才能看到，如风轮状、环状及束状内含体。

3）病毒病害的传播

病毒是专性寄生物，它必须在活体细胞内寄生活动，不能像其他病原物那样主动地传播，只能通过轻微的伤口侵入植物体。因而轻伤不仅为病毒开放了门户，而且又不至造成寄生细胞的死亡。病毒的具体传播方式主要有以下几种。

① 接触传播

病、健植株的叶片因相互碰撞摩擦而产生轻微伤口，病毒随着病株汁液从伤口流出侵染健株。通过沾有病毒汁液的手和操作工具也能将病毒传给健株。

② 嫁接传播

通过接穗和砧木可以传播病毒。如蔷薇条纹病毒及牡丹曲叶病毒通过接穗和砧木带毒，经嫁接传播。菟丝子在病株上寄生后，又缠绕到其他健株上，并将病毒传到健株内，这实际上也是一种嫁接传毒。

③ 昆虫传播

植物病毒的媒介昆虫主要是蚜虫和叶蝉，其他有飞虱、粉蚧、蜡象、木虱、蓟马等。它们传播病毒的方式有三种类型。第一，口针携带式。这种传播方式最简单。昆虫的口针在病株刺吸以后，立即获得传毒能力，但口腔内的病毒排完后，便失去传毒能力，所以这种传毒方式也称为非持久性传毒。第二，体内循环式。这种传毒方式较复杂。昆虫吸取病毒汁液后，不能立即传毒，必须经过一定时间后才具有传毒能力。这类病毒在虫体内保持的时间较长，但不能遗传给后代，一般称为半持久性传播。第三，增殖式传毒。病毒能在昆虫体内增殖，即昆虫吸毒后获得传毒能力且保持很长时间，并可以通过卵把病毒传给它的后代，故又称为持久性传播。

④ 其他介体传播

植物病毒的传播介体除昆虫外，少数也可以由线虫、螨类、真菌及菟丝子等传播。

⑤ 种子传播

种子传播有的是因种皮带毒，有的是种子内部（胚）带毒。种皮带毒是由果肉污染所致，种胚带毒是由花粉传染所致。

由于病毒系统侵染的特性，一般无性繁殖材料都可能传播病毒病害。

4）病毒病害的防治特点

病毒病害与其他侵染性病害比较，更加难以防治。由于植物病毒的寄主范围广，对化学药剂抵抗性较强，所以在防治上存在一定的复杂性和局限性。主要防治途径有以下几个方面。

① 选用无病繁殖材料：这一措施对无性繁殖栽培的苗木、花卉特别重要。选用无病植株的枝条和幼苗作为接穗和砧木，避免嫁接传毒。由于病毒在植物中一般不进入生长点，利用植物的芽和生长点进行组织培养可获得无病苗木。

② 减少侵染来源：带病的植株是病毒病的主要传染来源。由于病毒的寄主范围广，所以除草消灭野生寄主是防治病毒病的重要途径。

③ 防治媒介昆虫。

④ 培育抗病品种：品种的抗性要注意两个方面，包括对病毒本身的抗性和对传毒虫媒的抗性。

⑤ 病株治疗：用温水处理带病的种苗和无性繁殖材料，可以杀死其中的病毒。用干扰核酸代谢的化学物质来防治病毒，也会获得显著效果。

（4）园林植物病原植原体

植原体是1967年从桑萎缩病中认识的一种新病原。这类微生物的形态结构与动物病原菌原体极为相似。目前已发现300多种植物的90种左右的病害是由植原体引起。园林植物上已知的植原体病害有泡桐丛枝病、枣疯病、桑萎缩病、榆韧皮部坏死病及翠菊黄化病、三叶草叶肿病等。

1）植原体的一般性状

植原体没有细胞壁，无拟核，没有革兰氏染色反应，也无鞭毛等其他附属结构。菌体外缘为三层结构的单位膜。植原体的形态、大小变化较大，表现为多型性，如圆形、椭圆形、哑铃形、梨形等，大小为80～1000nm。细胞内有颗粒状的核糖体和丝状的核酸物质。植原体模式如图2-26所示。

植原体一般认为以裂殖、出芽繁殖或缢缩断裂法繁殖。

植原体对四环素、土霉素等抗生素敏感。

2）植原体病害的症状和防治

由植原体引起的植物病害，大多表现为黄化、花变绿、丛枝、萎缩现象。丛枝上的叶片常表现为失绿、变小、发脆等特点。丛枝上的花芽有时转变为叶芽，后期果实往往变形，有的植物感染植原体后节间缩短、叶片皱缩，表现萎缩症状。

植物上的植原体在自然界主要是通过叶蝉传播，少数可以通过木虱和菟丝子传播，嫁接也可传播植原体。就目前所知，植原体很难通过植物汁液传染。在木本植物上，从植原体接种到发病所经历的时间较长。

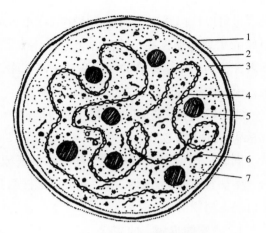

图2-26　植原体模式图

1~3—三层膜　4—核酸链　5—核糖体

6—蛋白质　7—细胞质

防治植原体病害基本上与防治病毒病害相似。严格选择无病的繁殖材料，防治媒介昆虫，选用抗病品种。由于植原体对四环素药物敏感，使用这类药物可以有效地抑制许多种植原体病害。

（5）园林植物病原线虫

线虫属线形动物门线虫纲，它在自然界分布很广，种类繁多，有的可以在土壤和水中生活，有的可以在动植物体内营寄生生活。被线虫危害的植物种类很多，裸子植物、被子植物等均能受害。根据《全国大中城市园林植物病虫害普查》结果（1983），我国园林植物线虫病害计有百余种。目前危害较严重的有仙客来、牡丹、月季等的根结线虫病；菊花、珠兰的叶枯线虫病；水仙茎线虫病以及松材线虫病等。

1）线虫的一般性状

植物病原线虫多为不分节的乳白色透明线形体，雌雄异体，少数雌虫可发育为梨形或球形，线虫长一般不到1mm，宽0.05~0.1mm（图2-27）。线虫虫体通常分为头部、颈部、腹部和尾部。头部的口腔内有吻针和轴针，用以刺穿植物并吮吸汁液。寄生线虫在土壤或植物组织中产卵，卵孵化后形成幼虫，侵入寄主危害。幼虫一生需蜕皮3次才能变成成虫，交配后雄虫死亡，雌虫产卵。线虫完成生活史的时间长短不一，有的需要一年，有的只需几天至几周。

最适宜线虫发育和孵化的温度为20~30℃，温度过高（30~50℃）时，线虫不活跃甚至死亡。土壤潮湿有利于线虫活动，但土壤水分过多不利于线虫存活，所以田间土壤积水，能杀死大多数线虫。多种线虫病在沙壤中比在黏重土壤中发生严重，这是因为沙土通气良好，有利于线虫的生活和活动。

线虫主要靠种子、苗木作远距离传播，土壤灌

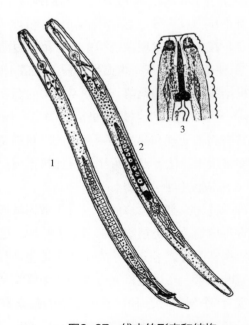

图2-27　线虫的形态和结构

1—雄虫　2—雌虫　3—头部

溉水也可以传播线虫，病株残体中的线虫也可借风、机具等作一定距离的传播。线虫自身只能作短距离的主动运动，在传播病害上意义不大。不同类群的线虫有不同的寄生方式，有的寄生在植物体内，称为内寄生；有的线虫只以头部或吻针插入寄主体内吸取汁液，虫体在寄主体外，称为外寄生；也有的线虫先行外寄生，再行内寄生。

线虫除直接引起植物病害外，还能成为其他病原物的传播媒介。现已证明寄生线虫中有3个属都是病毒的传播者。如已发现一种美洲剑线虫能将马铃薯环斑病毒传给南美扁柏的根，但不表现症状。同时，因线虫危害常为其他根病的病原物开辟了侵入途径，甚至将病原物直接带入寄主组织内。例如香石竹萎蔫病是由一种假单孢杆菌和任何一种根线虫联合引起的，细菌是通过线虫造成的伤口侵入植物的。

2）植物线虫病害的症状

线虫对植物的致病作用，除了吻针对寄主刺伤和虫体在寄主组织内穿行所造成的机械损伤之外，线虫还分泌各种酶和毒素，使寄主组织和器官发生各种病变。园林植物线虫病害的主要症状表现为以下两种类型。

① 全株性症状。植株生长衰弱矮小，发育缓慢，叶色变淡，甚至萎黄，类似缺肥、营养不良的现象。这种症状主要是根部受线虫危害所致。

② 局部性症状。由于线虫取食时寄主细胞受到线虫唾液（内含多种酶，如酰胺酶、转化酶、纤维酶、果胶酶和蛋白酶等）的刺激和破坏作用，常引起各种异常的变化，其中最明显的是瘿瘤、丛根及茎叶扭曲等畸形症状。

3）植物线虫病害的防治

① 植物检疫：有些重要的线虫在我国尚未发现，应采取过关检疫措施，有效防止这些线虫传入我国。

② 轮作和间作：植物寄生线虫大多是专性寄生的，它们的卵和幼虫在土壤中存活的时间有限，用非寄主作物或树种进行轮作和间作，可以达到防治的目的。轮作的期限应根据线虫在土壤中存活期而定。在美国曾发现在桃园中间作猪屎豆能降低根瘤线虫的密度。

③ 种苗处理：有些线虫是在种子或苗木中越冬并由种苗传播，带有线虫的树苗可用热力处理。如受根结线虫侵害的桑苗，在38～52℃的温度下处理20～30分钟，即可杀死根瘤中的线虫。

④ 土壤处理：土壤是线虫活动的主要场所，土壤处理是防治植物线虫病的传统方法。土壤处理通常有药剂处理和热处理两种方法。目前常用的杀线虫剂有氯化苦、克线磷、呋喃丹等。热处理土壤多采用干热法，温室可用蒸汽加热土壤。

（6）寄生性种子植物

种子植物大都是自养的，只有少数因缺乏叶绿素不能进行光合作用或因某些器官退化而成为异养的寄生植物，这类植物大都是双子叶的，已知有1700多种，分属于12个科。

依据寄生方式可分为半寄生和全寄生两种。重要的半寄生性种子植物为桑寄生科，这种植物的叶片有叶绿素，可以进行光合作用，但必须从树木寄生体内吸取矿质元素和水分。桑寄生科在我国已发现有6个属，50余种，其中重要的是桑寄生属，其次是槲寄生属。重要的全寄生性种子植物有菟丝子科和列当科。这种植物的根、叶均已退化，全身没有叶绿素，只保留茎和繁殖器官，它们的导管、筛管与寄生植物的导管和筛管相连，从寄主植物中吸收水和无机盐，并依赖寄主植物供给碳水化合物和其他有机营养物质。

寄生性种子植物对木本植物的危害是使生长受到抑制，如落叶树受桑寄生侵害后，树叶早落，次年发芽迟缓；常绿树则在冬季引起全部落叶或局部落叶，树木受害，有时引起顶枝枯死，叶面缩小等。

1）桑寄生属

桑寄生属（学名：Loranthus Jacq），桑寄生科，约10种，分布于欧洲和亚洲的温带和亚热带地区，中国产6种，其中北桑寄生L. tanakae Franch. et Sav. 产华北。半寄生灌木；叶对生；穗状花序，花序轴在花着生处常凹陷；花两性或单性，5~6数，具苞片1枚；花被片分离，花瓣状，长不及1厘米；花药圆形或近圆形；浆果，外果皮平滑，中果皮具粘胶质；种子1颗。桑寄生属的概念，还有不同观点，广义的Loranthus属有600种，下分成众多的组。

2）槲寄生属

槲寄生属，桑寄生科，约30种，分布于东半球热带至温带，我国有10种；各省区均有，其中槲寄生v. coloratum（Kom.）Nakai 等供药用。寄生灌木，茎具明显的节；叶对生，具直出脉，或退化为鳞片状；花小，单性，或排成聚伞花序式，顶生或腋生，无花梗；苞片1~2枚或无；雄花：花被片4枚，萼状；雌花：花被片3~4枚，萼状；花药多室，孔裂；花托卵状至长圆状；子房1室，柱头乳头状或垫状；浆果，中果皮具粘胶质。

3）菟丝子属（图2-28）

菟丝子是菟丝子属植物的总称，全世界约有100多种，我国发现约有10余种。常见的有中国菟丝子和日本菟丝子。菟丝子种的区别主要根据茎的粗细、花和蒴果的形态及寄主的范围。

中国菟丝子茎细，直径在1mm以下；黄色，无叶；花小，聚生成无柄小花束；蒴果内有种子2～3枚。主要危害草本植物，以豆科植物为主，还寄生于菊科、黎科等植物。常危害一串红、翠菊地肤、美女樱、长春花、扶桑等多种观赏植物。

日本菟丝子茎较粗，直径达2mm，黄白色，并有突起的紫斑；尖端及其下面3个节上有退化鳞片状的叶；花冠管状，白色，蒴果内有种子1～2枚。主要危害木本植物。它的寄主范围很广，在我国已发现80种以上的植物受害。

菟丝子的种子成熟后，脱落在地上，到第二年春天萌发，萌发的时期一般较寄主植物开始生长或萌发期晚，这样便于它营寄生生活。种子萌发时，种胚的一端先形成无色或黄色丝状幼芽，幼芽在空中旋转，当碰到寄主时，就缠绕其上，在两者紧密结合处，菟丝子即产生吸盘伸向寄主组织，部分组织分化为导管和筛管，分别同寄主的导管和筛管连接，从寄主体内吸取养料。当寄生关系建立之后，原来的幼茎下部即枯死，菟丝子完全与土壤脱离关系，其上端继续产生分枝，又绕在寄主植物上产生

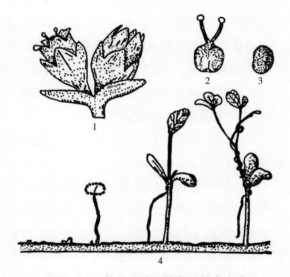

图2-28　菟丝子种子萌发及侵害方式
1—花　2—雌蕊　3—种子
4—种子萌发和侵害方式

新的吸器。菟丝子的蔓延速度很快，一株菟丝子在有利条件下经过3个月可以发展到20m²，其断茎能继续生长，进行营养繁殖。

防治菟丝子主要是减少侵染来源，消除菟丝子和种子。冬季深耕，使种子深埋土中，不能萌发。此外，在春末夏初进行苗地检查，发现菟丝子立即清除，以免蔓延。

2.3.2.2　侵染性病害的发生和发展

（1）病原物的寄生性

病原物的寄生性是指病原物从寄主活的细胞和组织中获得营养物质的能力。这种能力对于不同的病原物来讲是不同的，有的只能从活的植物细胞和组织中获得所需要的营养物质，而有的除营寄生生活外，还可在死的植物组织上生活，或者以死的有机质作为其生活所需要的营养物质。按照病原物从寄主获得活体营养能力的大小，可以把病原物分为3种类型。

1）专性寄生物（严格寄生物）

它们的寄生能力最强，可以也只能从活的寄主细胞和组织中获得营养，所以也称为活体寄生物。寄主植物的细胞和组织死亡后，病原物也停止生长和发育，病原物的生活严格依赖寄主。该类病原物包括所有的植物病毒、植原体、寄生性种子植物、大部分植物病原线虫和霜霉、白粉及锈菌等部分真菌。它们对营养的要求比较复杂，一般不能在普通的人工培养基上培养。

2）强寄生物（兼性寄生物）

其寄生性次于专性寄生物，寄生性很强，以营寄生生活为主，但也有一定的腐生能力，在某种条件下，可以营腐生生活。它们虽然可以在人工培养基上勉强生长，但难以完成生活史。如外子囊菌、外担子菌等多数真菌和叶斑性病原细菌属于这一类。它们适应寄主植物发育阶段的变化而改变寄生特性。当寄主处于生长阶段，它们营寄生生活；当寄主进入衰亡或休眠阶段，它们则转营腐生生活。而且这种营养方式的改变伴随着病原物发育阶段的转变，真菌的发育也从无性阶段转入有性阶段。因此，它们的有性阶段往往在成熟和衰亡的寄主组织如落叶上发现。

3）弱寄生物（兼性寄生物）

弱寄生物一般也称作死体寄生物或低级寄生物。该类寄生物的寄生性较弱，它们只能侵染生活力弱的活体寄主植物或处于休眠状态的植物组织或器官。在一定的条件下，它们可在块根、块茎和果实等储藏器官上营寄生生活。这类寄生物包括引起猝倒病的丝核菌和许多引起立木腐朽的真菌等，它们易于进行人工培养，可以在人工培养基上完成生活史。

4）严格腐生物（专性腐生物）

该类微生物不能侵害活的有机体，因此不是寄生物。常见的是食品上的霉菌，木材上的木耳、蘑菇等腐朽菌。

一般认为，寄生物是从腐生物演化而来的，腐生物经过非专性寄生物发展到专性寄生物。分析一种病原物是弱寄生还是强寄生是非常重要的，因为这与病害防治关系密切。例如，培育抗病品种是很有效的防治措施，但大多是针对寄生性较强的病原物所引起的病。对于许多弱寄生物引起的病害一般来说就很难得到理想的抗病品种，对于这类病害的防治，应着重于提高植物抗病性。

寄主范围与寄生的专化性由于病原物对营养条件的要求不同而对寄主具有选择性，有的病原物只能寄生在一种或几种植物上，如梨锈病菌；有的却能寄生在几十种或上百种植物上，如灰霉病菌。

不同病原物的寄主范围差别很大。一般来说，严格寄生物的寄主范围较窄；弱寄生物的寄主范围较宽。同一寄生物的群体在其寄主范围内，常因对营养条件的要求不同而出现明显的分化，这就是寄生专化性。特别是在严格寄生物和强寄生物中，寄生专化性是非常普遍的现象，如禾谷杆锈菌（形态种）的寄主范围包括300多种植物，依据对寄主属的专化性分为十几个专化型；同一专化型内又根据对寄主种或品种的专化性分为若干生理群体，称为生理小种。

在植物病害防治中，了解当地存在的具体植物病害病原物的生理小种，对选育和推广抗病品种、分析病害流行规律和预测预报具有重要的实践意义。

（2）病原物的致病性

致病性是病原物所具有的破坏寄主后引起病害的能力。

寄生物从寄主吸取水分和营养物质，起着一定的破坏作用。但是，一种病原物的致病性并不能完全从寄生关系来说明，它的致病作用是多方面的。一般来说，寄生物大都是病原物，但不是所有的寄生物都是病原物。例如，豆科植物的根瘤细菌和许多植物的菌根真菌都是寄生物，但并不是病原物。因此，寄生物和病原物并不是同义词。

寄生性的强弱和致病性的强弱没有一定的相关性。专性寄生的锈菌的致病性并不比非专性寄生的病菌强。如引起腐烂病的病原物大都是非专性寄生的，有的寄生性很弱，但是它们的破坏作用却很大。一般来讲，病原物的寄生性越强，其致病性相对越弱；病原物的寄生性越弱，其致病性相对越强。如植物病毒侵染，很少立即把植株杀死，这是因为它们的生存严格依赖寄主，没有了活寄主也就没有病毒存在的可能，这是病原——寄主长期协同进化的结果。

病原物的致病性大致通过以下几种方式来实现。

① 夺取寄主的营养物质和水分，如寄生性种子植物和线虫，靠吸收寄主的营养使寄主生长衰弱；

② 分泌各种酶类，消解和破坏植物组织和细胞，侵入寄主并引起病害，例如软腐病菌分泌的果胶酶可分解消化寄主细胞间的果胶物质，使寄主组织的细胞彼此分离，组织软化而呈水渍状腐烂；

③ 分泌毒素，使植物组织中毒，引起褪绿、坏死、萎蔫等不同症状；

④ 分泌植物生长调节物质，或干扰植物的正常激素代谢，引起生长畸形，如线虫侵染形成的巨型细胞，根癌细菌侵染形成的肿瘤等。

不同的病原物往往有不同的致病方式，有的病原物同时具有上述两种或多种致病方式，也有的病原物在不同的阶段具有不同的致病方式。

（3）植物的抗病性

1）抗病性类型

寄主植物抑制或延缓病原物活动的能力称为抗病性，是寄主的一种属性。这种能力是由植物的遗传特性决定的，不同植物对病原物表现出不同程度的抗病能力。按照抗病能力的大小，抗病性可划分为免疫、抗病、耐病、感病、避病等几种类型。

① 免疫：寄主对病原物侵染的反应表现为完全不发病，或观察不到可见的症状。

② 抗病：寄主对病原物侵染的反应表现为发病较轻。发病很轻的称为高抗。

③ 耐病：寄主对病原物侵染的反应表现为发病较重，但产量损失较小。即外观上发病程度类似感病，但植物的忍耐性较高。对此有人称为抗损害性或耐害性。

④ 感病：寄主对病原物侵染的反应表现为发病较重，产量损失较大。发病很重的称为严重感病。

⑤ 避病：指寄主在某种条件下避免发病或避免病害大发生的习性，寄主本身是感病的。如寄主感病期与病原物盛发期错开，从而避免病害大发生。

2）抗病性机制

在病害的发生发展过程中，寄主植物始终在与病原物进行着斗争。按照发生时期大体分为抗接触、抗侵入、抗扩展、抗损害等几种类型，往往在不同的阶段以不同的方式体现出来。而按照抗病的机制可以分为结构抗病性和生物化学抗病性。前者有时称为物理抗病性或机械抗病性。

植物一般是从两个方面来保卫自己、抵抗病原物的活动：一是机械的阻碍作用，利用组织和结构的特点阻止病原物的接触、侵入与在体内的扩展、破坏，这就是结构抗病性；二是植物的细胞或组织中发生一系列的生理生化反应，产生对病原物有毒害作用的物质，来抑制或抵抗病原物的活动，这就是生物化学抗病性。

植物依靠原有的组织结构的特点，抵御或阻止病原物与之接触或侵入，发挥其抗侵入的作用。这种组织或结构上的特点是某些植物固有的特点，即先天性的防御结构。例如植物表面密生的茸毛，或很厚的蜡质层，形成拒水的或拒虫的隔离屏障，使害虫或病原物难以接触表皮细胞或很难穿透侵入。也有的气孔密闭或孔隙很小，病原菌不易侵入。

另有一类是病原物接触或侵入后，诱导了寄主组织结构的变化，如在病部形成木栓层、离层、侵填体、胼胝质和树胶等组织结构的改变或细胞坏死等反应，来抵制病原物的扩展或增殖。

这些后天性的防御结构的变化往往是与寄主的生物化学代谢分不开的。一种寄生物接触并侵入植物时，也会受到植物很强烈的生化反应的抵抗。一种病原物只能侵害特定的寄主种类，而不能侵染其他种类的植物，大多是由于这些物种体内发生很强烈的生化反应的抵抗而不能建立寄生关系，而成为非寄主的。在病原物的寄主范围内，不同的种或品种也有程度不同的抵抗反应，与组织结构的抗性相似，也可分为先天的固有生化抗性和后天的诱导生化抗性两类。先天的生化抗性包括植物向体外分泌的抑菌物质，如葱蒜类、松柏类植物向外分泌大量具有杀菌或抑菌活性的挥发性物质，许多微生物都被这些分泌的生化物质（多为酚、萜、萘类）所钝化或失活。有些植物之所以不能成为某种病原物的寄主，可能是由于体内缺乏该病原物识别反应所需的生化物质，从而不能建立寄生关系。在病原物与寄主接触或侵入后，会诱导寄主植物发生很强烈的生理生化反应，设法抵制或反抗病原物的侵染，最强烈的是细胞自杀而形成过敏性的坏死反应，细胞死亡使病原物难以得到活体营养，从而限制了病原物的扩展。也有的寄主在病菌侵入点周围的细胞内沉积了大量抑菌性物质，如植物保卫素（简称为植保素，如菜豆素、豌豆素和日齐素等）、病程相关蛋白（PRs）等。

诱导的生化抗性是指在寄主细胞内发生的有利于抗病的生理代谢途径的改变，如磷酸戊糖支路的活化等，从而产生更多的抗菌或抑菌物质；核酸转录和蛋白翻译加快，一些对病原物有抑制或破坏作用的酶系产生，它们在防御病原物的活动中发挥着十分重要的作用。植物抗病基因的诱导性表达是诱导生化抗性的遗传学基础。

2.3.2.3 园林植物侵染性病害的发生与流行

（1）侵染性病害的发生过程

病原物与植物接触之后，引起病害发生的全部过程，称为侵染程序，简称病程。病程一般可分为四个阶段，即接触期、侵入期、潜育期和发病期。

1）接触期

从病原物与寄主接触，或到达能够受到寄主外渗物质影响的根围或叶围开始，到病原物向侵入部位生长或运动，并形成某种侵入机构为止，称为接触期。病原物同植物体接触是无选择性的，只有与寄主植物的感病部位接触才是有效的。在接触期，病原物除了直接受到寄主的影响外，还受到环境因素的影响，如大气的温度和湿度、植物表面渗出的化学物质、植物表面微生物群落颉颃或刺激作用等。接触期是病原物侵染过程中的薄弱环节，也是防止病原物侵染的有利阶段。

2）侵入期

从侵入到病原物与寄主建立稳定寄生关系为止，这一时期称为侵入期。

① 侵入途径和方式：病原物侵入寄主的途径因种类不同而异。

a．直接侵入：一部分真菌可以从健全的寄主表皮直接侵入，如梨黑星分生孢子、树木根腐密环菌以根状菌素直接侵入。

b．自然孔口侵入：植物体表的自然孔口，有气孔、皮孔、水孔、密腺等，绝大多数真菌和细菌都可以通过自然孔口侵入，如松针褐斑病从气孔侵入、松树溃疡病从皮孔侵入。

c．伤口侵入：植物表面各种伤口如剪伤、虫伤、碰伤、落叶的叶痕等都是病原物侵入的门户。在自然界，一些病原细菌和许多寄生性较弱的真菌往往由伤口侵入，如立木腐朽和皮层腐烂病原物由伤口侵入。

② 影响侵入的条件：影响病原物侵入的环境条件，首先是湿度和温度，其次是寄主植物。

a．湿度：湿度对于病原物侵入的影响最大，真菌除白粉菌外，孢子萌发的最低相对湿度都在80%以上，鞭毛菌的游动孢子和能动的细菌在水滴中最适宜于侵染。

b．温度：温度影响孢子萌发和菌丝生长的速度，各种真菌的孢子都有其最高、最适及最低的萌发温度。离它所需的最适温度越远，则所需萌发的时间越长，超出最高或最低温则不能萌发。如杨树灰斑病菌分生孢子萌发最低、最适、最高温度分别是3℃、23～27℃、38℃，而杉木炭疽病菌的分生孢子分别为12℃、20～23℃和32℃。温度在一般情况下，更多的作用是影响孢子的发芽率和发芽势，而不一定能确定其是否侵染。应当指出，在病害能够发生的季节里，温度一般能满足侵入要求，而湿度则变化较大，常常成为病原物侵入的限制因素。

3）潜育期

从病原物侵入与寄主建立寄生关系开始，直到表现出明显的症状为止称为潜育期。

① 局部侵染和系统侵染：寄生关系建立以后，病原物在寄主体内扩展的范围因种类不同而异。大多数真菌和细菌在寄主体内扩展的范围限于侵入点附近，称局部侵染。叶斑类病害是典型的局部侵染病害，如毛白杨黑斑病的单个病斑直径不超过1mm。病原物自侵入点能扩展到整个植株或植株的绝大部分，称系统侵染，如许多病毒、植原体以及少数的真菌、细菌的扩展都属于这一类型。枯萎病类、丛枝病类都是系统侵染的结果。

② 环境条件对潜育期的影响：潜育期的长短因病害而异，叶部病害一般10天左右，也有较短或较长的。如杨树黑斑病为2～8天，松落针病为2～3个月，立木腐朽病的潜育期有时长达数年或数十年。

在潜育期中，寄主体就是病原物的生活环境，其水分养分都是充足的。潜育期长短受外界环境，特别是气温影响最大。一般情况下，在适于病原物生长的温度下潜育期较短，温度偏高或偏低，潜育期延长。如毛白杨锈病，在13℃时潜育期8天，15～17℃时潜育期13天，20℃时潜育期7天。

值得注意的是，有些病原物侵入寄主植物后，由于寄主和环境条件的限制，暂时停止生长活动而潜伏在寄主体内不表现症状，但当寄主抗病性减弱，环境有利于病菌生长时，病菌可继续扩展并出现症状，这种现象称为潜伏侵染。有些病害出现症状后，由于环境条件不适宜，症状可暂时消失，称为隐症现象。有些病毒侵入一定寄主后，在任何条件下都不表现症状，称为带毒现象。有些植物病害的发生是由于两种以上的病原物同时或先后侵染而引起的，这种现象称为复合侵染。

4）发病期

受病植物症状的出现，表示潜育期的结束，发病期的开始。也就是说，从寄主植物表现出症状后，到症状停止发展这一阶段称为发病期。

在发病期中，病原物仍有一段或长或短的扩展时期，其症状也随着有所发展，严重性不断增加。最后，病原物产生繁殖器官（或休眠），症状便停止发展，一次侵染过程至此结束。

2.3.2.4 植物病害的侵染循环

侵染循环是指病害从前一生长季节开始发病，到下一生长季节再度延续发病的过程。它包括初侵染和再侵染、病原物的越冬、病原物的传播三个环节。

（1）初侵染和再侵染

由越冬的病原物在植物生长期引起的初次侵染称初侵染；在初侵染的病部产生的病原体通过传播引起的侵染称为再侵染。在同一生长季节，再侵染可能发生许多次，病害的侵染循环，可按再侵染的有无分为以下两种。

① 多病程病害：一个生长季节中除初侵染过程外还有再侵染过程，如梨黑星病、各种白粉病和炭疽病等属于这类病害。

② 单病程病害：一个生长季节只有一次侵染过程，如松落叶病、槭黑痣病属于这类病害。

单病程病害每年的发病程度取决于初侵染多少，只要集中消灭初侵染来源或防止初侵染，这类病害就能得到防治。对于多病程病害，情况就比较复杂，除防治初侵染外，还要解决再侵染问题，防治效率的差异也较大。

（2）病原物的越冬

许多植物到冬季大都进入落叶休眠或停止生长状态。寄生在植物上的病原物如何度过这段时间，并引起下一生长季节的侵染，这就是所谓越冬问题。越冬是侵染循环中的一个薄弱环节，掌握这个环节常常是某些病害防治上的关键问题，病原物越冬的场所有以下几个。

① 感病寄主：感病寄主是园林病害最重要的越冬场所，树木不但枝干是多年生的，常绿针阔叶树的叶也是多年生的，寄主体内的病原物因有寄主组织的保护，不会受到外界环境的影响而安全越冬，成为次年初侵染来源。

② 病株残体：绝大部分非专性寄生的真菌、细菌都能在因病而枯死的立木、倒木、枝条和落叶等病残体内存活或以腐生的方式存活一段时间。因此彻底清除病株残体等措施有利于消灭和减少初侵染来源。

③ 种子苗木和其他繁殖材料：种子及果实表面和内部都可能有病原物存活，春天播种时成为幼苗病害侵染的来源。种子带菌对园林树木病害并不重要。苗木、接穗、插条和种根等上的病原物作为侵染来源与有病植株情况是一样的。

④ 土壤、肥料：土壤和肥料也是多种病原物越冬的主要场所，侵染植物根部的病原物尤其如此。病原物可以厚垣孢子、菌核等在土壤中休眠越冬，有的可存活数年之久。病原物除休眠外，还以腐生方式在土壤中存活。根据病原物在土壤中存活能力的强弱，可以分为土壤寄居菌和土壤习居菌。土壤寄居菌必须在病株残体上营腐生生活，一旦寄主残体分解，便很快在其他微生物的竞争下丧失生活能力。土壤习居菌有很强的腐生能力，当寄主残体分解后能直接在土壤中营腐生生活。

（3）病原物的传播

在植物体外越冬的病原物，必须传播到植物体上才能发生初侵染，在植株之间传播则能引起再侵染。有许多病原物如带鞭毛的细菌、游动孢子等都有主动传播的能力，但是，这种主动传播的距离极为有限。病原物的传播主要依赖外界因素被动传播，其主要传播方式如下。

① 风力传播（气流传播）：真菌的孢子很多是借风力传播的，真菌的孢子数量多，体积小，易于随风飞散。气流传播的距离较远，范围比较大，但可以传播的距离并不就是有效距离，因为部分孢子在传播的途径中会死去，而活的孢子还必须遇到感病的寄主和适当的环境条件才能引起侵染，传播的有效距离受气流活动情况、孢子的数量和寿命以及环境条件的影响。

借风力传播的病害，防治方法比较复杂，除去注意消灭当地的病原物以外，还要防止外地病原物的传入。确定病原物的传播距离，在防治上很重要，转主寄主的砍除和无病苗圃的隔离距离都是由病害传播距离决定的。

② 雨水传播：植物病原细菌和真菌中的黑盘孢目、球壳孢目的分生孢子多半是由雨水传播的。低等的鞭毛菌的游动孢子只能在水滴中产生和保持它们的活动性，雨水传播的距离一般都比较近，这样的病害蔓延不是很快。对于生存在土壤中的一些病原物，还可以随灌溉和排水的水流而传播。

③ 昆虫和其他动物传播：有许多昆虫在植物上取食活动，成为传播病原物的介体，除传播病毒外还能传播病原细菌和真菌；同时在取食和产卵时，给植物造成伤口，为病原物的侵染造成有利条件。此外，线虫、鸟类等动物也可传带病菌。

④ 人为传播：人们在育苗、栽培管理及运输等各种活动中，常常无意识传播病原物。种子、苗木、农林产品以及货物包装用的植物材料，都可能携带病原物。人为传播往往是远距离的，而且不受外界条件的限制，这是实行植物检疫的原因。

2.3.2.5　植物病害的流行与预测

（1）植物病害的流行

植物病害在一定时期和地区内普遍而严重发生，使寄主植物受到很大损害或产量受到很大损失，称为病害的流行。

1）病害流行的条件

传染性病害的流行必须具备三个方面的条件：有大量致病力强的病原物存在、有大量的感病性的寄主存在、有对病害发生极为有利的环境。三方面因素相互联系，互相影响。

① 大量的感病寄主：易于感病的寄主植物大量而集中的存在是病害流行的必要条件。植物的不同种类、不同年龄，以及不同个体对病害有不同的感病性，营造大片同龄的纯林，易于引起病害流行。在某些条件下造林选用林木的品系不当，也是引起病害流行的原因。

② 致病力强的病原物：病害的流行必须有大量的致病力强的病原物存在，并能很快地传播到寄主体上。有无再侵染或再侵染重要的病害、病原物越冬的数量（即初侵染来源的多少），对病害

流行起决定作用。而再侵染重要的病害，除初侵染来源外，侵染次数多，潜育期短，繁殖快，对病害流行常起很大的作用。病原物的寿命长以及有效的传播方式，也可加速病害流行。

③ 适宜的发病条件：环境条件影响着寄主的生长发育及其遗传变异，也影响其抗病力，同时还影响病原物的生长发育、传播和生存。气象条件（温度、湿度、光照、风等）、土壤条件、栽培条件（种植密度、肥水管理、品种搭配）与病害流行关系密切。

上述三方面因素是病害流行必不可少的条件，缺一不可。但是，各种流行性病害，由于病原物、寄主和它们对环境条件的要求等方面的特性不同，在一定地区、一定时间内分析病害流行条件时，不能把三个因素同等看待，可能其中某些因素基本具备，变动较小，而其他因素变动或变动幅度较大，不能稳定地满足流行的要求，限制了病害流行。因此，把这种易变动的限制性因素称为主导因素。如杨树腐烂病，在北方的某些地区，感病的寄主大量而集中存在着，病原物也普遍地附生于枝干树皮表层，这时病害流行取决于环境条件，如遇突然的干旱或冻害，病害便随即流行起来。在另外一些病害里，病原物或大量的感病寄主的存在可能是流行的决定性条件。

2）病害流行的动态

植物病害的流行是随着时间而变化的，亦即有一个病害数量由少到多、由点到面的发展过程。研究病害数量随时间而增长的发展过程，称为病害流行的时间动态。研究病害分布由点到面的发展变化，称为病害流行的空间动态。

① 病害流行的时间动态：病害流行过程是病原物数量积累的过程。不同病害的积累过程所需时间各异，大致可分为单年流行病害和积年流行病害两类。单年流行病害在一个生长季中就能完成数量积累过程，引起病害流行。积年流行病害需连续几年的时间才能完成该数量积累的过程。

a. 单年流行病害：大都是有再侵染的病害，故又称为多循环病害。其特点是：潜育期短，再侵染频繁，一个生长季可繁殖多代；多为气传、雨水传或昆虫传播的病害；多为植株地上部分的叶斑病类；病原物寿命不长，对环境敏感；病害发生程度在年度之间波动大，大流行年之后，第二年可能发生轻微，轻病年之后又可能大流行。属于这一类的有许多作物的重要病害，如锈病、白粉病、马铃薯晚疫病、黄瓜霜霉病等。

b. 积年流行病害：又称单循环病害。其发生特点是：无再侵染或再侵染次数很少，潜育期长或较长；多为全株性或系统性病害，包括茎基部及根部病害；多为种传或土传病害；病原物休眠体往往是初侵染来源，对不良环境的抗性较强，寿命也长，侵入成功后受环境影响小；病害在年度间波动小，上一年菌量影响下一年的病害发生数量。属于该类病害的有黑穗病、粒线虫病、多种果树根病等。

② 病害流行的空间动态：病害流行过程的空间动态是指病害的传播距离、传播速度以及传播的变化规律。

a. 病害的传播：病害传播的距离按其远近可以分为近程、中程和远程三类。一次传播距离在百米以内的称为近程传播，近程传播主要是病害在田间的扩散传播，显然受田间小气候的影响。当传播距离在几十甚至几百千米以上的称为远程传播，如小麦锈病即为远程传播。介于二者之间的称为中程传播。中程传播和远程传播受上升气流和水平风力的影响。

b. 病害的田间扩展和分布：病害在林间的扩展和分布与病原物初次侵染的来源有关，可分为初侵染来源位于本地和外来菌源两种情况。初侵染源位于本地内，在林间有一个发病中心或中心病株；病害在林间的扩展过程是由点到片，逐步扩展到全片；传播距离由近及远，发病面积逐步扩大；病害在林间的分布呈核心分布。初侵染源为外来菌源，病害初发时在林间一般是随机分布或接近均匀分布，也称为弥散式传播；如果外来菌量大、传播广，则全片普遍发病。

（2）病害流行的预测

根据病害流行的规律和即将出现的有关条件，可以推测某种病害在今后一定时期内流行的可能性，称为病害预测。病害预测的方法和依据因不同病害的流行规律而异，通常主要依据有三点：即病害侵染过程和侵染循环的特点；病害流行因素的综合作用，特别是主导因素与病害流行的关系；病害流行的历史资料以及当年的气象预报等。

根据测报的有效期限，可区分为长期预测和短期预测两种。长期预测是预测一年以后的情况，短期预测是预测当年的情况。

由于病害发展中各种因素间的关系很复杂，而且各种因素也在不断变化，因此，病害的预测是一项复杂的工作。

2.3.2.6　园林植物侵染性病害的诊断

植物病害的症状都有一定的特征，又具相对稳定性，是进行病害类别识别、病害种类诊断的重要依据。对于已知的比较常见的病害，根据症状可以做出比较正确的诊断。如当杨树叶片上出现许多针头大小的黑褐病斑，病斑中央有一灰白色黏质物时，无疑是由 *Marssonina* 属的真菌引起的杨树黑斑病的典型症状。

但病害的症状并不是固定不变的，同一种病原物在不同寄主上或在同一寄主的不同发育阶段或处在不同的环境条件下都可能表现出不同的症状。如梨胶锈菌危害梨和海棠叶片产生叶斑，在松柏上使小枝膨肿并形成楔状冬孢子角；立枯丝核菌危害针叶树幼苗时，若侵染发生在幼苗木质化以前表现为猝倒，侵染如发生在幼苗木质化后则表现为立枯。相反，不同的病原物也可以引起相同的症状，如真菌、细菌，甚至霜害都能引起李属植物穿孔病。

真菌病害一般到后期会在病组织上产生病症，它们多半是真菌的繁殖体。对于那些专性寄生或强寄生的真菌如锈菌、白粉菌、外子囊菌所致的病害，根据病原物进行诊断是完全可靠的，细菌病害在潮湿的条件下部分产生菌脓。病毒病害只有病状而无病症，病状有显著特点，常见全株性变色、畸形，也有局部坏死症状，坏死斑在植株上分布比较均匀。

植物病害的症状是很复杂的，每一种病害的症状常常有好几种现象综合而成。因此要明确地把它们划分类型也很困难，单纯根据症状做出诊断，有时并不完全可靠，在许多具体的病例中，常常需要作系统的综合比较观察，有时还必须应用显微镜检查、人工诱发或血清反应和酶联免疫反应等先进技术和方法对病原物进行分析和鉴定，才能作出正确的诊断。

显微镜检查是挑取少许病组织做病部切片，在显微镜下观察病原物形态。如是真菌，观察菌丝有无隔膜，孢子和子实体形态、大小、颜色、细胞数、着生情况等，进行鉴定。如是细菌病害，一般可看到大量细菌似云雾状从维管束薄壁细胞溢出，这是诊断细菌病害既简单而又可靠的方法。对于病毒病害，显微镜检查植物细胞内的内含体，从黄化型病毒的叶脉或茎切片中，可以看到韧皮部细胞的坏死与组织内淀粉积累；用碘或碘化钾溶液检测可显现深蓝色淀粉斑，作为诊断参考。对线虫病可将线虫瘿或肿瘤切开，挑取线虫制片镜检鉴定。对根瘤线虫的观察，可将病根组织放在载玻片上，加一滴碘液（碘0.3g、碘化钾1.3g、水100ml），另用一块玻璃，放在上面轻压，线虫染为深色，根部组织呈淡金黄色。

人工诱发是在症状观察和显微镜检查时，可能在发病部位发现一些微生物，若不能断定是病原菌或是腐生菌，最好进行分离培养、接种和再分离，这种诊断步骤称柯赫氏证病律。应用柯赫氏法则来证明一种微生物的传染性和致病性，是最科学的植物病害诊断方法。其步骤如下：① 当发现植物病组织上经常出现的微生物时，应将它分离出来，并使其在人工培养基上生长；② 将培养物进一步纯化，得到纯菌种；③ 将纯菌种接种到健康的寄主植物上，并给予适宜的发病条件，使其发病，观察它是否与原症状相同；④ 从接种发病的组织上再分离出这种微生物。但人工诱发试验并不一定能够完全实行，因为有些病原物到现在还没找到人工培养的方法。接种试验也常常由于没有掌握接种方法或不了解病害发生的必要条件而不能成功。目前，对病毒和植原体还没有人工培养方法，一般用嫁接方法来证明它们的传染性。

复习思考题

1. 园林植物侵染性病害是怎样发生的（如何理解病害三因素的关系）？
2. 园林植物病害的症状类型及特点是什么？
3. 如何区分侵染性病害和非侵染性病害？
4. 园林植物细菌病害的特点是什么？
5. 简述园林植物侵染性病害的诊断方法。
6. 什么是潜伏侵染？
7. 比较各种病原物的侵入途径与方式？
8. 病原物的越冬、越夏场所有哪些？
9. 植物病害流行的条件是什么？
10. 植物病害的预测主要根据是什么？

第3章　园林植物病虫害防治技术措施

园林植物有害生物管理的基本方法归纳起来有植物检疫、园林管理调控技术防治、物理机械防治、生物防治、化学防治和外科治疗技术。

3.1　植物检疫

植物检疫又称为法规防治，指一个国家或地区用法律或法规形式，禁止某些危险性的病虫、杂草人为地传入或传出或对已发生及传入的危险性病虫、杂草采取有效措施消灭或控制蔓延。植物检疫与其他防治技术明显不同。首先，植物检疫具有法律的强制性，任何集体和个人不得违规。其次，植物检疫具有宏观战略性，不计局部地区当时的利益得失，而主要考虑全局长远利益。最后，植物检疫防治策略是对有害生物进行全面的种群控制，即采取一切必要措施，防止危险性有害生物进入或将其控制在一定范围内或将其彻底消灭。所以，植物检疫是一项最根本性的预防措施，是园林植物保护的一项主要手段。

园林植物检疫对保证园林生产安全具有重要的意义，是搞好园林植物害虫综合治理的前提。随着我国对外开放、加入世界贸易组织（WTO）以及城市园林绿化建设事业的发展，引种或调苗日益频繁，人为传播园林植物害虫的机会也就随之增加，给我国城市绿化建设事业的发展带来了极大的隐患。因此，搞好植物检疫工作对防止危险性害虫的传播蔓延、保护园林绿化成果、保障对外贸易的顺利发展具有极为重要的现实意义。

植物检疫依据进出境的性质，可分为国家间货物流动的对外检疫（口岸检疫）和对国内地区间实施的对内检疫。对外检疫的任务是防止国外的危险性病虫传入，以及按交往国的要求控制国内发生的病虫向外传播，是国家在对外港口、国际机场及国际交通要道设立检疫机构，对物品进行检疫。对内检疫的任务在于将国内局部地区发生的危险性病虫封锁在一定范围内，防止其扩散蔓延，是由各省、市、自治区等检疫机构，会同交通运输、邮电、供销及其他有关部门根据检疫条例，对所调运的物品进行检验和处理。

虽然两者的偏重不同，但实施内容基本一致，主要有检疫对象的确定、疫区和非疫区的划分、植物及植物产品的检验与检测、疫情的处理。

3.1.1 确定检疫对象

根据《国际植物保护公约》（1979）的定义，检疫性有害生物是指一个受威胁国家目前尚未分布，或虽然有分布但分布不广，对该国具有经济重要性的有害生物。根据这个定义，确定植物检疫对象的一般原则如下：必须是我国尚未发生或局部发生的主要植物的病虫害；必须是严重影响植物的生长和价值，而防治又比较困难的病虫害；必须是容易随同植物材料、种子、苗木和所附泥土以及包装材料等传播的病虫害。

我国农业部于1995年发布了《全国植物检疫对象和应施检疫的植物、植物产品名单》（详见附件一），林业部于1996年发布了《森林植物检疫对象和应施检疫的森林植物及其产品名单》（详见附件二），其中许多病虫与园林植物有关。

3.1.2 划分疫区和非疫区

疫区是指由官方划定、发现有检疫性病虫害危害并由官方控制的地区。而非疫区则是指有科学证据证明未发现某种检疫性病虫害，并由官方维持的地区。疫区和非疫区主要根据调查和信息资料，依据危险性病虫的分布和适生区进行划分，并经官方认定，由政府宣布。对疫区应严加控制，禁止检疫对象传出，并采取积极措施加以消灭。对非疫区要严防检疫对象的传入，充分做好预防工作。

3.1.3 植物及植物产品的检验与检测

植物检疫检验一般包括产地检验、关卡检验和隔离场圃检验等。

产地检验是指在调运植物产品的生产基地实施的检验。对于关卡检验较难检测的检疫对象常采用此法。产地检验一般是在危险性病虫高发流行期前往生产基地，实地调查应检危险性病虫及其危害情况，考查其发生历史和防治状况，通过综合分析做出决定。对田间现场检测未发现检疫对象的即可签发产地检疫证书；对于发现检疫对象的则必须经过有效的处理后，方可签发产地检疫证书；对于难以进行处理的，则应停止调运并控制使用。

关卡检验是指货物进出境或过境时对调运或携带物品实施的检验，包括货物进出国境和国内地区间货物调运时的检验。关卡检验的实施通常包括现场直接检测和取样后的实验室检测。

隔离场圃检验是指对有可能潜伏有危险性病虫的种苗实施的检验。对可能有危险性病虫的种苗，按审批机关确认的地点和措施进行隔离试种，一年生植物必须隔离试种一个生长周期，多年生植物至少两年以上，经省、自治区、直辖市植物检疫机构检疫，证明确实不带有危险性病虫的，方可分散种植。

3.1.4　疫情处理

疫情处理所采用的措施视情况而定。一般在产地隔离场圃发现有检疫性病虫，常由官方划定疫区，实施隔离和根除扑灭等控制措施。关卡检验发现检疫性病虫时，则通常采用退回或销毁货物、除害处理和异地转运等检疫措施。

除害处理是植物检疫处理常用的方法，主要有机械处理、温热处理、微波或射线处理等物理方法和药物熏蒸、浸泡或喷洒处理等化学方法。所采用的处理措施必须能彻底消灭危险性病虫和完全阻止危险性病虫的传播和扩展，且安全可靠、不造成中毒事故、无残留、不污染环境等。

3.2　园林技术防治

园林技术防治是利用园林栽培技术来防治病虫害的方法，即创造有利于园林植物和花卉生长发育而不利于病虫害危害的条件，促使园林植物生长健壮，增强其抵抗病虫害危害的能力，是病虫害综合治理的基础。园林技术防治的优点是：防治措施结合在园林栽培过程中完成，不需要另外增加劳动力，因此可以降低劳动力成本，增加经济效益。其缺点是：见效慢，不能在短时间内控制暴发性发生的病虫害。

3.2.1　选用无病虫种苗及繁殖材料

在选用种苗时，尽量选用无虫害、生长健壮的种苗，以减少病虫害危害。如果选用的种苗中带有某些病虫，要用药剂预先进行处理，如桂花上的矢尖蚧，可以在种植前先将有虫苗木浸入50%马拉硫磷乳油600—800倍液中5～10分钟，然后再种。当前世界上已经培育出多种抗病虫新品种，如抗锈病的菊花、香石竹、金鱼草等品种、抗紫菀萎蔫病的翠菊品种、抗菊花叶线虫病的菊花品种等。

3.2.2　苗圃地的选择及处理

一般应选择土质疏松、排水透气性好、腐殖质多的地段作为苗圃地。在栽植前进行深耕改土，耕翻后经过暴晒、土壤消毒后，可杀灭部分病虫害。消毒剂一般可用50倍的甲醛稀释液，均匀洒布在土壤内，再用塑料薄膜覆盖，约2周后取走覆盖物，将土壤翻动耙松后进行播种或移植。用硫酸亚铁消毒，可在播种或扦插前以2%～3%硫酸亚铁水溶液浇盆土或床土，可有效抑制幼苗猝倒病的发生。

3.2.3　采用合理的栽培措施

根据苗木的生长特点，在圃地内考虑合理轮作、合理密植以及合理配置花木等措施，从而避免或减轻某些病虫害的发生，增强苗木的抗病虫性能。有些花木种植过密，易引起某些病虫害的大发生，在花木的配置方面，除考虑观赏水平及经济效益外，还应避免种植病虫的中间寄主植物（桥梁寄主）。露根栽植落叶树时，栽前必须适度修剪，根部不能暴露时间过长；栽植常绿树时，须带土球，土球不能散，不能晾晒时间过长，栽植深浅适度，是防治多种病虫害的关键措施。

3.2.4　合理配施肥料

（1）有机肥与无机肥配施

有机肥如猪粪、鸡粪、人粪尿等，可改善土壤的理化性状，使土壤疏松，透气性良好。无机肥如各种化肥，其优点是见效快，但长期使用对土壤的物理性状会产生不良影响，故两者以兼施为宜。

（2）大量元素与微量元素配施

氮、磷、钾是化肥中的三种主要元素，植物对其需求量大，称为大量元素；其他元素如钙、镁、铁、锰、锌等，则称为微量元素。在施肥时，强调大量元素与微量元素配合施用。在大量元素中，强调氮、磷、钾配合施用，避免偏施氮肥，造成花木的徒长，降低其抗病虫性。微量元素施用时也应均衡，如在花木生长期缺少某些微量元素，则可造成花、叶等器官的畸形、变色，降低观赏价值。

（3）施用充分腐熟的有机肥

在施用有机肥时，强调施用充分腐熟的有机肥，原因是未腐熟的有机肥中往往带有大量的虫卵，容易引起地下害虫的暴发危害。

3.2.5　合理浇水

花木在灌溉中，浇水的方法、浇水量及时间等都会影响病虫害的发生。喷灌和"滋"水等方式往往加重叶部病害的发生，最好采用沟灌、滴灌或沿盆钵边缘浇水。浇水要适量，水分过大往往引起植物根部缺氧窒息，轻者植物生长不良，重则引起根部腐烂，尤其是肉质根等器官。浇水时间最好选择晴天的上午，以便及时降低叶片表面的湿度。

3.2.6　球茎等器官的收获及收后管理

许多花卉是以球茎、鳞茎等器官越冬，为了保障这些器官的健康储存，要在晴天收获；在挖掘过程中尽量减少伤口；挖出后剔除有病的器官，并在阳光下暴晒几天方可入窖。储窖必须预先清扫消毒，通风晾晒；入窖后要控制好温度和湿度，窖温一般控制在5℃左右，湿度控制在70%以下。球茎等器官最好单个装入尼龙网袋内悬挂在窖顶储藏。

3.2.7　加强园林管理

加强对园林植物的培育管理，及时修剪。例如，防治危害悬铃木的日本龟蜡蚧，可及时剪除虫枝，以有效地抑制该虫的危害；及时清除被害植株及树枝等，以减少病虫的来源。公园、苗圃的枯枝落叶、杂草等，都是害虫的潜伏场所，清除病枝虫枝，清扫落叶，及时除草，可以消灭大量的越冬病虫。尤其是温室栽培植物，要经常通风透气，降低湿度，以减少花卉灰霉病等的发生发展。

3.3　物理机械防治

利用简单的工具以及物理因素（如光、温度、热能、放射能等）来防治害虫的方法，称为物理机械防治。物理机械防治的措施简单实用，容易操作，见效快，可以作为害虫大发生时的一种应急措施。特别对于一些化学农药难以解决的害虫或发生范围小时，往往是一种有效的防治手段。

3.3.1　人工捕杀

人工捕杀是指利用人力或简单器械捕杀有群集性、假死性的害虫。例如，用竹竿打树枝振落金龟子、组织人工摘除袋蛾的越冬虫囊、摘除卵块、发动群众于清晨到苗圃捕捉地老虎以及利用简单器具钩杀天牛幼虫等，都是行之有效的措施。

3.3.2　诱杀法

诱杀法是指利用害虫的趋性设置诱虫器械或诱物诱杀害虫，利用此法还可以预测害虫的发生动态。常见的诱杀方法有以下几种。

（1）灯光诱杀

利用害虫的趋光性，人为设置灯光来诱杀防治害虫。目前生产上所用的光源主要是黑光灯，此外，还有高压电网灭虫灯。黑光灯是一种能辐射出360nm紫外线的低气压汞气灯，而大多数害虫的视觉神经对波长330～400nm的紫外线特别敏感，具有较强的趋性，因而诱虫效果很好。利用黑光灯诱虫，除能消灭大量虫源外，还可以用于开展预测预报和科学实验，进行害虫种类、分布和虫口密度的调查，为防治工作提供科学依据。

安置黑光灯时应以安全、经济、简便为原则。黑光灯诱虫时间一般在5至9月份，灯要设置在空旷处，选择闷热、无风、无雨、无月光的夜晚开灯，诱集效果最好，一般以晚上21～22时诱虫最好。由于设灯时，易造成灯下或灯的附近虫口密度增加，因此，应注意及时消灭灯光周围的害虫。除黑光灯诱虫外，还可以利用蚜虫对黄色的趋性，用黄色光板诱杀蚜虫及美洲斑潜蝇成虫等。

（2）毒饵诱杀

利用害虫的趋化性在其所嗜好的食物中（糖醋、麦麸等）掺入适当的毒剂，制成各种毒饵诱杀害虫。例如，蝼蛄、地老虎等地下害虫，可用麦麸、谷糠等作饵料，掺入适量敌百虫或其他药剂制成毒饵来诱杀。所用配方一般是饵料100份、毒剂1～2份、水适量。另外诱杀地老虎、梨小食心虫成虫时，通常以糖、酒、醋作饵料，以敌百虫作毒剂来诱杀。所用配方是糖6份、酒1份、醋2～3份、水10份，再加适量敌百虫。

（3）饵木诱杀

许多蛀干害虫如天牛、小蠹虫、象虫、吉丁虫等喜欢在新伐倒不久的倒木上产卵繁殖。因此，在成虫发生期间，在适当地点设置一些木段，供害虫大量产卵，待新一代幼虫完全孵化后，及时进行剥皮处理，以消灭其中害虫。例如，在山东泰安岱庙内，每年用此方法诱杀双条杉天牛，取得了明显的防治效果。

（4）植物诱杀

或称作物诱杀，即利用害虫对某种植物有特殊嗜好的习性，经种植后诱集捕杀的一种方法。例如，在苗圃周围种植蓖麻，使金龟子误食后麻醉，可以集中捕杀。

（5）潜所诱杀

利用某些害虫的越冬潜伏或白天隐蔽的习性，人工设置类似环境诱杀害虫。注意诱集后一定要及时消灭。例如，有些害虫喜欢选择树皮缝、翘皮下等处越冬，可于害虫越冬前在树干上绑草把，引诱害虫前来越冬，将其集中消灭。

3.3.3 阻隔法

人为设置各种障碍，切断病虫害的侵害途径，称为阻隔法。

（1）涂环法

对有上下树习性的害虫可在树干上涂毒环或涂胶环，从而杀死或阻隔幼虫。多用于树体的胸高处，一般涂2~3个环。

（2）挖障碍沟

对于无迁飞能力只能爬行的害虫，为阻止其危害和转移，可在未受害植株周围挖沟；对于一些根部病害，也可以在受害植株周围挖沟，阻隔病原菌的蔓延，以达到防治病虫害传播蔓延的目的。

（3）设障碍物

主要防治无迁飞能力的害虫。如枣尺蠖的雌成虫无翅，交尾产卵时只能爬到树上，可在上树前在树干基部设置障碍物阻止其上树产卵。

（4）覆盖薄膜

覆盖薄膜能增产同时也能达到预防标病和害虫的目的。许多叶部病害的病原物是在病残体上越冬的，花木栽培地早春覆膜可大幅度地减少叶病的发生。因为薄膜对病原物的传播起了机械阻隔作用，覆膜后土壤温度、湿度提高，加速病残体的腐烂，减少了侵染来源。如芍药地覆膜后，芍药叶斑病大幅减少。

3.3.4 其他杀虫法

利用热水浸种、烈日暴晒、红外线辐射等都可以杀死在种子、果实、木材中的病虫。

3.4 生物防治

用生物及其代谢产物来控制病虫的方法，称为生物防治。从保护生态环境和可持续发展的角度讲，生物防治是最好的防治方法。

生物防治法不仅可以改变生物种群的组成成分，而且能直接消灭大量的病虫；对人、畜、植物安全，不杀伤天敌，不污染环境，不会引起害虫的再次猖獗和形成抗药性，对害虫有长期的抑制作用。生物防治的自然资源丰富，易于开发，且防治成本低，是综合防治的重要组成部分和主要发展方向。但是，生物防治的效果有时比较缓慢，人工繁殖技术较复杂，受自然条件限制较大。害虫的生物防治主要是保护和利用天敌、引进天敌以及进行人工繁殖与释放天敌控制害虫发生。自20世纪70年代以来，随着微生物农药、生化农药以及抗生素类农药等新型生物农药的研制与应用，人们把生物产品的开发与利用也纳入到了害虫生物防治工作之中。

3.4.1 天敌昆虫的保护与利用

利用天敌昆虫来防治害虫，称为以虫治虫。天敌昆虫主要有捕食性天敌昆虫和寄生性天敌昆虫两大类型。

捕食性天敌昆虫在自然界中抑制害虫的作用和效果十分明显。例如，松干蚧花蝽（*Elatophilus nipponenses*）对抑制松干蚧的危害起着重要的作用；紫额巴食蚜蝇（*Bacch pulchriforn Austen*）对抑制在南方各省区危害很重的白兰台湾蚜〔*Formosa phismicheliae*（T.）〕有一定的作用。据初步观察，每头食蚜蝇每天能捕食蚜虫107头。

寄生性天敌昆虫主要包括寄生蜂和寄生蝇，可寄生于害虫的卵、幼虫及蛹内或体上。凡被寄生的卵、幼虫或蛹，均不能完成发育而死亡。有些寄生性昆虫在自然界的寄生率较高，对害虫起到了很好的控制作用。

利用天敌昆虫来防治园林植物害虫，主要有以下三种途径。

3.4.1.1　天敌昆虫的保护

当地自然天敌昆虫种类繁多，是各种害虫种群数量重要的控制因素，因此，要善于保护利用。在方法实施上，要注意以下几点。

（1）慎用农药

在防治工作中，要选择对害虫针对性强的农药品种，尽量少用广谱性的剧毒农药和残效期长的农药。选择适当的施药时期和方法或根据害虫发生的轻重，重点施药，缩小施药面积，尽量减少对天敌昆虫的伤害。

（2）保护越冬天敌

天敌昆虫常常由于冬天恶劣的环境条件而大量减少，因此采取措施使其安全越冬是非常必要的。例如，七星瓢虫、异色瓢虫、大红瓢虫、螳螂等的利用，都是在解决了安全过冬的问题后才发挥更大的作用。

（3）改善昆虫天敌的营养条件

一些寄生蜂、寄生蝇在羽化后常需补充营养而取食花蜜，因而在种植园林植物时要注意考虑天敌昆虫蜜源植物的配置。有些地方在天敌食料缺乏时（如缺乏寄主卵），要注意补充田间寄主等，这些措施有利于天敌昆虫的繁衍。

3.4.1.2　天敌昆虫的繁殖和释放

在害虫发生前期，自然界的天敌昆虫数量少、对害虫的控制力很低时，可以在室内繁殖天敌昆虫，增加天敌昆虫的数量。特别在害虫发生之初，大量释放于林间，可取得较显著的防治效果。我国不少地方建立了生物防治站，繁殖天敌昆虫，适时释放到林间消灭害虫。我国以虫治虫的工作也着重于此方面，如松毛虫赤眼蜂〔*Trichogramma dendrolimi*（Matsrmura）〕的广泛应用，就是显著的例子。

天敌能否大量繁殖，决定于下列几个方面：第一，要有合适的、稳定的寄主来源或者能够提供天敌昆虫的人工或半人工的饲料食物，并且成本较低，容易管理；第二，天敌昆虫及其寄主都能在短期内大量繁殖，满足释放的需要；第三，在连续的大量繁殖过程中，天敌昆虫的生物学特性（寻找寄主的能力、对环境的抗逆性、遗传特性等）不会有重大的改变。

3.4.1.3　天敌昆虫的引进

我国引进天敌昆虫来防治害虫已有80多年的历史。据资料记载，全世界以虫治虫成功的案例约有250多例，其中防治蚧虫成功的例子最多，成功率为78%。在引进的天敌昆虫中，寄生性昆虫比捕食性昆虫成功率高。目前，我国已与美国、加拿大、墨西哥、日本、朝鲜、澳大利亚、法国、德国、瑞典等十多个国家进行了这方面的交流，引进各类天敌昆虫100多种，有的已发挥了较好的作用。例如，丽蚜小蜂（*Encarsia formosa Gahan*）于1978年底从英国引进后，经过研究，解决了人工大量繁殖的关键技术，在北方一些省、市推广防治温室白粉虱，效果十分显著；广东省从日本引进花角蚜小蜂（*Cocobius azumai Tachikawa*）防治松突圆蚧，已初步肯定其对松突圆蚧具有很理想的控制潜能，应用前景非常乐观；湖北省防治吹绵蚧的大红瓢虫，1953年从浙江省引入，这种瓢虫以后又被四川、福建、广西等地引入，均获得成功；1955年，我国曾从苏联引入澳洲瓢虫（*Rodolia cardinalis*），先在广东繁殖释放，防治木麻黄的吹绵蚧，取得了良好的防治效果，后又引入四川防治柑橘吹绵蚧，防治效果也十分显著，50年来，该虫对控制介壳虫的发生发挥了重要的作用。

3.4.2　生物农药的应用

生物农药作用方式特殊，防治对象比较专一且对人类和环境的潜在危害比化学农药要小，因此，特别适用于园林植物害虫的防治。

3.4.2.1　微生物农药

以菌治虫，是指利用害虫的病原微生物来防治害虫。可引起昆虫致病的病原微生物主要有细菌、真菌、病毒、立克次体、线虫等。目前生产上应用较多的是病原细菌、病原真菌和病原病毒三类。

利用病原微生物防治害虫，具有繁殖快、用量少、不受园林植物生长阶段的限制、持效期长等优点。近年来作用范围日益扩大，是目前园林害虫防治中最有推广应用价值的类型之一。

（1）病原细菌

目前用来控制害虫的细菌主要有苏芸金杆菌（*Bacillusth uringiensis*）。苏芸金杆菌是一类杆状的、含有伴孢晶体的细菌，伴孢晶体可通过释放伴孢毒素破坏虫体细胞组织，导致害虫死亡。苏芸金杆菌对人、畜、植物、益虫、水生生物等无害，无残余毒性，有较好的稳定性，可与其他农药混用；对湿度要求不严格，在较高温度下发病率高，对鳞翅目幼虫有很好的防治效果。因此，成为目前应用最广的生物农药。

（2）病原真菌

能够引起昆虫致病的病原真菌很多，其中以白僵菌（*Beauveria bassiana*）最为普遍，在我国广东、福建、广西壮族自治区等省普遍用白僵菌来防治马尾松毛虫〔*Dendrolimusp unctatus*（Walker）〕，取得了很好的防治效果。

大多数真菌可以在人工培养基上生长发育，便于大规模生产应用。但由于真菌孢子的萌发和菌丝生长发育对气候条件有比较严格的要求，因此昆虫真菌性病害的自然流行和人工应用常常受到外界条件的限制，应用时机得当才能收到较好的防治效果。

（3）病原病毒

利用病毒防治害虫，其主要优点是专化性强。在自然情况下，某种病原病毒往往只寄生一种害虫，不存在污染与公害问题，在自然界中可长期保存，反复感染，有的还可遗传感染，从而造成害虫流行病。目前发现不少园林植物害虫，如在南方危害园林植物的槐尺蠖、丽绿刺蛾、榕树透翅毒蛾、竹斑蛾、棉古毒蛾、樟叶蜂、马尾松毛虫、大袋蛾等，均能在自然界中感染病毒，对这些害虫的猖獗起到了抑制作用。各类病毒制剂也正在研究推广之中，如上海使用大袋蛾核型多角体病毒防治大袋蛾效果很好。

3.4.2.2　生化农药

指那些经人工合成或从自然界的生物源中分离或派生出来的化合物。如昆虫信息素、昆虫生长调节剂等，主要来自于昆虫体内分泌的激素，包括昆虫的性外激素、昆虫的脱皮激素及保幼激素等内激素。在国外已有100多种昆虫激素商品用于害虫的预测预报及防治工作，我国已有近30种性激素用于梨小食心虫、白杨透翅蛾等昆虫的诱捕、迷向及引诱绝育法的防治。

昆虫生长调节剂现在在我国应用较广的有灭幼脲Ⅰ号、Ⅱ号、Ⅲ号等，对多种园林植物害虫如鳞翅目幼虫、鞘翅目叶甲类幼虫等具有很好的防治效果。

有一些由微生物新陈代谢过程中产生的活性物质，也具有较好的杀虫作用。例如，来自于浅灰链霉素抗性变种的杀蚜素，对蚜虫、红蜘蛛等有较好的毒杀作用，且对天敌无毒；来自于南昌链霉素的南昌霉素，对菜青虫、松毛虫的防治效果可达90%以上。

3.4.3　其他动物的利用

我国有1 100多种鸟类，其中捕食昆虫的约占半数，它们绝大多数以捕食害虫为主。目前以鸟治虫的主要措施是：保护鸟类，严禁在城市风景区、公园打鸟；人工招引以及人工驯化等。如在林区招引大山雀（*Parus major Linnaeus*）防治马尾松毛虫，招引率达60%，对抑制松毛虫的发生有一定的效果。

蜘蛛、捕食螨、两栖动物及其他动物，对害虫也有一定的控制作用。例如，蜘蛛对于控制南方观赏茶树（金花茶、山茶）上的茶小绿叶蝉〔*Empoasca flavescens*（Fabricius）〕起着重要的作用；而捕食螨对酢浆草岩螨〔*Petrobia harti*（Ewing）〕、柑橘红蜘蛛〔*Panonychus citri*（Mrgregor）〕等螨类也有较强的控制力。

3.4.4　以菌治病

一些真菌、细菌、放线菌等微生物，在它的新陈代谢过程中分泌抗生素，杀死或抑制病原物。这是目前生物防治研究中的一项重要内容。如哈茨木霉能分泌抗生素，杀死、抑制茉莉白绢病病菌。又如菌根菌可分泌萜烯类等物质，对许多根部病害有颉颃作用。

3.5　化学防治

化学防治是指用农药来防治害虫、病害、杂草等有害生物的方法。化学防治是害虫防治的主要措施，具有收效快、防治效果好、使用方法简单、受季节限制较小、适合于大面积使用等优点。但也有明显的缺点，化学防治的缺点概括起来可称为"三R问题"，即抗药性（Resistance）、再猖獗（Rampancy）及农药残留（Remnant）。由于长期对同一种害虫使用相同类型的农药，使得某些害虫产生不同程度的抗药性；由于用药不当杀死了害虫的天敌，从而造成害虫的再度猖獗危害；由于农药在环境中存在残留毒性，特别是毒性较大的农药，对环境易产生污染，破坏生态平衡。

3.5.1　农药的基本知识

3.5.1.1　农药的分类

农药的种类很多，按照不同的分类方式可有不同的分类方法。

（1）按防治对象分类

农药可分为杀虫剂、杀菌剂、杀螨剂、杀线虫剂、杀鼠剂、除草剂等。

（2）按杀虫作用分类

根据杀虫剂对昆虫的毒性作用及其侵入害虫的途径不同，一般可分为如下几种。

① 胃毒剂：药剂随着害虫取食植物一同进入害虫的消化系统，再通过消化吸收进入血液中发挥杀虫作用。此类药剂大都兼有触杀作用，如敌百虫。

② 触杀剂：药剂与虫体接触后，药剂通过昆虫的体壁进入虫体内，使害虫中毒死亡，如拟除虫菊酯类等杀虫剂。

③ 内吸剂：药剂容易被植物吸收，并可以输导到植株各部分，在害虫取食时使其中毒死亡。这类药剂适合于防治一些蚜虫、蚧虫等刺吸式口器的害虫，如乐果、氧化乐果、久效磷等。

④ 熏蒸剂：药剂由固体或液体转化为气体，通过昆虫呼吸系统进入虫体，使害虫中毒死亡，如氯化苦、磷化铝等。

⑤ 特异性杀虫剂：这类药剂对昆虫无直接毒害作用，而是通过拒食、驱避、不育等不同于常规的作用方式，最后导致昆虫死亡，如樟脑、风油精、灵香草等。

（3）按杀菌剂的性能分类

① 保护剂：在植物感病前（或病原物侵入植物以前），喷洒在植物表面或植物所处的环境，用来杀死或抑制植物体外的病原物，以保护植物免受侵染的药剂，称为保护剂，如波尔多液、石硫合剂、代森锰锌等。

② 治疗剂：植物感病后（或病原物侵入植物后），使用药剂处理植物，以杀死或抑制植物体内的病原物，使植物恢复健康或减轻病害，这类药剂称为治疗剂。许多治疗剂同时还具有保护作用，如多菌灵、甲基托布津等。

（4）按化学组成分类

① 无机农药：用矿物原料经加工制造而成，如氟素剂等。

② 有机农药：指由有机物合成的农药，如有机磷杀虫剂、有机氯杀虫剂、有机氮杀虫剂等，是目前应用最多的杀虫剂。

③ 植物性农药：指用植物产品制造的农药，其中所含的有效成分为天然有机物，如烟碱、鱼藤、除虫菊等。

④ 微生物农药：目前广泛应用的拟除虫菊酯类农药就是模仿除虫菊而合成的。用微生物或其代谢产物所制造的农药，如白僵菌、青虫菌、Bt乳剂、杀蚜素等。

3.5.1.2 农药的剂型

为了在防治时使用方便，生产上常将农药加工成不同剂型。

① 粉剂：在原药中加入惰性填充剂（如黏土、高岭土、滑石粉等），经机械磨碎为粉状，成为不溶于水的药剂。适合于喷粉、撒粉、拌种或用来制成毒饵。粉剂不能用来喷雾，否则易产生药害。

② 可湿性粉剂：在原药中加入一定量的湿润剂和填充剂，通过机械研磨或气流粉碎而成。可湿性粉剂适于用水稀释后作喷雾用。其残效期较粉剂持久，附着力也比粉剂强，但易于沉淀，应在使用前及时配制，并且注意搅拌，使药液浓度一致，以保证药效及避免药害。

③ 乳油：在原药中加入一定量的乳化剂和溶剂制成透明的油状剂型，称为乳油。如敌敌畏乳

油、甲胺磷乳油等。乳油可溶于水，经过加水稀释后，可以用来喷雾。使用乳油防治害虫的效果一般比其他剂型好，触杀效果高，残效期长。

④ 颗粒剂：原药加载体（黏土、玉米芯等）制成颗粒状的药物，称为颗粒剂。颗粒剂残效期长，用药量少，主要用于土壤处理。

⑤ 烟剂：由原药加燃烧剂、氧化剂、消燃剂制成，可以燃烧。点燃后，原药受热气化上升到空气中，再遇冷而凝结成飘浮状的微粒，适用于防治高大林木的害虫或温室中害虫。

3.5.1.3 农药的毒性

农药的毒性是指农药对人、畜、鱼类等产生的毒害作用。毒性通常分为急性毒性与慢性毒性两种。急性毒性是指人畜接触一定剂量的农药后，能在短期内引起急性病理反应的毒性。急性毒性容易被人察觉。慢性毒性是指人、畜长期持续接触与吸入低于急性中毒剂量的农药后引起的慢性病理反应。慢性毒性还表现为对后代的影响，如产生致畸、致突变和致癌作用等。慢性毒性不易察觉，往往受到忽视，因而比急性毒性更危险。

通常所说的农药的毒性，指的是急性毒性，用致死中量（LD_{50}）或致死中浓度（LC_{50}）来表示。致死中量（LD_{50}）是指被试验的动物一次口服某药剂后，产生急性中毒，有半数死亡时所需要的该药剂的量，单位为mg/kg。致死中量数值越大，表示毒性越小；数值越小，则表示毒性越大。一种农药的毒性程度，常用毒力和药效作比较和估价指标。毒力是指药剂本身对生物直接作用的性质和程度，是在室内一定条件下测定的，是固定的。药效是指药剂在综合条件下，对田间有害生物的防治效果受环境影响生物，其数值是不定的，一般用死亡率表示。毒力和药效相辅相成，毒力是药效的基础，药效是毒力在综合条件下的表现。一般来说，有药力才有药效，但有毒力不一定有药效。毒力与药效成正相关。

农药的毒性在我国按照原药对大白鼠产生急性中毒（LD_{50}）暂分为3级。

高毒：大白鼠口服致死中量小于50mg·kg^{-1}；

中毒：大白鼠口服致死中量为50～500mg·kg^{-1}；

低毒：大白鼠口服致死中量大于500mg·kg^{-1}。

3.5.1.4 农药的药害

由于用药不当而造成农药对园林植物的毒害作用，称为药害。许多园林植物是娇嫩的花卉，用药不当时，极容易产生药害，用药时应当十分小心。

（1）药害表现

植物遭受药害后，常在叶、花、果等部位出现变色、畸形、枯萎焦灼等药害症状，严重者造成植株死亡。根据出现药害的速度，有急性药害和慢性药害之分。在施药后几小时，最多1～2天就会明显表现出药害症状的，称为急性药害；在施药后十几天、几十天，甚至几个月后才表现出药害症状的，称为慢性药害。

（2）药害产生的原因

① 药剂因素：由于用药浓度过高或者农药的质量太差，常会引起药害的发生。

② 植物因素：处于开花期、幼苗期的植物，容易遭受药害；杏、梅、樱花等植物对敌敌畏、乐果等农药较其他树木更易产生药害。

③ 气候因素：一般在高温、潮湿等恶劣的天气条件下用药，容易产生药害。

（3）如何防止药害的产生

① 药剂因素：严格按照农药的《使用说明书》用药，控制用药浓度，不得任意加大使用浓度，不得随意混合使用农药。

② 植物因素：防治处于开花期、幼苗期的植物，应适当降低使用浓度；在杏、梅、樱花等蔷薇科植物上使用敌敌畏和乐果时，也要适当降低使用浓度。

③ 气候因素：应选择在早上露水干后及11点前，或下午15点后用药，避免在中午前后高温或潮湿的恶劣天气下用药，以免产生药害。

3.5.2 农药的使用方法

（1）喷雾

喷雾是将乳油、水剂、可湿性粉剂，按所需的浓度加水稀释后，用喷雾器进行喷洒。其技术要点是：喷雾时，要求均匀周到，使植物表面充分湿润，但基本不滴水，即"欲滴未滴"；喷雾的顺序为从上到下，从叶面到叶背；喷雾时要顺风或垂直于风向操作。严禁逆风喷雾，以免引起人员中毒。

在喷雾的类型中，有一种称为超低容量喷雾。该剂型可直接利用超低容量喷雾器对原药进行喷雾。这种喷雾法用药量少，不需加水稀释，操作简便，工效高，节省劳动成本，防治效果也好，特别适合于水源缺乏的地区使用。

（2）拌种

拌种是将农药、细土和种子按一定的比例混合在一起的用药方法，常用于防治地下害虫。

（3）毒饵

毒饵是将农药与饵料混合在一起的用药方法，常用来诱杀蛴螬、蝼蛄、小地老虎等地下害虫。

（4）撒施

撒施是将农药直接撒于种植区，或者将农药与细土混合后撒于种植区的施药方法。

（5）熏蒸

熏蒸是将具熏蒸性农药置于密闭的容器或空间，以便毒杀害虫的用药方法，常用于调运种苗时，对其中的害虫进行毒杀或用来毒杀仓库害虫。

（6）注射法、打孔注射法

注射法是用注射机或兽用注射器将药剂注入树体内部，使其在树体内传导运输而杀死害虫，多用于防治天牛、木蠹蛾等害虫；打孔注射法是用打孔器或钻头等利器在树干基部钻一斜孔，钻孔的方向与树干约呈40°的夹角，深约5cm，然后注入内吸剂药剂，最后用泥封口。可防治食叶害虫、吸汁类害虫及蛀干害虫等。

对于一些树势衰弱的古树名木，也可以用挂吊瓶法注射营养液，以增强树势。

（7）刮皮涂环

距干基一定的高度，刮两个相错的半环，两半环相距约10cm，半环的长度15cm左右。将刮好的两个半环分别涂上药剂，以药液刚下流为止，最后外包塑料薄膜。应注意的是：刮环时，刮至树皮刚露白茬；药剂选用内吸性药剂；外包的塑料薄膜要及时拆掉（约1周）。主要用于防治食叶害虫、吸汁害虫及蛀干害虫的初期阶段。

另外有地下根施农药、喷粉、毒笔、毒绳、毒签等方法。

总之，农药的使用方法很多，在使用农药时，可根据药剂本身的特性及害虫的特点灵活运用。

3.5.3　农药的稀释与计算

3.5.3.1　药剂浓度表示法

目前我国在生产上常用的药剂浓度表示法有倍数法、百分浓度（％）法和摩尔浓度法（百万分浓度法）。

① 倍数法：是指药液（药粉）中稀释剂（水或填料）的用量为原药剂用量的多少倍或是药剂稀释多少倍的表示法，此种表示法在生产上最常用。生产上往往忽略农药和水的比重的差异，即把农药的比重看作1，稀释倍数越大，误差越小。生产上通常采用内比法和外比法2种配法。用于稀释100倍液（含100）以下时用内比法，即稀释时要扣除原药剂所占的1份，如稀释10倍液，即用原药剂1份加水9份。用于稀释100倍液以上时用外比法，计算稀释量时不扣除原药剂所占的1份，如稀释1 000倍液，即可用原药剂1份加水1 000份。

② 百分浓度（％）法：是指100份药剂中含有多少份药剂的有效成分。百分浓度又分为重量百分浓度和容量百分浓度。固体与固体之间或固体与液体之间常用重量百分浓度，液体与液体之间常用容量百分浓度。

③ 百万分浓度（10^{-6}）法：是指100万份药剂中含有多少份药剂的有效成分。一般植物生长调节剂常用此浓度表示法。

3.5.3.2　浓度之间的换算

百分浓度与百万分浓度之间的换算

$$百万分浓度（10^{-6}）＝百分浓度（不带％）\times 1\,000$$

倍数法与百分浓度之间的换算

$$百分浓度（％）＝原药剂浓度（不带％）/ 稀释倍数$$

3.5.3.3　农药的稀释计算

（1）按有效成分计算

$$原药剂的浓度\times原药剂的重量（容积）＝稀释剂的浓度\times稀释剂的重量（容积）$$

求稀释剂重量。

计算100倍以下时：

$$稀释剂重量＝［原药剂重量（原药剂浓度－稀释药剂浓度）］/ 稀释药剂浓度$$

例：用80％代森锌可湿性粉剂10kg配成2％稀释液，需加水多少？

计算：

$$10\times（40％－2％）\div 2％＝190（kg）$$

计算100倍以上时：

$$稀释剂重量＝（原药剂重量\times原药剂浓度）/稀释药剂浓度$$

例：用100mL 80％敌敌畏乳油稀释成0.05％浓度，需加水多少？

计算：

$$100\times 80％\div 0.05％＝160（kg）$$

求用药量：

原药剂重量＝（稀释药剂重量×稀释药剂浓度）/原药剂浓度

例：要配置0.5%敌敌畏药液1000mL，求80%敌敌畏乳油用量。

计算：

$$1000 \times 0.5\% \div 40\% = 12.5（mL）$$

（2）按稀释倍数计算

$$稀释倍数＝稀释剂用量/原药剂用量$$

计算100倍以下时：

$$稀释药剂重量＝原药剂重量×稀释倍数－原药剂重量$$

例：用10%的三唑酮乳油10mL加水稀释成50倍药液，求稀释液重量。

计算：

$$10 \times 50 - 10 = 490（mL）$$

计算100倍以上时：

$$稀释药剂重量＝原药剂重量×稀释倍数$$

例：用80%敌敌畏乳油10mL加水稀释成1 500倍药液，求稀释液重量。

计算：

$$10 \times 1500 = 15（mL）$$

（3）多种药剂混合后的浓度计算

设第一种药剂浓度为N_1，重量为W_1；第二种药剂浓度为N_2，重量为W_2；…；第n种药剂浓度为N_n，重量为W_n，则

$$混合药剂浓度（\%）＝\sum N_n \cdot W_n（浓度不带\%）/\sum W_n$$

例：将12.5%福美砷可湿性粉剂2kg与12.5%福美锌可湿性粉剂4kg及25%福美双可湿性粉剂混合在一起，求混合后药剂的浓度。

计算：

$$（12.5 \times 2 + 12.5 \times 4 + 25 \times 4）/（2 + 4 + 4）= 17.5（\%）$$

3.5.4　农药的合理使用

（1）正确选用农药

在了解农药的性能、防治对象及掌握害虫发生规律的基础上，正确选用农药的品种、浓度和用药量，避免盲目用药。一般选用高效、低毒、低残留的药剂。

（2）选择用药时机

用药时必须选择最有利的防治时机，既可以有效地防治害虫，又不杀伤害虫的天敌。例如，大多数食叶害虫初孵幼虫有群居危害的习性，而且此时的幼虫体壁薄，抗药力较弱，故防治效果较好；蛀干、蛀茎类害虫在蛀入后一般防治较困难，所以应在蛀入前用药；有些蚜虫在危害后期有卷叶的习性，对这类蚜虫应在卷叶前用药，以提高防治效果；而对具有世代重叠的害虫来说，则选择在高峰期进行防治。

无论是防治哪一种害虫，在用药前都应当首先调查天敌的情况。如果天敌的种群数量较大，足以控制害虫（益/害≥1/5），就不必进行药剂防治；如果天敌的发育期大多正处于幼龄期，应当考虑

适当推迟用药时间。

（3）交替使用农药

在同一地区长期使用一种农药防治某一害虫，会导致药效明显下降，即该虫种对这种农药产生了抗药性。为了避免害虫产生抗药性，应当注意交替使用农药。

交替用药的原则是：在不同的年份（或季节），交替使用不同类型的农药。但不是每次都换药，频繁换药的结果，往往是加快害虫抗药性的产生。

（4）混合使用农药

正确混合使用农药不仅可以提高药效，而且还可以延缓害虫抗药性的产生，同时防治多种害虫；反之，不仅会降低药效，还会加速害虫抗药性的产生。

正确混合使用农药的原则是：可以将不同类型的农药混合使用，如将杀菌剂的多菌灵与杀虫剂的敌百虫混合使用。不能将属于同一类型农药中的不同品种混合使用，以免导致交互抗性的产生，如将有机磷类的敌敌畏与甲胺磷混合使用或将有机氮类的巴丹和杀虫双混合使用都是不正确的。严禁将易产生化学反应的农药混合使用。大多数的农药属于酸性物质，在碱性条件下会分解失效，因此一般不能与碱性化学物质混合使用，否则会降低药效。

3.5.5　常用农药简介

3.5.5.1　杀虫剂和杀螨剂

（1）有机磷杀虫剂

有机磷杀虫剂是当前国内外发展最为迅速、使用最为广泛的药剂类型。这类药剂具有品种多、药效高、用途广等优点，因此在目前使用的杀虫剂中占有重要的地位。但有不少种类属剧毒农药，使用不当易引起人、畜中毒。

① 敌百虫（Dipterex）：纯品为白色结晶粉末，易溶于水和多种有机溶剂，在室温下存放相当稳定，但易吸湿受潮，配成水溶液后逐渐分解失效，故应随配随用。敌百虫在酸性反应中比较稳定，在弱碱性条件下可脱去1分子的氯化氢而转化成毒性更强的敌敌畏，但再分解便失效。敌百虫为高效、低毒、低残留、广谱性杀虫剂，胃毒作用强，兼有触杀作用，对人畜较安全，残效期短。可防治蔬菜、茶园、花卉的害虫，也可用于防治地下害虫。对双翅目、鳞翅目、膜翅目、鞘翅目等多种害虫均有很好的防治效果；但对一些刺吸式口器害虫，如蚧类、蚜虫类效果不佳。常用的剂型有90%敌百虫晶体，25%敌百虫乳油，2.5%、6%、10%敌百虫粉剂，50%、80%可湿性粉剂等。生产上常用90%晶体敌百虫稀释800倍液喷雾。

② 敌敌畏（DDVP，Dichlorphos）：纯品为略带芳香气味的无色油状液体，常温水溶解度为1%，能溶于大多数有机溶剂，如苯、甲苯等，但不能溶于煤油。具有很强的挥发性，温度越高，挥发性越大，因而杀虫效力很高。在水中会缓慢分解，特别是在碱性和高温条件下消解更快，并变为无毒物质。对人、畜毒性较高。敌敌畏具有触杀、胃毒及强烈的熏蒸作用，适用于防治园林（包括温室）、茶园、果蔬等方面的害虫。常在调运苗木时用作熏蒸杀虫剂，用来杀灭苗木中的害虫。常见的加工剂型有50%、80%乳油。用50%乳油1 000～1 500倍液，或80%乳油2 000～3 000倍溶液喷雾，可防治花卉上的蚜虫、蝶蛾类幼虫、玫瑰叶蜂、杜鹃冠网蝽、兰花介壳虫的若虫以及一串红、茉莉、月季等多种花木的粉虱，但李、梅、杏等植物对敌敌畏较敏感，使用时应注意。

③ 乐果（Rogor，Dimithoate）：纯品为白色晶体，常有臭味，易溶于水及多种有机溶剂中，遇碱易分解失效，因此不宜与碱性药剂混用。长期储存，也会逐渐自行分解，高温条件下分解更快，故储藏期不宜超过一年。乐果为高效、低毒、低残留、广谱性杀虫剂，有较强的内吸传导作用，也具有一定的胃毒、触杀作用。对蚜虫、木虱、叶蝉、粉虱、蓟马、蚧类、螨类等刺吸式口器害虫有特效。常见的剂型为20%、40%乳油、1%～3%粉剂及20%的可湿性粉剂。可用40%的乐果乳油稀释1 000～2 000倍喷雾。应当注意：梅、李、杏对乐果敏感，浓度过高易产生药害。

④ 马拉硫磷（Malathion）：又名马拉松。工业品具有强烈的大蒜臭味，为棕色或褐色油状液体，在中性条件下性质稳定，遇酸碱均分解。在水中或在潮湿空气中长期暴露也能缓慢消解。马拉硫磷以触杀作用为主，也具有一定的胃毒及熏蒸作用。对人、畜较安全，对蚜虫、介壳虫、蓟马、网蝽、叶蝉以及鳞翅目幼虫均有良好的效果。主要剂型有50%乳油、25%乳油及1%、3%、5%粉剂。常用50%乳油稀释1 000～1 500倍液喷雾。

⑤ 亚胺硫磷（Phosmet，Imidan）：纯品为白色结晶，工业品为棕色油状液体，有特殊的刺激性臭味，难溶于水，在丙酮、二甲苯中只溶解10%～20%，遇碱不稳定，残效期短，对人、畜较安全。亚胺硫磷是一种广谱性的杀虫、杀螨剂，有触杀、胃毒及一定的内吸作用，对蚜虫、介壳虫、粉虱、蓟马、网蝽、叶蝉以及鳞翅目幼虫均有良好的效果。主要剂型有50%乳油、25%乳油，25%可湿性粉剂，2.5%粉剂。可用25%乳油或25%可湿性粉剂稀释1 000～1 500倍液喷雾。

⑥ 锌硫磷（Phoxim）：纯品为浅黄色油状液体，难溶于水，易溶于有机溶剂，在中性或酸性条件下稳定，遇碱易分解。在光照条件下容易分解，阳光直射下残效期3天，阴天5～6天。本品为高效、低毒、低残留杀虫剂，具有触杀及胃毒作用。对白蚁、蚜虫、黑刺粉虱、蓟马、螨类、龟蜡蚧及鳞翅目幼虫均有良好的防治效果。施于土壤中可以有效地防治地下害虫，残效期可达15天以上。常用剂型有50%乳油，常用50%锌硫磷乳油稀释1 000～2 000倍液喷雾。

（2）有机氯杀虫剂

有机氯杀虫剂是早期曾经使用的有机合成农药，其中以"六六六"和"滴滴涕"的用量最大，在防治农业、林业、卫生害虫方面曾经发挥了很大的作用。但因它的性质稳定，残留毒性期长，会造成严重的土壤、水源、空气的污染，并能在人体内积累，给健康带来隐患。因此，世界各国已陆续禁止使用这些农药。

目前，我国仍在使用的有机氯杀虫剂仅有灭蚁灵、甲敌粉、氯丹等少数几种。灭蚁灵有胃毒和触杀作用，性质较稳定，对人、畜毒性低，对家白蚁、黑翅土白蚁等的防治效果较好。

（3）氨基甲酸酯类杀虫剂

① 西维因（Sevin，Carbary）：通名甲奈威。纯品为白色结晶，难溶于水，可溶于有机溶剂。对光、热、酸性物质较稳定，遇碱性物质则易分解，故忌与波尔多液、石硫合剂及洗衣粉等混用。西维因具有触杀及胃毒作用，可用于防治卷叶蛾、潜叶蛾、蓟马、叶蝉、蚜虫等害虫，还可用来防治对有机磷农药产生抗性的一些害虫。常见的剂型有25%、50%可湿性粉剂两种，常用25%可溶性粉剂稀释500～700倍喷雾。应当注意：西维因对蜜蜂有毒，故花期不宜使用。

② 叶蝉散（MIPC，Mipcin）：工业品为白色结晶粉末，不溶于水，在碱性溶液中不稳定，对人、畜、鱼毒性较低。叶蝉散为触杀性杀虫剂，对叶蝉、飞虱有特效，对蓟马、木虱、蝽象等也有效。常见剂型有20%、25%、50%可湿性粉剂，1.5%粉剂；20%乳油。使用方法为50%可湿性粉剂稀释

1 500 ～ 2 000倍液喷雾。

③ 抗蚜威（Pirimicarb）：又称辟蚜雾。纯品为白色无臭结晶体，易溶于水及有机溶剂中，性状较稳定，但在强酸和强碱中煮沸能分解，水溶液遇紫外线也能分解。本品为高效、中毒、低残留的选择性杀蚜剂，具有触杀、熏蒸和内吸作用。有速效性，持效期短，可根施等优点。用于防治多种花木上的蚜虫。

（4）有机氮杀虫剂

① 巴丹（Padan，Cartap）：纯品为白色柱状结晶，可溶于水及甲醇，难溶于丙酮和苯中。在碱性条件下不稳定。巴丹对害虫具有胃毒、触杀及内吸作用，对人、畜毒性低，使用安全，对环境污染少，无残留毒性。对鳞翅目、鞘翅目、半翅目特别有效。使用方法为50%可湿性粉剂稀释1 000 ～ 2 000倍液喷雾。

② 杀虫双（Disultap）：是巴丹生产中的一种中间体，杀虫机制与巴丹相同，性质稳定，降解速度慢。对人畜毒性中等。对害虫具有胃毒、触杀、熏蒸及内吸作用，是一种较安全的杀虫剂。药效期一般为7天。主要用于防治叶蝉和鳞翅目的食叶性、钻蛀性害虫。常见剂型有25%水剂、3%颗粒剂，使用方法为25%水剂稀释250 ～ 300倍液喷雾。杀虫双对家蚕毒性大，在蚕桑区使用要谨慎，以免污染桑叶。

（5）拟除虫菊酯类杀虫剂

拟除虫菊酯类杀虫剂是人工合成的一系列的类似天然除虫菊素化学结构的合成除虫菊酯。除虫菊有很好的杀虫作用，对高等动物安全，无残毒，具有光稳定性好、高效、低毒和强烈的触杀作用，无内吸作用，是比较理想的杀虫剂。拟除虫菊酯类杀虫剂保持了天然除虫菊素的特点，而且在杀虫毒力及对日光的稳定性上都优于天然除虫菊。可用于防治多种害虫，但连续使用易导致害虫产生抗性。

① 二氯苯醚菊酯（Permethrin）：又名除虫精，是一种广谱、高效、低毒和低残留的新型杀虫剂。工业品为浅黄色油状液体，不溶于水，能溶于有机溶剂，在碱性介质中很快水解。对光较稳定。残效期4 ～ 7天。对人、畜较安全，但对鱼类毒性较大。二氯苯醚菊酯是以触杀为主，兼有胃毒作用的广谱性杀虫剂，但无内吸作用。对卷叶蛾、刺蛾、蚜虫、蓟马、叶蝉、芫菁、凤蝶、木虱等害虫有效，但对螨类、介壳虫等防治效果不理想。加工剂型有10%乳油，一般使用10%乳油稀释2 000 ～ 3 000倍液喷雾。

② 氰戊菊酯（Azomsark，Fenvalethrin）：又名杀灭菊酯、速灭杀丁，是我国产量最高的拟除虫菊酯类农药。纯品为微黄色油状液体，难溶于水，易溶于有机溶剂，在碱性溶液中易分解。对人畜毒性中等。氰戊菊酯有很强的触杀作用，还有胃毒和驱避作用，击倒力强，杀虫速度快，可用于防治多种农林及花卉害虫，如蚜虫、蓟马、黑刺粉虱、马尾松毛虫等。常见剂型有20%乳油，多用20%乳油稀释3 000 ～ 4 000倍液喷雾。

③ 溴氰菊酯（Deltamethrin，Decis）：又名敌杀死。纯品为白色无味结晶，不溶于水，能溶于有机溶剂，在酸性及中性溶液中不易分解，在碱性介质中也不稳定，在日光下稳定。对人畜毒性中等。溴氰菊酯主要以触杀作用为主，也有一定的驱避与拒食作用，击倒速度快，对松毛虫、杨柳毒蛾、榆蓝叶甲等害虫有很好的防治效果。因其无内吸作用，所以对螨类、蚧类等防治效果较差。常见剂型为2.5%乳油、2.5%可湿性粉剂，使用方法为2.5%乳油稀释2 000 ～ 3 000倍液喷雾。

④ 氯氰菊酯（Cyermethrin，Arrivo）：又名安绿宝、兴棉宝。工业晶为褐色液体，常温下及

光、热、酸性条件下性质稳定，在碱性中易分解。难溶于水，易溶于有机溶剂。是一高效、中毒、低残留农药，对人、畜低毒。对害虫具有较强的触杀和胃毒作用，且有忌避和拒食作用。对鳞翅目食叶害虫及蚜虫、蚧虫、叶蝉类害虫高效。常见的剂型有10%和20%乳油，常用10%乳油稀释5 000～6 000倍液喷雾。

⑤ 联苯菊酯（Biphenthrin，Talstar）：又名天王星、虫螨灵，是最突出的杀虫、杀螨剂。纯品为白色至淡棕色固体，具微弱香味。难溶于水，可溶于有机溶剂。对人、畜毒性中等，对天敌的杀伤力低于敌敌畏等有机磷类农药，但高于其他菊酯类农药。该药具有强烈的触杀与胃毒作用，作用迅速，持效期长，杀虫谱广，对鳞翅目、鞘翅目、缨翅目及叶蝉、粉虱、瘿螨、叶螨等均有较好的防治效果。常见剂型为10%乳油、10%可湿性粉剂，使用方法为10%乳油稀释5 000～6 000倍液喷雾。

⑥ 甲氰菊酯（Fenpropathrin）：又名灭扫利。纯品为白色结晶，原药为棕黄色固体。不溶于水，可溶于有机溶剂，性质较稳定，但在碱性介质中易分解。对人、畜毒性中等，大白鼠口服LD_{50}为70mg/kg。具有很强的触杀、驱避和胃毒作用，杀虫范围较广，对鳞翅目幼虫、同翅目、半翅目、鞘翅目等多种害虫有效。常见剂型有10%、20%、30%乳油，使用方法为20%乳油稀释2 000～3 000倍液喷雾。

⑦ 氟氯氰菊酯（Clocythrin，cishatothrin）：又名功夫菊酯。纯品为白色固体，难溶于水，溶于有机溶剂，在酸性中稳定，在碱性条件下易分解。具有极强的胃毒和触杀作用。杀虫作用快，持效长，杀虫谱广。常见的剂型有2.5%和5%乳油，对鳞翅目害虫及蚜虫、叶螨等均有较高的防治效果。

（6）熏蒸剂

熏蒸剂是一类能挥发成气体毒杀害虫的药剂，主要用于仓库、温室和植物检疫中熏杀害虫。其特点是杀虫作用快，能消灭隐藏的害虫和螨类，但对人、畜高毒。

① 磷化铝（Aluminum phosphide）：工业品为灰绿色或褐色固体，无气味，干燥条件下稳定，易吸水分解出磷化氢气体。该品对人、畜剧毒。除对仓库粉螨无效外，对其他多种害虫都有效。制剂有56%磷化铝片剂和56%磷化铝粉剂。处理仓库害虫一般片剂6～9g/m³或粉剂4～6g/m³，密闭熏蒸时间因气温而定，12～15℃时熏蒸5天，16～20℃时熏蒸4天，20℃以上时熏蒸3天即可。熏蒸结束，应通风散气5～6天，毒气即可消失。该品也可制成毒签防治多种天牛幼虫。

② 氯化苦（CCl_3NO_2）：纯品是一种无色的油状液体，工业品为浅黄色液体。难溶于水，可溶于乙醚、乙醇等有机溶剂。在常温下易挥发，扩散性很大，具有强烈的催泪作用，对人有剧毒。氯化苦具有杀虫、杀菌作用，渗透力较强，但杀虫作用缓慢。可用于防治土壤害虫及水仙害虫，多用于花圃土壤消毒，一般在种植前1个月消毒为宜。

③ 溴甲烷（CH_3Br）：纯品在常温下为无色气体，易溶于脂肪及有机溶剂。扩散性好，穿透力强，不易燃烧。有强烈的熏杀作用，可在低温下熏蒸种子、苗木、温室害虫。本品为高毒农药，对人、畜毒性强，气体无警戒气味，严重中毒时不易恢复。杀虫作用慢，害虫往往几天后才死亡。禁止熏蒸用以留种用的植物种子以及含脂肪多的食品。

（7）特异性杀虫剂

这类药剂不直接杀死害虫，而是引起昆虫生理上的某种特异反应，使昆虫的发育、繁殖、行动受到阻碍和抑制，从而达到控制害虫的目的。此类药剂特别适应园林植物害虫的防治。

① 灭幼脲（Mieyouniao）：又称灭幼脲Ⅲ号、苏脲Ⅰ号。原粉为白色晶体，不溶于水，易溶于

有机溶剂，遇碱和强酸易分解，常温下储存稳定。属低毒杀虫剂，对人、畜和天敌安全。有强烈的胃毒作用，还有触杀作用，能抑制和破坏昆虫新表皮中几丁质的合成，从而使昆虫不能正常脱皮以致饿死。田间残效期15～20天，施药后3～4天开始见效。制剂多为25%、50%胶悬剂，一般用50%胶悬剂加水稀释1 000～2 500倍。

② 定虫隆（Chlorfluazuron）：又名拟太保。纯品为白色结晶，不溶于水，溶于有机溶剂。是高效、低毒的昆虫几丁质合成抑制剂，具有胃毒作用兼触杀作用。对鳞翅目幼虫有特效，一般施药后3～5天才见效，与其他杀虫剂无交互抗性，一些对有机磷、拟除虫菊酯农药产生抗性的鳞翅目害虫有较高的防治效果。常见的剂型有5%乳油，一般使用浓度为5%乳油稀释1 000～2 000倍液喷雾。

③ 扑虱灵（Buprofezin）：又名稻虱净。纯品为白色晶体，在酸碱溶液中稳定，易溶于水及有机溶剂。本品为一种选择性昆虫生长调节剂，具有特异活性作用，对叶蝉、粉虱类害虫有特效。具有胃毒、触杀作用，主要通过抑制害虫几丁质合成使若虫在脱皮过程中死亡。本品具有药效高、残效期长、残留量低和对天敌较安全的特点，主要作用于若虫，对成虫无效，常用于防治叶蝉、蚜虫、温室粉虱等。

（8）其他杀虫剂

① 吡虫啉（lmidacloprid）：又名蚜虱净，是新型烟碱型超高效低毒内吸性杀虫剂，并具较高的触杀和胃毒作用，具有速效、持效期长、对天敌安全等特点，是一种理想的选择性杀虫剂。剂型有10%、25%可湿性粉剂，对蚜虫、飞虱、叶蝉等有极好的防治效果。

② 石油乳剂（Ppetroicum oil emulision）：是石油、乳化剂和水按比例制成的。主要具有触杀作用，石油乳剂能在虫体或卵壳上形成油膜，使昆虫及卵窒息死亡。该药剂最早使用的是杀卵剂，供杀卵用的含油量一般在0.2%～2%。一般来说，分子量越大的油，杀虫效力越高，对植物药害也越大。可防治多种蚧虫及昆虫的卵。

此外，还有微生物杀虫剂、石硫合剂（参考杀菌剂部分）等。

（9）杀螨剂

杀螨剂是指专门用来防治害螨的一类选择性的有机化合物。这类药剂性质稳定，可与其他杀虫剂混用，药效期长，对人、畜、植物和天敌都较安全。

① 三氯杀螨醇（Kelthane）：又名开乐散。纯品为白色固体，工业品为褐色透明油状液体。不溶于水，能溶于多种有机溶剂，遇碱易分解。对螨类有特效，对成螨、若螨和卵有效期长达25天以上。不能与碱性农药混用，对人、畜低毒，大白鼠口服LD_{50}为809mg/kg，比敌敌畏毒性低10倍，对天敌安全。常用剂型有20%乳油，常用浓度为40%乳油稀释800～1 000倍液喷雾。

② 克螨特（Comite，Omite）：工业品为淡黑色至暗棕色黏性液体，易溶于有机溶剂。遇强酸、强碱易分解。对人、畜毒性较低，大白鼠口服LD_{50}为1 760mg/kg，对天敌无害。克螨特为广谱性杀螨剂，具有胃毒和触杀作用，对成螨、若螨效果良好，杀卵效果较差。常见剂型有73%乳油，使用方法为73%乳油稀释3 000倍液喷雾。

③ 螨卵酯（K6451）：又名杀螨酯。纯品为无色晶体，工业晶为白色或略带棕色的片状固体。不溶于水，能溶于多种有机溶剂。性质较稳定，但遇碱即分解。对高等动物几乎无毒，对植物安全。杀螨酯主要具触杀作用，对螨卵及幼螨类效果极佳，但对成螨防治效果很差。残效期长达3～4周。剂型有20%可湿性粉剂，使用方法为20%可湿性粉剂稀释800～1 000倍液喷雾。可与各种农药混用。

④ 普特丹（Plictran，Cyheaxtin）：又名三环锡。制剂为浅棕色粉末，在光照下易分解。对人、畜低毒，大白鼠口服LD_{50}为1 675mg/kg，对天敌毒性较低。该药杀螨范围广，对成螨、若螨、幼螨效果都好，但无杀卵作用。常见剂型为50％可湿性粉剂，使用方法为50％可湿性粉剂稀释4 000～5 000倍液喷雾。

3.5.5.2 杀菌剂

（1）杀菌剂的分类

凡是对病原物能有杀死作用或抑制生长作用，但又不妨碍植物正常生长的药剂，统称为杀菌剂。杀菌剂可根据作用方式、原料来源及化学组成进行分类。

1）按杀菌剂的原料来源分类

① 无机杀菌剂：是利用天然矿物质无机物制成的杀菌剂，如硫黄粉、石硫合剂、硫酸铜、石灰等。

② 有机合成杀菌剂：是由人工合成的有机化合物作为杀菌剂。其中包括：有机硫杀菌剂，如代森铵、敌锈钠、福美锌等；有机磷杀菌剂，如稻瘟净、克瘟散等；有机氯杀菌剂，如六氯茶；杀菌剂，如退菌特、稻脚青等；醌类杀菌剂，如菲醌、非冈等；杂环类杀菌剂，如萎锈灵、多菌灵等；其他有机杀菌剂，如甲醛等。

③ 农用抗菌素剂：是通过微生物发酵产生的代谢物，有灭菌作用。多数品种有内吸性，选择性强，不污染环境，如放线菌酮、井冈霉素等。

④ 植物性杀菌素：是由植物中提取出来具有杀菌作用的物质，如大蒜素等。

2）按杀菌剂的使用方式分类

① 保护剂：在病原微生物没有接触植物或没浸入植物体之前，用药剂处理植物或周围环境，达到抑制病原孢子萌发或杀死萌发的病原孢子，以保护植物免受其害，这种作用称为保护作用。具有此种作用的药剂为保护剂，如波尔多液、代森锌等。

② 治疗剂：病原微生物已经侵入植物体内，但植物未表现病症，处于潜伏期。药物从植物表皮渗入植物组织内部，可在植物体内输导、扩散，或产生代谢物来杀死或抑制病原菌，使病株不再受害，并恢复健康。具有这种治疗作用的药剂称为治疗剂或化学治疗剂，如多菌灵、托布津等。

③ 铲除剂：指植物感病后施药能直接杀死已侵入植物的病原物。具有这种铲除作用的药剂为铲除剂。但在实际上与治疗剂很难严格区分。

3）按杀菌剂在植物体内传导特性分类

① 内吸性杀菌剂：能被植物叶、茎、根、种子吸收进入植物体内，并可以随植物体液输导、扩散、存留或产生代谢物，可防治一些深入到植物体内或种子胚乳内病害，以保护作物不受病原物的侵染或对已感病的植物进行治疗，因此具有治疗和保护作用。

② 非内吸性杀菌剂：指药剂不能被植物内吸并传导、存留。目前大多数品种都是非内吸性的杀菌剂，此类药剂不易使病原物产生抗药性，比较经济；但大多数只具有保护作用，不能防治深入植物体内的病害。

此外，杀菌剂还可根据使用方法分类，如种子处理剂、土壤消毒剂、喷洒剂等。

（2）常用杀菌剂简介

① 波尔多液：为天蓝色的胶状悬液，是一种优良的保护剂，杀菌谱广，残效期15天左右。波尔

多液由硫酸铜和石灰乳配制而成，杀菌的主要成分是碱性硫酸铜。

波尔多液是一种良好的植物保护剂，在病原菌侵入前使用防治效果最好，也能防治多种病害，如多种叶斑病、炭疽病等。波尔多液不能储存，要随配随用；阴天或露水未干前不喷药，喷药后遇雨必须重喷；不能与肥皂、石硫合剂等碱性农药农药混用；桃、李、杏、梅等对铜离子最敏感，生长期间一般不能使用。

② 石硫合剂：石硫合剂是生石灰、硫黄粉熬制成的红褐色透明液体，呈强碱性，有强烈的臭鸡蛋气味，遇酸易分解。多硫化钙（$CaS \cdot Sx$）是杀菌的有效成分，其含量与药液比重呈正相关，以波美度数（°Be）来表示其浓度。多硫化钙溶于水，性质不稳定，易被空气中的氧气、二氧化碳所分解。石硫合剂能长期储存，但液面上必须加一层油，使之与空气隔离。

石硫合剂能防治多种病虫害，如白粉病、锈病、红蜘蛛、蚧虫等。花木休眠期一般用3~5°Be，生长季节使用浓度为0.1~0.3°Be。石硫合剂不宜与其他乳剂农药混用，因油会增加石硫合剂对植物的药害；禁忌与容易分解的有机合成农药混用；不宜与砷酸铅及含锰、铁等治疗元素贫乏病的微量元素混用。

③ 代森锌（Dithane Z-78，Parzate zineb）：纯品为白色粉末，工业品为淡黄色粉末，有臭鸡蛋味，挥发性小，极易吸湿分解失效，遇光、热和碱性物质易分解。不能和碱性药剂混用，也不能与含铜制剂混用。是广谱性保护剂，对多种霜霉病菌、炭疽病菌等有较强的触杀作用，对植物安全。代森锌的药效期较短，残效期约7天。对人、畜无毒。常见剂型有65%、80%可湿性性粉剂。常用浓度分别为500倍和800倍液。

④ 甲基托布津（Topsin-M）：纯品为无色结晶，工业品为白色或淡黄色固体，难溶于水，性质稳定。不能与含铜制剂混用，需在阴凉、干燥的地方储存，是广谱性内吸杀菌剂，对多种植物病害有预防和治疗作用，残效期5~7天。甲基托布津是低毒杀菌剂，对人、畜、鱼安全。常见剂型有70%可湿性粉剂，常用浓度为1 000~1 500倍液。

⑤ 多菌灵（Bavistin，Derosal）：纯品为白色结晶，工业品为浅棕色粉末。常温下储存2年，有效成分含量基本不变。多菌灵对酸、碱不稳定，应储存在阴凉、避光的地方，不能与铜制剂混用。该药剂是一种高效、低毒、广谱的内吸杀菌剂，容易被植物根吸收，可向上运转；残效期7天；对植物生长有刺激作用；对温血动物、鱼、蜜蜂毒性低且安全。常见剂型有50%可湿性粉剂、25%可湿性粉剂、40%悬浮剂。可湿性粉剂常用浓度是400~1 000倍液。

⑥ 粉锈宁（Bayleton，Amiral）：纯品为无色结晶，有特殊气味，工业品为白色或浅黄色固体，在酸性和碱性条件下均较稳定。粉锈宁易燃，应远离火源，用后密封，放阴凉干燥处保存。粉锈宁是一种高效内吸杀菌剂，具有广谱、残效期长、用量低的特点。能在植物体内传导，对锈病、白粉病具有预防、治疗作用。对鱼类、鸟类安全，对蜜蜂和天敌无害。常见制剂有15%、25%可湿性粉剂，20%乳油。可湿性粉剂使用浓度为700~2 000倍液。

⑦ 五氯硝基苯：纯品为白色片状或针状结晶，工业品为黄色或灰白色粉末。化学性质稳定，在土壤中也很稳定，残效期长，在高温干燥条件下药效会降低。五氯硝基苯是保护性杀菌剂，无内吸性，毒性低。用作土壤处理和种子消毒。对立枯丝核菌引起的立枯病、紫纹羽病、白纹羽病及白绢病等有效，但对镰刀菌无效。土壤消毒8~9g/m²，拌12.5~15kg细土施于土内。切记不要粘在苗上，以免发生药害。常见制剂是40%五氯硝基苯粉剂。

⑧ 链霉素：白色无定形粉末，对人、畜低毒。常见制剂为0.1%~8.5%粉剂、15%~20%可湿性粉剂、混合制剂。链霉素可防治多种植物的细菌性病害，如君子兰细菌性茎腐病、观赏植物的细菌性根癌病、软腐病等。可用于喷雾、注射、涂抹或灌根。喷雾、注射浓度为100~400mg/L，灌根常用浓度为1 000~2 000mg/L。

链霉素最好和其他抗生素、杀菌剂、杀虫剂混合使用，以达到兼治或提高药效的目的，并可避免病菌抗药性的产生。

⑨ 土霉素：土霉素易溶于水，性质稳定。抗菌谱广，对革兰阳性菌和阴性菌和支原体引起的病害均有防治效果。常用髓心注射法防治观赏植物的支原体病害，使用浓度为1万~2万单位/mL的水溶液，喷雾多用200单位的土霉素水溶液。

⑩ 抗霉菌素120：商品名称是120农用抗菌素，为白色粉末，易溶于水，在酸性和中性介质中稳定，在碱性介质中不稳定，毒性低。为广谱性抗生素，对许多植物病原菌有强烈的抑制作用，对花卉白粉病等防效较好。常见制剂为2%和4%抗霉菌素120水剂。120水剂为褐色液体，无霉变结块，无臭味，遇碱易分解。防治花卉白粉病，药液浓度为100mg/L。

（3）杀线虫剂

棉隆（Dazomet）：原粉为灰白色针状结晶，纯度为98%~100%，常温条件下储存稳定，但遇湿易分解。毒性低，对动物、蜜蜂无害，对鱼毒性中等。棉隆是一种广谱熏蒸性杀线虫剂，并兼治土壤真菌、地下害虫及杂草。易于在土壤及其他基质中扩散，杀线虫作用持久。该药使用范围广，能防治多种线虫，但易污染地下水，南方应慎用。常见制剂是98%~100%必速灭微粒剂。用药量：一般沙质土4 990~5 880g/667m²有效成分，黏质土为5 880~6 860g有效成分。撒施或沟施，沟深20cm，施药后立即覆土，盖膜封闭更好，施药过一段时间松土通气后再种植。

3.6 药械

施用农药的机械称为植保机械，简称药械。药械的种类很多，从手持式小型喷雾器到拖拉机牵引或自走式大型喷雾机，从地面喷洒机到装在飞机上的航空喷洒装置，形式多种多样。按施用的农药剂型和用途分类可分为喷雾机、喷粉机、喷烟机、撒粒机、拌种机和土壤消毒机等。按配套动力分类可分为手动药械、畜力药械、小型动力药械、大型牵引或自走式药械、航空喷洒装置等。按施液量多少分类可分为常量喷雾、低量喷雾、微量（超低量）喷雾等。按雾化方式分类可分为液力喷雾机、气力喷雾机、热力喷雾机、离心喷雾机、静电喷雾机等。现代药械发展的趋势是：提高喷洒作业质量，有效利用农药，保护生态环境，提高工效，改善人员劳动条件，提高机具使用可靠性、经济性。

3.6.1 背负式手动喷雾器

（1）背负式手动喷雾器构造（图3-1）。

背负式手动喷雾器工作原理是：当摇动手柄时，连杆带动活塞杆和皮碗，在泵筒内做上下运动，当活塞杆和皮碗上行时，出水阀关闭，泵筒内皮碗下方的容积增大，形成真空，药液箱内的药液在大气压力的作用下，经吸水滤网，打开进水球阀，涌入泵筒中。当手柄带动活塞杆和皮碗下行时，进水阀被关闭，泵筒内皮碗下方容积减少，压力增大，所储存的药液即打开出水球阀，进入空气室。由于活塞杆带动皮碗不断地上下运动，使空气室内的药液不断增加，空气室内的空气被压缩，从而产生了一定的压力，这时如果打开开关，气室内的药液在压力的作用下，通过出水接头，压向胶管，流入喷杆，经喷头喷出。

（2）手动喷雾器使用时应注意的问题

① 根据需要合理选择合适的喷头。喷头的类型有空心圆锥雾喷头和扇形雾喷头两种。选用时，应当根据喷雾作业的要求和植物的情况适当选择，避免始终使用一个喷头的现象。

② 注意控制喷杆的高度，防治雾滴飘失。

③ 使用背负式喷雾器时要注意不要过分弯腰作业，防止药液从桶盖处流出溅到操作者身上。

④ 加注药液时不允许超过规定的药液高度。

⑤ 手动加压时应当注意不要过分用力，防止将空气室打爆。

⑥ 手动喷雾器长期不使用时，应当将皮碗活塞浸泡在机油内，以免干缩硬化。

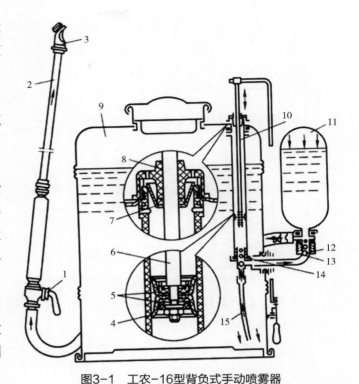

图3-1 工农-16型背负式手动喷雾器

1—开关 2—喷杆 3—喷头 4—螺母 5—皮碗
6—活塞 7—毡圈 8—泵盖 9—药液箱 10—泵筒
11—空气室 12—出水球阀 13—出水阀座
14—进水球阀 15—吸水管

⑦ 每天使用后，将手动喷雾器用清水洗净，残留的药液要稀释后就地喷完，不得将残留药液带回住地。

⑧ 更换不同药液时，应当将手动喷雾器彻底清洗，避免不同的药液对植物产生药害。

3.6.2 背负式喷雾喷粉机

背负式喷雾喷粉机是一种多功能的机动药械，既能够喷雾也能够喷粉，具有轻便、灵活、效率高等特点。背负式喷雾喷粉机主要由机架、离心风机、汽油机、油箱、药箱和喷洒装置等部件组成（图3-2）。

（1）喷雾工作原理

背负式喷雾喷粉机进行喷雾作业时的工作原理是：离心机与汽油机输出轴直连，汽油机带动风机叶轮旋转，产生高速气流，其中大部分高速气流经风机出口流往喷管，而少量气流经进风阀门、进气塞、进气软管、滤网，流进药液箱内，使药液箱中形成一定的气压，药液在压力的作用下，经粉门、药液管、开关流到喷头，从喷嘴周围的小孔以一定的流量流出，先与喷嘴叶片相撞，初步雾化，在喷口中再受到高速气流的冲击，进一步雾化，弥散成细小雾粒，并随气流吹到很远的前方（图3-3）。

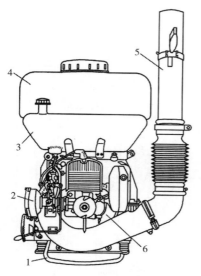

图3-2 东方红-18型喷雾喷粉机

1—机架 2—汽油机 3—汽油箱

4—药液箱 5—喷管 6—风机

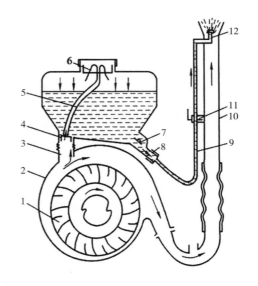

图3-3 东方红-18型喷雾喷粉机的喷雾作业

1—叶轮 2—风机 3—进风阀门 4—进气塞

5—进气软管 6—滤网 7—粉门 8—接头

9—药液管 10—喷管 11—开关 12—喷头

（2）喷粉工作原理

背负式喷雾喷粉机进行喷粉作业时的工作原理是：汽油机带动风机叶轮旋转，所产生的大部分高速气流经风机出口流往喷管，而少量气流经进风阀门进入吹粉管，然后由吹粉管上的小孔吹出，使药箱中的药粉松散，以粉气混合状态吹向粉门。由于在弯头的出粉口处喷管的高速气流形成了负压，将粉剂吸到弯头内。这时粉剂随从高速气流，通过喷管和喷粉头吹向植物（图3-4）。

（3）喷雾作业时应注意的问题

① 正确选择喷洒部件，以适合喷洒农药和植物的需要。

② 机具作业前应先按汽油机有关操作方法，检查其油路系统和电路系统后进行启动，确保汽油机工作正常。

③ 作业前，先用清水试喷一次，保证各连接处无渗漏。加药不要太满，以免从过滤网出气口溢进风机壳里。药液必须洁净，以免堵塞喷嘴。加药后要盖紧药箱盖。

④ 启动发动机，使之处于怠速运转。背起机具后，调整油门开关使汽油机稳定在额定转速左右，开启药液手把开关即可开始作业。

（4）喷粉作业时应注意的问题

① 关好粉门后加粉，粉剂应干燥无结块，不得含有杂质，加粉后旋紧药箱盖。

② 启动发动机，使之处于怠速运转。背起机具后，调整油门开关使汽油机稳定在额定转速左右。然后调整粉门操纵手柄进行喷洒。

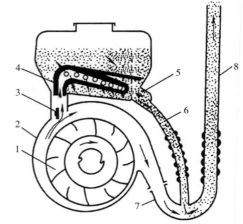

图3-4 东方红-18型喷雾喷粉机的喷粉作业

1—叶轮 2—风机 3—进风阀门 4—吹粉管

5—粉门 6—输粉管 7—弯头 8—喷管

③ 使用薄膜喷粉管进行喷粉时，应先将喷粉管从摇把绞车上放出，再加大油门，使薄膜喷粉管吹起来，然后调整粉门喷撒。为防止喷管末端存粉，前进中应随进抖动喷管。

（5）安全防护方面应注意的问题

① 作业时间不应过长，应3~4人组成一组，轮流作业，避免人员药物中毒。

② 操作人员必须戴口罩，并应经常换洗。作业时携带毛巾、肥皂，随时洗脸、洗手、漱口，及时擦洗着药处。

③ 避免顶风作业，禁止喷管在作业者前方以八字形交叉方式喷洒。

④ 发现中毒症状时，应立即停止背机，并及时求医诊治。

⑤ 背负式喷雾喷粉机是用汽油作燃料，应注意防火。

3.7 外科治疗技术

一些园林树木常受到枝干病虫害的侵袭，尤其是古树名木，由于历尽沧桑，病虫害的危害已经形成大大小小的树洞和创痕。对此可实施外科手术治疗，对损害树体进行镶补，使树木健康成长。

3.7.1 表层损伤的治疗

表皮损伤修补是指树皮损伤面积直径在10cm以上的伤口的治疗。基本方法是用高分子化合物——聚硫密封剂封闭伤口。在封闭之前对树体上的伤疤进行清洗，并用30倍的硫酸铜溶液喷涂2次（间隔30min），晾干后密封（气温23℃±2℃时密封效果好），最后用粘贴原树皮的方法进行外表装修。

3.7.2 树洞的修补

首先对树洞进行清理、消毒，把树洞内积存的杂物全部清除，并刮除洞壁上的腐烂层，用30倍的硫酸铜溶液喷涂树洞消毒，30min后再喷一次。树洞清理干净并消毒后，若树洞边材完好，可采用假填充法修补，即在洞口上固定钢板网，其上铺10~15cm厚的107水泥沙浆（沙：水泥：107胶：水=4：2：0.5：1.25），外层用聚硫密封剂密封，再粘贴树皮。若树洞大、边材部分损伤，则采用实心填充法，即在树洞中央立硬杂木树桩或水泥柱做支撑物，在其周围固定填充物。填充物和洞壁之间的距离以5cm左右为宜，树洞灌入聚氨酯，把填充物和洞壁粘成一体，再用聚硫密封剂密封，最后粘贴树皮进行外表修饰。修饰的基本原则是随坡就势，依树作形，修旧如旧。

3.7.3 外部化学治疗

对于枝干病害可以采用外部化学手术治疗的方法，即先用刮皮刀将病部刮去，然后涂上保护剂或防水剂。常用的伤口保护剂是波尔多液。

3.8 园林植物病虫害综合治理

3.8.1 病虫害综合治理的含义

园林植物病虫害的防治方法很多，各种方法均有其优点和局限性，单靠其中一种措施往往不能达到目的，有的还会引起不良反应。联合国粮农组织有害生物综合治理专家组对综合治理（简称IPM）作了如下定义：病虫害综合治理是一种方案，它能控制病虫的发生，它避免相互矛盾，尽量发挥有机的调和作用，保持经济允许水平之下的防治体系。

有害生物综合治理是对病虫害进行科学管理的体系。它从园林生态系的总体出发，根据病虫和环境之间的相互关系，充分发挥自然控制因素的作用，因地制宜、协调应用必要的措施，将病虫害的危害控制在经济损失水平之下，以获得最佳的经济效益、生态效益和社会效益，达到"经济、安全、简便、有效"的准则。

3.8.2　病虫害综合治理的原则

（1）生态原则

病虫害综合治理从园林生态系的总体出发，根据病虫和环境之间的相互关系，通过全面分析各个生态因子之间的相互关系，全面考虑生态平衡及防治效果之间的关系，综合解决病虫危害问题。

（2）控制原则

在综合治理过程中，要充分发挥自然控制因素（如气候、天敌等）的作用，预防病虫害的发生，将病虫害的危害控制在经济损失水平之下，不要求完全彻底地消灭病虫。

（3）综合原则

在实施综合治理时，要协调运用多种防治措施，做到以植物检疫为前提、以园林技术防治为基础、以生物防治为主导、以化学防治为重点、以物理机械防治为辅助，以便有效地控制病虫的危害。

（4）客观原则

在进行病虫害综合治理时，要考虑当时、当地的客观条件，采取切实可行的防治措施，如喷雾、喷粉、熏烟等，避免盲目操作所造成的不良影响。

（5）效益原则

进行综合治理，目标是实现"三大效益"，即经济效益、生态效益和社会效益。

进行病虫害综合治理的目标是以最少的人力、物力投入，控制病虫的危害，获得最大的经济效益；所采用措施必须有利于维护生态平衡，避免破坏生态平衡及造成环境污染；所采用的防治措施必须符合社会公德及伦理道德，避免对人、畜的健康造成损害。

复习思考题

1. 比较生物防治与化学防治的优、缺点。
2. 如何避免植物药害的产生？
3. 如何合理使用农药？
4. 如何利用园林技术措施来防治园林植物病虫害？
5. 手动喷雾器使用的注意事项有哪些？
6. 喷雾喷粉机在喷雾作业、安全防护方面应注意哪些问题？

第4章 常见园林植物害虫

园林植物害虫种类很多，害虫为害园林植物后会出现叶片缺损或穿孔、叶片褪绿斑点、卷叶、畸形或肿瘤、枯梢、落叶或枯死、虫粪及排泄物等症状。根据为害部位和为害方式的不同，常常将园林植物的主要害虫划分为食叶性害虫、刺吸性害虫、地下害虫、蛀食性害虫等。

4.1 食叶性害虫

园林食叶害虫种类多、分布广、危害显著，对园林景观影响较为明显，是园林养护工作中的病虫防控重要项目。

为害园林植物的食叶性害虫主要有：鳞翅目蛾类的幼虫，如刺蛾类、尺蛾类、毒蛾类、灯蛾类、袋蛾类、枯叶蛾类、天蛾类和潜蛾类、细蛾类、卷蛾类等；鳞翅目蝶类的幼虫，如蛱蝶类、粉蝶类、凤蝶类等；鞘翅目的叶甲类、象甲类的成虫及幼虫等；膜翅目的叶蜂类的幼虫；软体动物的蜗牛类和蛞蝓类等的幼虫和成虫。

食叶性害虫具有咀嚼式口器。危害后能使植株生长衰弱，为天牛、小蠹虫等蛀食性害虫侵入提供适宜条件。大多数食叶性害虫营裸露生活，受环境因子影响大，其虫口密度变动大。植株遭侵害后其叶片、嫩枝、嫩梢被取食，形成孔洞、缺刻，严重时其叶片被食光，光合作用大大减弱，水分蒸发严重，导致枝条或整株死亡。

4.1.1 刺蛾类

刺蛾幼虫扁蛞蝓形，有枝刺和毒毛，触及后皮肤立即发生红肿，疼痛异常，俗称洋辣子、痒辣子、火辣子、刺毛虫等。大多取食阔叶树叶，少数为害竹类，是园林植物的常见害虫。刺蛾类昆虫我国有90多种。常见的有中国绿刺蛾〔*Latoia sinica*（Moore）〕、双齿绿刺蛾〔*Parasa hilarata*（Staudinger）〕、黄刺蛾〔*Cnidocampa flavescens*（Walker）〕、褐刺蛾〔*Thosea postornata*（Hampson）〕、褐边绿刺蛾〔*Latoia consocia*（Walker）〕、扁刺蛾〔*Thosea sinensis*（Walker）〕等。

4.1.1.1 黄刺蛾〔*Cnidocampa flavescens*（Walker）〕

（1）分类

鳞翅目刺蛾科。幼虫俗称洋辣子、八角虫等，茧称雀瓮。

（2）分布

分布极广，国内除宁夏、新疆、贵州、西藏目前尚无记录外，几乎遍布全国。

（3）寄主

食性复杂，主要以幼虫为害海棠、紫荆、石榴、枫杨、梧桐、朴树等园林植物以及杨柳榆槐楝、苹果梨桃杏、柿枣楂栗等90多种植物。

（4）危害

以幼虫食叶，初龄幼虫啃食叶肉，被害叶成网状，幼虫长大后将叶片吃成很多孔洞、缺刻或仅留叶柄、主脉，严重时吃成光秆，可导致秋季二次发芽，严重影响树势和观赏效果。

（5）形态特征

成虫：雌成虫体长13～17mm，翅展35～39mm；雄成虫体长13～15mm，翅展30～32mm，前翅黄褐色，体橙黄色；头、胸部黄色，腹部黄褐色，鳞毛较厚而密，前翅外缘黄褐色，内半部黄色，自顶角有1条细斜线伸向中室，斜线内方为黄色，外方为褐色，在褐色部分有1条深褐色细线自顶角伸至后缘中部；自顶角向后缘基部与端部斜伸2条暗棕褐色细横线。在翅的黄色部分有2个深褐色斑点，1个在后缘基部1/3处、1个在翅中部稍靠前横脉上。后翅淡灰黄褐色，边缘色较深（图4-1）。

卵：常数十粒排在一起，淡黄白色，后变为黑褐色，扁椭圆形，一端略尖，长1.4～1.5mm，宽0.9mm，卵膜表面上有龟状刻纹。

幼虫：幼虫近长方形，长19～25mm；头部黄褐色，隐藏于前胸下。体黄绿色，背面有1个前后宽大、中间细窄成哑铃形的紫褐色大斑纹，体躯中部有2条蓝色纵纹，气门上线淡青色，气门下线淡黄色。自第2节起各体节有4个枝刺，胸部上面有6个，以第3、4、10节的较大，尾部有2个较大枝刺，枝刺上长有黑色刺毛；末节背面有4个褐色小斑；腹足退化，只有在1～7腹节腹面中央各有一个扁圆形吸盘；胸足极小（图4-2）。

图4-1 黄刺蛾成虫

图4-2 黄刺蛾幼虫

蛹：体长 13 ~ 15mm。被蛹，淡黄褐色，近椭圆形，粗大。头、胸部背面黄色，腹部各节背面有褐色背板。

茧：椭圆形，质坚硬，黑褐色，有灰白色不规则纵条纹，极似雀卵。与蓖麻子无论大小、颜色、纹路几乎一模一样，茧内虫体金黄，烤之味道极香，农村常有食之。《本草纲目》称之为"雀瓮"。

（6）发生规律

一年二代。以前蛹在枝干上和枝杈处的茧内越冬，翌年5月中旬开始化蛹，下旬始见成虫。成虫羽化多在傍晚，以17 ~ 22时为盛。成虫夜间活动，有趋光性，但趋光性不强。成虫寿命4 ~ 7天。雌蛾产卵多产卵于叶背，常堆产或数粒在一起，每雌产卵49 ~ 67粒。5月下旬 ~ 6月为第1代卵期，第1代幼虫于翌年6月中旬孵化，6 ~ 7月为幼虫期，7月上旬大量为害，6月下旬 ~ 7月中旬老熟幼虫在茧内化蛹，第1代幼虫结的茧小而薄，第1代幼虫也可在叶柄和叶片主脉上结茧。1个月后羽化成虫飞出，7月下旬 ~ 8月为成虫期，觅偶交配产卵。幼虫多在白天孵化。初孵幼虫先食卵壳，然后取食叶下表皮和叶肉，剥下上表皮，形成圆形透明小斑，隔1日后小斑连接成块。4龄时取食叶片形成孔洞；5、6龄幼虫能将全叶吃光仅留叶脉。第2代幼虫于7月底开始为害，8月上旬为害最重，幼虫共7龄。第1代各龄幼虫发生所需回数分别是：1 ~ 2天，2 ~ 3天，2 ~ 3天，2 ~ 3天，4 ~ 5天，5 ~ 7天，6 ~ 8天；共22 ~ 33天。幼虫老熟后在树枝上吐丝做茧。茧开始时透明，可见幼虫活动情况，后凝成硬茧。茧初为灰白色，不久变褐色，并露出白色纵纹。结茧的位置：在高大树木上多在树枝分叉处，苗木上则结于树干上。第2代茧大而厚，8月下旬第2代幼虫老熟，常在树枝分叉，枝条叶柄甚至叶片上吐丝结硬茧越冬。

（7）防治方法

① 采摘幼虫。3龄以前幼虫多群栖危害，要及时摘除，因幼虫体上有毒毛，应避免接触皮肤。

② 药剂防治。可用90%晶体敌百虫800倍液、80%敌敌畏1 000倍液、5%高效氯氰菊酯1 500倍液、生物农药苏云金杆菌制剂100亿孢子/每克菌粉，或用Bt乳剂500 ~ 600倍液等喷杀幼虫。

③ 人工剪茧。刺蛾茧粘固在枝干上，可用剪枝剪剪除。

4.1.1.2 褐边绿刺蛾〔*Latoia consocia*（Walker）〕

（1）分类

鳞翅目刺蛾科。又名：褐缘绿刺蛾、青刺蛾、曲纹绿刺蛾等，幼虫俗称洋辣子。

（2）分布

河北、山西、山东、河南、黑龙江、吉林、辽宁、内蒙古、北京、天津、江苏、安徽、湖北、湖南、江西、上海、浙江、广东、广西、陕西、云南、贵州、四川、重庆等地。

（3）寄主

海棠、梅花、樱花、桂花、石榴、月季、牡丹、芍药、紫荆、珊瑚、大叶黄杨、苹果、梨、桃、李、杏、梅、樱桃、核桃、枣、柿、楂、栗等花木和杨柳榆、悬铃木等景观树。

（4）危害

幼虫取食叶片，低龄幼虫取食叶肉，仅留表皮，呈网状，可使叶片透明；3龄以后将叶片吃成孔洞或缺刻，6龄以后多从叶缘向内蚕食，严重时，能将叶片吃尽，仅剩叶脉和叶柄，严重影响树势。

（5）形态特征

成虫：体长15 ~ 18mm，翅展30 ~ 44mm。雄蛾触角栉齿状，雌蛾触角丝状，棕褐色。复眼黑色。头顶和胸部背面绿色，胸背中央有一暗棕褐色纵线；腹部黄色；雄虫触角基部2/3为短羽毛状。前翅大部分绿色，基部暗褐色，外缘有1道浅褐色斑纹宽带，宽带间的翅脉及内侧波状纹暗紫褐色，并散有暗褐色小点。内缘线和翅脉暗紫色，外缘线暗褐色。腹部和后翅灰黄色，缘毛浅棕色（图4-3）。

卵：扁椭圆形，扁平光滑，长1.5mm。初产时乳白色，渐变为淡黄绿至淡黄色，数粒排列成块状。

幼虫：老熟时体长25~28mm，短粗，略呈长方形，圆柱状。初孵化时黄色，后变为黄绿色、绿色。头黄色，小，常缩在前胸内。前胸盾上有2个横列黑斑，腹部背线蓝色。从中胸到第8腹节每节各有4个毛瘤，瘤突上生有黄色刺毛丛，第4节背面的1对毛瘤上各有3~6根红色刺毛，腹部末端有4个瘤突，瘤突生蓝黑色刺毛丛，呈球状；背线绿色，两侧有深蓝色点。腹面浅绿色。胸足小，无腹足，1~7节腹面中部各有1个扁圆形吸盘（图4-4）。

图4-3　褐边绿刺蛾成虫

图4-4　褐边绿刺蛾幼虫

蛹：长广卵圆形至椭圆形，13~16mm，黄棕褐色，肥大。包被在虫茧内。

茧：坚硬，栗棕色，表面有棕色毛，椭圆形圆筒状，两端钝平，长15~16mm，似羊粪状。

（6）发生规律

一年二代，以老熟幼虫在浅土层中结茧越冬。翌年4月下旬至5月上中旬越冬幼虫化蛹，蛹期5~6天，5月下旬至6月上中旬羽化为成虫并交尾产卵；卵数十粒呈鱼鳞状、块状产在叶背上，成虫寿命2~8天，卵期7天左右。第1代幼虫6月中旬至7月中旬危害，幼虫孵化后，低龄期有群集性，并只咬食叶肉，残留膜状的表皮；大龄幼虫逐渐分散危害，从叶片边缘咬食成缺刻甚至吃光全叶；成虫发生期在8月中下旬，成虫夜间活动，有趋光性；白天隐伏在枝叶间、草丛中或其他荫蔽物下。第2代幼虫发生在8月中下旬至10月中下旬，10月上旬幼虫陆续老熟，在枝干分叉处或树干基部周围地面的杂草间或表土层土缝中结茧越冬。

（7）防治方法

①人工防治：幼虫群集为害期人工捕杀。

②黑光灯防治：利用黑光灯诱杀成虫。

③农业防治：结合整枝、修剪、除草和冬季清园、松土等，清除枝干上、杂草中的越冬虫体，破坏地下的蛹茧，以减少下代的虫源。

④物理防治：利用成蛾有趋光性的习性，可结合防治其他害虫，在6~8月掌握在盛蛾期，设诱

虫灯诱杀成虫。

⑤ 药剂防治：幼虫发生期及时喷洒90%晶体敌百虫、50%马拉硫磷乳油、25%亚胺硫磷乳油、50%杀螟松乳油、90%巴丹可湿性粉剂等900~1000倍液。

4.1.2　尺蛾类

尺蛾的幼虫又称尺蠖，俗称弓腰虫、步曲、造桥虫等。尺蛾的幼虫腹部只在第6节和末节上各有1对腹足，行动时身体一屈一伸，移动时，幼虫会先将尾端向前移，弓起身体，然后再将前半身抬起往前移，看起来就像是人用手拿量尺在丈量东西一样，非常有趣，尺蛾即由此得名；尺蛾的幼虫爬行屈伸时腹部弯曲好似弯腰、造桥而得俗称弓腰虫、步曲、造桥虫。尺蛾的幼虫休息时用腹足固定，身体前面部分伸直，与植物成一角度，通常拟态如植物的枝条，不容易被发现。

尺蛾类幼虫的识别特点主要有：体细长，上唇缺刻为"U"形，常在第6腹节和第10腹节有腹足而其他体节退化，趾钩双序中带或双序三序缺环式。行动时身体屈伸弓曲好似弯腰；休息时用腹足固定而身体前部伸直与植物成一角度拟态好像植物枝条。

尺蛾类昆虫我国有2 000多种，常见的有国槐尺蠖〔*Semiothisa cinerearia Bremer et.*（Grey）〕、桑褶翅尺蛾〔*Zamacra excavata*（Dyar）〕、春尺蛾〔*Apocheima cinerarius*（Erschoff）〕等，是园林植物的常见害虫。

4.1.2.1　国槐尺蠖〔*Semiothisa cinerearia Bremer et.*（Grey）〕

（1）分类

鳞翅目尺蛾科。又名槐尺蛾、国槐尺蛾、槐尺蠖、槐庶尺蠖，幼虫因常常吐丝悬挂在树上，随风飘荡，故俗称"吊死鬼"。

（2）分布

华北、华中、西北、东南等各地。

（3）寄主

国槐、金枝国槐、龙爪槐，食料不足时也可危害刺槐。

（4）危害

初孵幼虫为害叶片，呈网状小白点；幼龄幼虫食叶成缺刻，长大后是行道树的暴食性食叶害虫，一般每头幼虫食叶10片左右，严重时把叶片吃光，影响景观，并可吐丝下垂，污染环境。

（5）形态特征

成虫：雄虫体长14~17mm，翅展30~43mm，具微毛。前翅长18~22mm。雌虫体长12~15mm，翅展30~45mm。灰白色、灰褐色、灰黄褐色，黄褐色至黑褐色。雌雄相似。头部触角丝状，长度约为前翅的2/3。复眼圆形，其上有黑褐色斑点（图4-5）。

卵：钝椭圆形，一端较平截，长0.58~0.67mm，宽0.42~0.48mm，卵壳白色透明，密布蜂窝状小凹陷。初产时绿色，后渐变为暗红色直至灰黑色。卵变灰黑色时幼虫即开始孵化。

幼虫：幼虫有7个龄期。初孵幼虫黄褐色，取食后变为绿色，各体节背侧两面有黑褐色条状或圆形斑块，老熟幼虫20~40mm，体背变为紫红色。胸足3对，腹足2对。幼虫两型：春夏型2~5龄直至老熟前均为绿色，老熟幼虫38~42mm，体色粉绿，头部浓绿色，气门线黄色，气门线以上密布黑色小点，气门线以下至腹面深绿色，气门黑色；幼虫老熟时体色变为紫粉色，气门线枯黄色。

秋型老熟时体长45～55mm；头部黑色，体色粉绿色稍带蓝色，两端黄绿色，北线黑色，在节间间断为黑点，每节中央成黑色的"十"字形，亚背线与气门上线为间断的黑色纵条，胸部和腹部末2节散步黑点，腹部黄绿色，胸足黑色，腐竹与身体体色相同，只有端部黑色（图4-6）。

图4-5　国槐尺蠖成虫

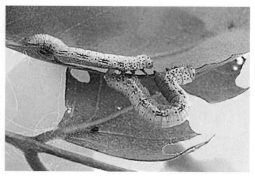

图4-6　国槐尺蠖幼虫

蛹：长13～16mm，雄蛹16.3mm×5.6mm，雌婉16.5mm×5.8mm。初为粉绿色，渐变为褐色至紫色。臀棘具钩刺2枚，其长度约为臀棘全长的1／2弱，雄蛹两钩刺平行，雌蛹两钩刺向外呈分叉状。

（6）发生规律

一年三至四代，以蛹在树下土壤中松软的3~5cm浅土层越冬。翌年4月中旬越冬蛹陆续羽化，产卵于树叶上。5月上旬卵孵化，初孵幼虫啃食叶片呈零星白点。5月中下旬是第1代幼虫危害盛期，随着虫龄的增加，食量剧增。低龄幼虫有吐丝下垂转移为害的习性。5龄幼虫成熟后，失去吐丝能力，沿树干下行，入土化蛹。第2代幼虫于6月下旬孵化，7月上中旬是第2代幼虫危害盛期；第3代幼虫8月初出现，8月中旬至9月上旬是第3代幼虫危害盛期；第4代幼虫9月中旬出现，10月中下旬入土化蛹。成虫昼伏夜出，白天潜伏在墙壁上或灌木丛中，夜晚出来活动。成虫趋光性明显。产卵多在每日的19~翌日0时，卵散产于叶片、叶柄和小枝上，以树冠南面最多。产卵量与补充营养显著呈正相关：成虫刚羽化后即有35%左右的卵粒已发育成熟，成虫取食花蜜产卵量最多达1 500余粒。卵初为绿色，随着胚胎的发育而渐变为暗红色，杂有灰白色的斑纹，最后变为灰白色，围绕卵壳的周边，可清晰看到一条黑色的斑纹，这种卵即可于当日或次日黄昏时孵化。孵化孔大多位于卵较平截一端，孔口不整齐。幼虫孵化多在19~21时，同一雌蛾所产的卵孵化整齐，孵化率在90%以上。幼虫取食习性孵化后即开始取食，幼龄时食叶呈网状，出现零星的白点；1龄幼虫的耐饥力，在平均气温为29℃时只有1天；低龄幼虫啃食树冠顶端和边缘的树叶，外形像蚕，颜色像树皮，行走时一曲一伸。3龄后取食叶肉，仅留中脉。整个幼虫期食叶量相当于槐树1个成熟复叶全部叶片的重量，其中1~4龄幼虫食叶量占10%，末龄幼虫食叶量占90%。因此，槐尺蛾大发生时，短期内就可把一株大树的叶片吃光。幼虫受惊吓后能吐丝下垂，或借助胸足和2对腹足的攀附，在树上作弓形运动扩散转移危害。老熟幼虫能沿树干向下爬行，或直接掉落地面，全身紧贴地面爬行。高龄幼虫食量大，皮厚，对农药很不敏感，一般的药剂对其作用不大。

（7）防治方法

① 成虫期防治：在每年4月以后，气温逐渐升高，国槐尺蠖成虫进入羽化盛期。在羽化盛期灯光诱杀，气温高的天气情况良好，诱杀效果最好。

② 低龄幼虫期防治：5月上旬是第1代幼虫孵化危害的时期。在这段时间里，应备好喷药器具，开始喷药防治。所用药剂为：20%的菊杀乳油4 000倍液或50%辛硫磷乳油3 000倍液，进行喷雾毒杀幼虫。喷雾要力求做到喷洒均匀，面面俱到。

③ 高龄幼虫期防治：选用以胃毒为主的高效生物制剂，如每毫升含孢子100亿的苏云金杆菌1 000倍液，进行喷洒防治。此药剂喷洒在树叶上，被害虫摄入后，可破坏其消化道，引起害虫中毒死亡。

④ 蛹期防治：老龄幼虫成熟后，就沿树干下行，在树冠投影内，寻找适宜的地方，入土化蛹越冬，这个时期是防治国槐尺蠖的最有利时机。可在老熟幼虫入土前清扫集中杀死，或者结合秋季松土，在2cm厚的土层里找蛹，集中处理，以减少虫源，降低来年的危害。也可在树下土表撒施5%的辛硫磷颗粒剂，每平方米用药3~5克，并浅锄一遍，使药剂颗粒进入土层，可杀死虫蛹。

⑤ 保护和利用天敌。幼虫天敌有胡蜂、小茧蜂、土蜂、小黄蜂；蛹期天敌有白僵菌等。

4.1.2.2　桑褶翅尺蛾〔*Zamacra excavata*（**Dyar**）〕

（1）分类

鳞翅目尺蛾科。又名桑刺尺蛾、桑褶翅尺蠖。

（2）分布

华北、华中、西北、东南等各地。

（3）寄主

主要危害阔叶树杨柳榆槐、白蜡、栾树、苹果梨、核桃、山楂、桑以及金叶女贞、小叶女贞、海棠、樱花、月季等。

（4）危害

初孵幼虫危害叶片，呈网状小白点；幼龄幼虫食叶成缺刻，严重时把叶片吃光，影响景观，并可吐丝下垂，污染环境。

（5）形态特征

成虫：雌蛾体长 14~15mm，翅展40~50mm。体灰褐色。头部及胸部多毛。触角丝状。翅面有赤色和白色斑纹。前翅内、外横线外侧各有1条不太明显的褐色横线，后翅基部及端部灰褐色，近翅基部处为灰白色，中部有1条明显的灰褐色横线。静止时四翅皱叠竖起。后足胫节有距2对，尾部有2簇毛。雄蛾体长12~14mm，翅展38mm。全身体色较雌蛾略暗，触角羽毛状。腹部瘦，末端有成撮毛丛，其特征与雌蛾相似（图4-7）。

卵：椭圆形，约0.5mm，初产时深灰色，光滑，4~5天后变为深褐色，带金属光泽，卵体中央凹陷。孵化前几天，由深红色变为灰黑色（图4-8）。

幼虫：老熟幼虫体长30~35mm，黄绿色。头褐色，两侧色稍淡；前胸侧面黄色，腹部1~8背部有储黄色刺突，第2~4节上的明显比较长，第5腹节背部有褐绿色刺1对，腹部第4~8节的亚背线粉绿色，气门黄色，围气门片黑色，腹部第2~5节各节两侧各有淡绿色剂1个；胸足淡绿，端都深褐色；腹部绿色，端都褐色。幼虫习惯在枝条上栖息，稍受惊扰头向腹面隐藏，使身体呈半环状，此时背面刺及腹侧刺突出，很像周围的树叶（图4-8）。

图4-7　桑褶翅尺蛾成虫　　　　　　　　图4-8　桑褶翅尺蛾幼虫

蛹：椭圆形，红褐色，长14~17mm，末端有2个坚硬的刺。

茧：灰褐色，表皮较粗糙。

（6）发生规律

一年一代，以蛹在树干基部地表下数厘米处贴于树皮上的茧内越冬，翌年3月中旬开始陆续羽化。成虫白天潜伏于隐蔽处，夜晚活动，有假死习性。

卵产于枝干上，4月初开始孵化。各龄幼虫均有吐丝下垂习性，受惊后或虫口密度大、食量不足时，即吐丝下垂随风飘扬，或转至其他寄主为害。幼虫食叶，停栖时常头部向腹面蜷缩于第5腹节下，以腹足和臀足抱握枝条。5月中旬老熟幼虫爬到树干基部寻找化蛹处吐丝做茧化蛹，越夏、越冬。

（7）防治方法

① 合理修剪及养护，清除寄主附近杂草。秋末灭越冬虫蛹，挖蛹放入容器内让寄蝇、寄生蜂飞出或销毁越冬虫蛹。

② 移栽时要注意检查苗木，防止扩散。

③ 幼虫有假死性，可在地下铺以薄膜，摇动树干，将落下的幼虫消灭。

④ 秋季在寄主树干捆一圈干草或一薄膜环（毒环），引诱越冬虫到此越冬，并于早春加以烧毁。

⑤ 保护和利用天敌，施用苏云金杆菌、白僵菌粉剂、青虫菌乳剂、多角体病毒（NPV）防治。

4.1.3　毒蛾类

毒蛾的幼虫身体上长有丛状的长毛，长短不一，接触后能伤人。毒蛾的成虫和夜蛾相似，但休息时把多毛的前足伸出在前面，特别显著。我国有毒蛾类昆虫2 000多种，常见的有舞毒蛾〔*Lymantria dispar*（L.）〕、角斑古毒蛾〔*Orgyia gonostigma*（Linnaeus）〕、盗毒蛾〔*Porthesia similis*（Fueszly）〕等，是园林植物的常见害虫。

4.1.3.1　舞毒蛾〔*Lymantria dispar*（L.）〕

（1）分类

鳞翅目毒蛾科〔*Ocneria dispar*（Linnaeus）〕。又名秋千毛虫、苹果毒蛾、柿毛虫。

（2）分布

华北、华中、东北、西北等地。

（3）寄主

杨、柳、榆、苹果、梨、桃、杏、柿、枣、楂、栗、栎、李、桦、槭、椴、樱桃、核桃、云杉、落叶松、樟子松、马尾松、油松、红松等500多种植物。

（4）危害

幼虫主要为害叶片。该虫食量大，食性杂，严重时几周内可把全树叶片吃光。

（5）形态特征

成虫：成虫雌雄异型。雄成虫体长约20mm，前翅茶褐色，有4~5条波状横带，外缘呈深色带状，中室中央有一黑点。雌虫体长约25mm，前翅灰白色，每两条脉纹间有一个黑褐色斑点。腹末有黄褐色毛丛（图4-9）。

卵：圆形稍扁，直径1.3mm，初产为杏黄色，数百粒至上千粒产在一起成卵块，其上覆盖有很厚的黄褐色绒毛。

幼虫：老熟时体长50~70mm，头黄褐色有八字形黑色纹。前胸至腹部第2节的毛瘤为蓝色，腹部第3~9节的7对毛瘤为红色（图4-10）。

图4-9 舞毒蛾雄成虫、雌成虫

图4-10 舞毒蛾幼虫

蛹：体长19~34mm，雌蛹大，雄蛹小。体色红褐或黑褐色，被有锈黄色毛丛。

（6）发生规律

一年一代，以卵在石块缝隙或树干背面洼裂处越冬，翌年春季发芽时孵化。初孵幼虫白天多群栖叶背面，夜间取食叶片成孔洞，受震动后吐丝下垂借风力传播，故又称秋千毛虫。2龄后分散取食，白天栖息树杈、树皮缝或树下石块下，傍晚上树取食，天亮时又爬到隐蔽场所。雄虫蜕皮5次，雌虫蜕皮6次，均夜间群集树上蜕皮，幼虫期约60天，5至6月为害最重。6月中下旬陆续老熟，爬到隐蔽处结茧化蛹，蛹期10~15天，成虫7月大量羽化。成虫有趋光性，雄虫活泼，白天飞舞于树冠间。雌虫很少飞舞，能释放性外线激素引诱雄蛾来交配，交尾后产卵，多产在树枝、干阴面，每雌可产卵1~2块上覆雌蛾腹末的黄褐鳞毛。来年5月间越冬卵孵化，初孵幼虫有群集为害习性，长大后分散为害。为害至7月上、中旬，熟幼虫在树干洼裂地方、枝杈、枯叶等处结茧化蛹。7月中旬为成虫发生期，雄蛾善飞翔，日间常成群做旋转飞舞。

（7）防治方法

①树干草丛等处人工采集舞毒蛾的卵，并及时销毁。

②在舞毒蛾幼虫暴食期前的3~4龄期进行人工采集幼虫。

③在清晨或傍晚时出现逆温层时，进行以生物农药为主的烟剂防治。

④ 苏云金杆菌、BtMP~342菌株、1.8%阿维菌素喷烟或喷雾防治。

⑤ 利用黑光灯或频振灯配高压电网进行诱杀，同时要对灯具周围的空地进行喷洒化学杀虫剂，及时杀死诱到的各种害虫的成虫。

⑥ 利用舞毒蛾强烈的趋化性，以舞毒蛾性引诱剂诱杀舞毒蛾成虫。

⑦ 保护和利用天敌。中国舞毒蛾天敌共计6目19科91种，其中寄生性昆虫57种（姬蜂、寄生蝇、蟪类、步甲等），捕食性天敌有鸟类、蜘蛛等。卵期天敌大蛾卵跳小蜂〔*Doencyrtus kuwanal*（Howard）〕，幼虫期天敌绒茧蜂、寄蝇，蛹期天敌舞毒蛾黑瘤姬蜂、寄蝇等。释放舞毒蛾天敌如黑瘤姬蜂、卷叶蛾姬蜂、毛虫追寄蜂、广大腿小蜂、舞毒蛾平腹小蜂或使用白僵菌（含孢量100亿/克，活孢率90%以上）、舞毒蛾核型多角体病毒（每单位加水3 000倍，3龄虫前使用）、苏云金杆菌液加水1 000倍喷布均可有效防治舞毒蛾为害。

⑧ 采用化学农药如2.5%溴氰菊酯3 000倍液、20%杀灭菊酯1 000倍液、2.5%敌百虫粉剂、0.25的灭扫利、50%辛硫磷乳剂2 000倍液、50%杀螟松乳油1 000倍液也可防治舞毒蛾为害。

4.1.3.2 柳毒蛾〔*Stilprotia salicis*（Linnaeus）〕

（1）分类

鳞翅目毒蛾科。

（2）分布

分布北起黑龙江、内蒙古、新疆，南至浙江、江西、湖南、贵州、云南。

（3）寄主

寄主于棉花、茶树、杨、柳、栎树、栗、樱桃、梨、梅、杏、桃等。

（4）危害

危害植物叶片。低龄幼虫只啃食叶肉，留下表皮，长大后咬食叶片成缺刻或孔洞。

（5）形态特征

成虫：体长约20mm，翅展40~50mm，全体白色，具丝绢光泽，足的胫节和附节生有黑白相间的环纹（图4-11）。

卵：馒头形，灰白色，成块状堆积，外面覆有泡沫状白色胶质物。

幼虫：末龄幼虫体长约50mm，背部灰黑色混有黄色；背线褐色，两侧黑褐色，身体各节具瘤状突起，其上簇生黄白色长毛（图4-12）。

图4-11　柳毒蛾成虫　　　图4-12　柳毒蛾幼虫

（6）发生规律

东北年生1代，华北2代，以2龄幼虫在树皮缝作薄茧越冬。翌年4月中旬，杨、柳展叶期开始活动，5月中旬幼虫体长10mm左右，白天爬到树洞里或建筑物的缝隙及树下各种物体下面躲藏，夜间上树为害。6月中旬幼虫老熟后化蛹，6月底成虫羽化，有的把卵产在枝干上，进入棉田的柳毒蛾7月初第1代幼虫开始孵化为害，9月底2代幼虫作茧越冬。1、2代卵期10天左右，1代幼虫期35天、2代240天，越冬代蛹期8天，1代为10天

（7）防治方法

①结合防治其他害虫进行防治。

②必要时喷洒5%来福灵乳油或20%杀灭菊酯乳油3 000倍液。

4.1.4　灯蛾类

灯蛾的幼虫身上常有突起，突起上生有浓密的长短一致的长毛，大多取食阔叶树叶，少数为害竹类，是园林植物的常见害虫。我国有灯蛾类昆虫90多种，常见的有红缘灯蛾〔*Amsacta lactinea*（Cramer）〕、美国白蛾〔*Hlyphantria cunea*（Drury）〕、黄腹星灯蛾〔*Spilosoma lubricipeda*（Linn.）〕等。

4.1.4.1　红缘灯蛾〔*Amsacta lactinea*（Cramer）〕

（1）分类

鳞翅目灯蛾科。又名红边灯蛾、红袖灯蛾。

（2）分布

除新疆、青海外全国分布。

（3）寄主

菊花、百日草、千日红、鸡冠花、梅花、向日葵、甘蓝、大豆等菊科、十字花科、豆科等植物。

（4）危害

幼虫为害叶片。初龄幼虫群集为害，3龄以后分散，可将叶片吃成缺刻，严重时吃光叶片。幼虫咬食玉米雌穗花丝、棉花花冠、棉铃、棉叶，苗期严重受害造成缺苗断垄。

（5）形态特征

成虫：体长18~20mm，翅展46~64mm。触角线状黑色，体、翅白色，前翅前缘及颈板端级红色，腹部背面除基节及肛毛簇外橙黄色，并有黑色横带，侧面具黑纵带，亚侧面一列黑点，腹面白色。前翅中室上角常具黑点；后翅横脉纹常为黑色新月形纹，亚端点黑色（图4-13）。

卵：半球形，直径0.8mm，卵壳表面自顶部向周缘有放射状纵纹。初产黄白色，有光泽，后渐变为灰黄色至暗灰色。

幼虫：老熟幼虫体长约40mm，红褐色至黑色，有黑色毛瘤，毛瘤上丛生棕黄色长毛（图4-14）。

蛹：长椭圆形，长22~26mm，胸部宽9~10mm，黑褐色，有光泽，有臀刺10根。

（6）发生规律

一年一代，以蛹越冬。翌年5至6月开始羽化，成虫晚间活动，有趋光性，产卵呈块状。初孵幼虫群集取食，3龄以后分散为害。老熟幼虫可在各种缝隙中化蛹，翌年5至6月开始羽化。成虫寿命5~7天，昼伏夜出，有趋光性。卵成块产于叶背，可达数百粒，卵期6~8天。幼虫孵化后群集为害，遇惊扰时吐丝下垂扩散。幼虫行动敏捷，蚕食叶片使叶片残缺不全，幼虫期27~28天。老熟后入浅土或于落叶等被覆物内结茧化蛹。

图4-13 红缘灯蛾成虫

图4-14 红缘灯蛾幼虫

（7）防治方法

① 发生严重地区，在寄主植物下或附近沟坡处挖蛹。

② 用黑光灯诱杀成虫。

③ 在卵盛期或幼虫初孵期及时摘除，集中消灭；幼虫扩散后，虫体较大可人工捕捉，连续捕捉2~3次。

④ 防治时，可用每克含100亿的青虫菌原粉，同时可兼治棉铃虫、黏虫等。

⑤ 虫情测报发现有卵块时应进行防治。在幼虫扩散为害前，对离寄主近的植物用2.5%功夫乳油2 000倍液、50%辛硫磷乳油1 000倍液、90%晶体敌百虫1 000~2 000倍液或、48%乐斯本乳油或48%天达毒死蜱1 500倍液等喷雾。

4.1.4.2 美国白蛾〔*Hlyphantria*（**cunea**）〕

（1）分类

鳞翅目灯蛾科。又名美国灯蛾、美国白灯蛾、色狼虫（幼虫）。

（2）分布

美国白蛾是举世瞩目的世界性检疫害虫。目前已被列入我国首批外来入侵物种。原产北美洲，1940年传入欧洲，1979年传入辽宁丹东，1981年传入山东，1985年传入陕西，1995年传入天津市，1999年传入河北，现北京、天津、河北、辽宁、山东、陕西、河南7个省市已经出现了美国白蛾疫情。

（3）寄主

主要危害行道树、观赏树木和林木、果树、农作物及野生植物等200多种植物，尤其以阔叶树为重。寄主植物主要有白蜡、臭椿、法桐、山檀、桑树、苹果、海棠、金银木、紫叶李、桃树、榆树、柳树等；最嗜食的植物有桑、白蜡槭（糖槭），其次为胡桃、苹果、梧桐、李、樱桃、柿、榆和柳等。

（4）危害

被害树长势衰弱，易遭其他病虫害的侵袭，并降低抗寒抗逆能力，严重时造成部分枝条甚至整株死亡，对园林树木造成严重的危害。

（5）形态特征

成虫：白色中型蛾子，体长12~15mm。雄成虫触角黑色，双栉齿状；翅展 23~34mm，前翅散生几个黑褐色小斑点。雌成虫触角褐色，锯齿状；翅展33~44mm，前翅纯白色，后翅通常为纯白色。

复眼黑褐色，口器短而纤细；胸部背面密布白色绒毛，多数个体腹部白色，无斑点，少数个体腹部黄色，上有黑点（图4-15）。

卵：圆球形，直径约0.5mm，初产卵浅黄绿色或浅绿色，后变灰绿色，孵化前变灰褐色，有较强的光泽。卵单层排列成块，覆盖白色鳞毛。

幼虫：老熟幼虫体长28~35mm，体色变化很大，根据头部色泽分为红头型和黑头型两类。头具光泽。体黄绿色至灰黑色，背线、气门上线、气门下线浅黄色。背部毛瘤黑色，体侧毛瘤多为橙黄色，毛瘤上着生白色长毛丛。腹足外侧黑色。气门白色，椭圆形，具黑边。根据幼虫的形态，可分为黑头型和红头型两型，其在低龄时就明显可以分辨。3龄后，从体色、色斑、毛瘤及其上的刚毛颜色上更易区别（图4-16）。

图4-15 美国白蛾雄成虫、雌成虫

图4-16 美国白蛾幼虫

蛹：体长8~15mm，宽3~5mm，长纺锤形，暗红褐色。雄蛹瘦小，雌蛹较肥大，蛹外被有黄褐色薄丝质茧，茧上的丝混杂着幼虫的体毛共同形成网状物。腹部各节除节间外，布满凹陷刻点，臀刺8~17根，每根钩刺的末端呈喇叭口状，中凹陷。

茧：褐色或暗红色，由稀疏的丝混杂幼虫体毛组成。

（6）发生规律

美国白蛾一年发生二至三代，以蛹在树皮下或地面枯枝落叶处的茧内越冬。翌年春季羽化，产卵在叶背成块，覆以白鳞毛。幼虫共7龄。经一个月到一个半月老熟，爬到土面结茧化蛹；夏末羽化。深秋落叶前发生第2代幼虫为害。幼虫食性很杂，初孵幼虫有吐丝结网、群居网中取食叶片危害的习性，每株树上多达几百只、上千只幼虫为害，常把树木叶片蚕食一光，叶片被食尽后，幼虫移至枝杈和嫩枝的另一部分织一新网，严重影响树木生长。美国白蛾发生代数因地而异，世代重叠现象严重。美国白蛾喜爱温暖、潮湿的海洋性气候，在春季雨水多的年份，危害特别严重。美国白蛾繁殖量大，属典型的多食性害虫，适应性强，传播途径广，可由各个虫态借助于交通工具进行传播，以4龄以上的幼虫和蛹传播的机会最多。主要通过木材、木包装、苗木、鲜果、蔬菜等进行传播，还可通过飞翔进一步扩散，扩散快，每年可向外扩散35~50公里。美国白蛾的危害性不亚于火灾。美国白蛾成野生状态，失去了原有捕食和寄生性天敌防止其种群恶性膨胀的控制，其种群密度迅速增长并蔓延成灾。

（7）防治方法

① 加强检疫。疫区苗木不经检疫或处理禁止外运，疫区内积极进行防治，有效地控制疫情的扩散。多栽植美国白蛾厌食树种，防治时重点放在引诱树木上。

② 利用人工、机械等方法控制其危害，主要方法如下。

a. 利用黑光诱虫灯在成虫羽化期诱杀成虫：诱虫灯应设在上一年美国白蛾发生比较严重，四周空旷的地块，可获得较理想的防治效果。在距设灯中心点50~100m的范围内进行喷药毒杀灯诱成虫。

b. 人工剪除网幕：美国白蛾幼虫3龄前，每隔2~3天仔细查找一遍美国白蛾幼虫网幕。发现网幕用高枝剪将网幕连同小枝一起剪下。剪网时要特别注意不要造成破网，以免幼虫漏出。剪下的网幕必须立即集中烧毁或深埋，散落在地上的幼虫应立即杀死。

c. 围草诱蛹：适用于防治困难的高大树木。如幼虫已分散，则在幼虫下树化蛹前，在树干离地面1~1.5m处，用谷草、稻草把或草帘上松下紧围绑起来，诱集幼虫化蛹。化蛹期间每隔7~9天换一次草把，定期定人把解下的草集中烧毁或深埋。

③ 利用美国白蛾性诱剂或环保型昆虫趋性诱杀器诱杀成虫。在成虫发生期，把诱芯放入诱捕器内，将诱捕器挂设在林间，直接诱杀雄成虫，阻断害虫交尾，降低繁殖率，达到消灭害虫的目的。春季世代诱捕器设置高度以树冠下层枝条（2.0~2.5m）处为宜，在夏季世代以树冠中上层（5~6m）处设置最好。每100m设一个诱捕器，诱集半径为50m。

④ 生物防治。主要方法为卵期释放利用赤眼蜂、姬蜂防治；对2~3龄美国白蛾幼虫喷施美国白蛾核型多角体病毒（NPV）；对4龄前幼虫喷施苏云金杆菌（Bt）；老熟幼虫期和蛹期释放周氏啮小蜂进行生物防治。

选择无风或微风上午10时至下午17时以前进行周氏啮小蜂放蜂。放蜂的方法：可采用二次放蜂，间隔5天左右；也可以一次放蜂，用发育期不同的蜂茧混合搭配。将茧悬挂在离地面2m处的枝干上。周氏啮小蜂具有寄生率高、出蜂量大、能找到在各种隐蔽场所化蛹的美国白蛾并产卵寄生的特点。

⑤ 杀虫剂防治适用低龄幼虫，使用溴氰菊酯、1.2%烟参碱乳油1 000~2 000倍液进行喷雾防治。

4.1.5 枯叶蛾类

枯叶蛾类昆虫幼虫身体粗壮，多有群集危害习性；成虫休止时形似干枯的叶子，故名。常见的种类有黄褐天幕毛虫〔*Malacosoma neustria testacea*（Motschulsky）〕、李枯叶蛾〔*Gastropacha quercifolia*（Linnaeus）〕、杨枯叶蛾〔*Gastropacha populifolia*（Esper）〕、栎黄枯叶蛾〔*Trabala vishnou*（Lefebur）〕、落叶松松毛虫〔*Dendrolimus superans*（Butler）〕、马尾松松毛虫〔*Dendrolimus punctatus*（Walker）〕、油松松毛虫〔*Dendrolimus tabulaeformis Tsai* et（Liu）〕、赤松松毛虫〔*Dendrolimus spectabilis*（Butler）〕等。下边以黄褐天幕毛虫为例进行说明：

黄褐天幕毛虫〔*Malacosoma neustria testacea*（Motschulsky）〕

（1）分类

鳞翅目枯叶蛾科。又名天幕枯叶蛾，俗称顶针虫。

（2）分布

在我国除新疆和西藏外均有分布。

（3）寄主

梅花、樱桃、海棠、苹果、梨、桃、杏、蔷薇科植物以及杨柳榆、槭树、榛子树、栎等植物。

（4）危害

严重发生时可将被害树木叶片全部吃光，枯死。

（5）形态特征

成虫：雄成虫较小，体长约15mm，翅展长为24~32mm，全体淡黄色，前翅中央有两条深褐色的细横线，两线间的部分色较深，呈褐色宽带，缘毛褐灰色相间。雌成虫体长20mm，翅展长29~39mm，体翅褐黄色，腹部色较深，前翅中央有一条镶有米黄色细边的赤褐色宽横带（图4-17）。

卵：圆筒形，灰白色，高约1.3mm，顶部中间凹陷。卵壳非常坚硬，常数百粒卵围绕枝条排成圆桶状，非常整齐，形似缝纫用的顶针或指环。正因为这个特征将黄褐天幕毛虫也称为"顶针虫"。

幼虫：幼虫共5龄，老熟幼虫体长50~55mm。头部灰蓝色，顶部有两个黑色的圆斑。身体被黑色长毛，侧面生淡褐色长毛。体侧有鲜艳的蓝灰色、黄色和黑色的横带，背线为白色，亚背线、气门上线、侧线橙黄色，气门黑色（图4-18）。

图4-17　黄褐天幕毛虫雄成虫、雌成虫　　　　图4-18　黄褐天幕毛虫幼虫

蛹：体长13~25mm，黄褐色或黑褐色，体表有金黄色细毛。在卷叶或两片叶子中间吐丝作茧，在茧中化蛹。

茧：黄白色，呈棱形，双层；一般结于阔叶树的叶片正面、草叶正面或落叶松的叶簇中。

（6）发生规律

一年一代，以完成胚胎发育的幼虫在卵壳内越冬。第2年树木发芽后，幼虫孵出开始为害。5月上、中旬，幼虫转移到小枝分杈处吐丝结网，白天潜伏网中，夜间出来取食。幼虫经4次蜕皮，4龄后分散危害，进入暴食期。于5月底老熟，在叶背或果树附近的杂草上、树皮缝隙、墙角、屋檐下吐丝结茧化蛹，蛹期12天左右。成虫发生盛期在6月中旬，成虫有趋光性。羽化后即可交尾产卵，雌成虫每虫产1个卵环，少数产2个。

刚孵化幼虫常群集于一枝，吐丝结成网幕，食害嫩芽、叶片；随生长渐下移至粗枝上结网巢，白天群栖巢上，夜出取食；5龄后期分散为害，严重时全树叶片吃光。

（7）防治方法

① 卵块位置相对较固定，非常明显易于发现，同时卵期长达10个月左右，可人工剪除卵环。

② 剪除初孵幼虫集中的叶片。

③ 黄褐天幕毛虫是一种喜阳的昆虫，阔叶树林缘虫口密度高，可集中剪除幼虫天幕。

④ 利用成虫具有趋光性的特点，用黑光灯或频振灯进行灯光诱杀成虫。

⑤ 招引益鸟。

⑥ 施用赤眼蜂、天幕毛虫抱寄蝇、天幕毛虫抱寄蝇、枯叶蛾绒茧蜂、柞蚕饰腹寄蝇、脊腿匙鬃

瘤姬蜂、舞毒蛾黑卵蜂、稻苞虫黑瘤姬蜂、核型多角体病毒、松毛虫杆菌、白僵菌和Bt乳剂等防治。

⑦ 使用生物农药或仿生农药，如阿维菌素、Bt、杀铃脲、灭幼脲、烟参碱等喷烟或喷雾，或90%敌百虫晶体、20%杀灭菊酯乳油或25%灭幼脲、5%抑太保1 000~2 000倍液防治。

4.1.6 舟蛾类

舟蛾的幼虫肛足退化或变形，休息时腹部的末端举起，有时身体的前半部分也举起，呈弧形或舟船形状。舟蛾幼虫主要危害木本植物，又称天社蛾，主要的种类有苹掌舟蛾〔*Phalera flavescens Bremer et*（Grey）〕、杨二尾舟蛾〔*Cerura menciana*（Moore）〕、杨扇舟蛾〔*Clostera anachoreta*（Fabricius）〕等。下面以苹掌舟蛾为例进行说明：

苹掌舟蛾〔*Phalera flavescens Bremeret*（Grey）〕

（1）分类

鳞翅目舟蛾科。又名舟形毛虫、举尾毛虫、举肢毛虫、苹天社蛾、苹黄天社蛾、苹果天社蛾、黑纹天社蛾。

（2）分布

河南、河北、山东、山西、北京、安徽、湖北、湖南、黑龙江、吉林、辽宁、内蒙古、陕西、重庆、四川、云南、广东、广西、上海、江苏、浙江、福建、台湾。

（3）寄主

海棠、梅花、樱花、樱桃、榆叶梅、柳、榆、龙爪槐、山楂、苹果、梨、杏、桃、李、梅、核桃、板栗、枇杷、沙果、火棘、槲、栗等。

（4）危害

初龄幼虫啃食叶肉，仅留表皮，呈箩底状，稍大后把叶食成缺刻，受害树叶片残缺不全，或仅剩叶脉，严重时可将树叶片全食光，危及树势。

（5）形态特征

成虫：体长22~25mm，翅展49~52mm，头胸部淡黄白色。腹背雄虫黄褐色，雌蛾土黄色，末端均淡黄色，复眼黑色球形。触角黄褐色，丝状，雌触角背面白色，雄触角各节两侧均有微黄色茸毛。前翅银白色，在近基部生1长圆形斑，外缘有6个椭圆形斑，横列成带状，各斑内端灰黑色，外端茶褐色，中间有黄色弧线隔开；翅中部有淡黄色波浪状线4条；顶角上具两个不明显的小黑点。后翅浅黄白色，近外缘处生1褐色横带，有些雌虫消失或不明显（图4-19）。

卵：球形，直径约1mm，初淡绿后变灰色。

幼虫：5龄，老熟时长55mm左右，被灰黄长毛。头、前胸盾、臀板均黑色。胴部紫黑色，背线和气门线及胸足黑色，亚背线与气门上、下线紫红色。体侧气门线上下生有多个淡黄色的长毛簇。

蛹：长20~23mm，暗红褐色至黑紫色。中胸背板后缘具9个缺刻，腹部末节背板光滑，前缘具7个缺刻，腹末有臀棘6根，中间2根较大，外侧2个常消失（图4-20）。

（6）发生规律

一年一代。以蛹在寄主根部或附近土中越冬，翌年6月中下旬开始羽化，中下旬进入盛期，一直可延续至8月上中旬。成虫多在夜间羽化，以雨后的黎明羽化出土最多。成虫白天隐藏在树冠内或杂草丛中，傍晚至夜间活动，趋光性强。羽化后数小时至数日后交尾，交尾后1~3天产卵，每雌产卵300~600粒；卵产在树体东北面的中、下部枝条的叶背面，常数十粒或百余粒集成卵块，排列整齐，卵期6~13天。初孵幼虫多群聚叶背，不吃不动，早晚和夜间或阴天群集叶面，头向叶缘排列成行，由叶缘向内啃食，仅剩叶脉和下表皮。低龄幼虫遇惊扰或震动时，成群吐丝下垂。3龄后逐渐分散取食或转移危害，幼虫的群集、分散、转移常因寄主叶片的大小而异。危害梅叶时转移频繁，在3龄时即开始分散；危害苹果、杏叶时，幼虫在4龄或5龄时才开始分散。早晚取食，幼虫白天多栖息在叶柄或枝条上，头尾翘起，状似小舟，故称舟形毛虫。幼虫共5龄，幼虫期平均为31天左右，食量随龄期的增大而增加，4龄前食量小，4龄后食量剧增，常把叶片吃光。8月中、下旬为发生危害盛期，9月上中旬老熟幼虫沿树干下爬，入土化蛹，在树干周围半径0.5~1m，深度4~8cm处数量最多。

图4-19　苹掌舟蛾成虫　　　　　　图4-20　苹掌舟蛾幼虫

（7）防治方法

① 利用苹掌舟蛾越冬蛹较集中特点，深秋、冬早春季节翻土，清除土壤中越冬虫茧。

② 利用苹掌舟蛾幼虫群集习性，未分散前仔细巡查，及时剪除群居幼虫的枝和叶。

③ 幼虫扩散后，利用苹掌舟蛾幼虫受惊吐丝下垂的习性，振摇有虫树枝，收集消灭落地幼虫集中销毁。

④ 卵期释放松毛虫赤眼蜂寄生率可达95%以上。

⑤ 幼虫期喷洒青虫菌粉剂1 000倍液、25%灭幼脲3号、苏脲1号悬浮剂1 000~2 000倍液、48%乐斯本乳油1 500倍液、50%杀螟松乳油1 000倍液。

⑥ 保护和利用天敌松毛虫赤眼蜂、家蚕追寄蝇〔*Exorista sorbillans*（Wiedemann）〕、日本追寄蝇〔*Exorista japonica*（Townsend）〕等。

4.1.7　夜蛾类

夜蛾的幼虫通常粗壮，光滑少毛，颜色较深。腹足4对或3对、2对，趾钩中列式。夜蛾幼虫多为多食的植食性，多夜间取食少数白天活动；夜蛾成虫全在夜间活动，趋光趋化性强，故名夜蛾。常见食叶的有石榴巾夜蛾、玫瑰巾夜蛾（蓖麻褐夜蛾）、黏虫、银纹夜蛾、淡剑袭夜蛾、苜蓿夜蛾、宽胫夜蛾、烟实夜蛾、苹果剑纹夜蛾、蚀夜蛾、臭椿皮蛾等。下边以石榴巾夜蛾为例进行说明：

石榴巾夜蛾〔*Prarlleila stuposa*（fabricius）〕

（1）分类

鳞翅目夜蛾科。

（2）分布

华北、华中、华东、华南、西南等地。

（3）寄主

石榴、月季、蔷薇、防己、通草、十大功劳、飞扬草等。

（4）危害

幼虫为害寄主嫩芽、幼叶、成叶和花，发生较轻时咬成许多孔洞和缺刻，发生严重时能将叶片吃光，最后只剩主脉和叶柄。

（5）形态特征

成虫：体褐色，长20mm左右，翅展46~48mm。头、胸部褐色，腹部灰褐色。前翅内线外弯，内线以内黑棕色，内线和中线间灰白色，顶角有两个黑斑；从前翅前缘中部至后缘中部形成1条两头宽、中间窄的白色带，与玫瑰巾夜蛾有较大区别；后翅暗褐色，中部有一白色带，端区褐灰色，由前缘中部到后缘中部的白色中带与前翅白色带相接，顶角处缘毛白色（图4-21）。

卵：馒头形，灰绿色，顶部钝圆，底部稍平。

幼虫：老熟时体长40~50mm，灰褐色，蜕皮前色深，蜕皮后色浅，胴部腹面青灰色，背面棕褐色，密布黑褐色不规则斑纹，酷似石榴树皮；腹部前端2~3节常呈拱形弯曲向前爬行，腹足4对，前2对略退化，第1对最小。尾端稍扁平，臀足发达向后突出（图4-22）。

图4-21　石榴巾夜蛾成虫

图4-22　石榴巾夜蛾幼虫

蛹：长20~24mm，泛红的黑褐色，体表被有白色蜡粉，似受潮发霉。蛹体腹末有臀棘4对，有1对明显粗壮，端部有弯钩；雌性生殖孔位于腹部第8节、第9节，雄性生殖孔在末端第10节上。

茧：粗糙，灰褐色。

（6）发生规律

一年三至四代，世代很不整齐。以蛹在土壤中越冬，翌年4至5月石榴新叶开放时羽化。成虫飞翔力强，白天潜伏在背阴处，晚间活动取食、交尾、产卵，以果实汁液为食料，尤喜吸食近成熟和成熟果实的汁液；以晚上20~23时最活跃，有趋光性，闷热、无风、无月光的夜晚成虫出现数量较大，为害严重。卵散产在叶片上或粗皮裂缝处，卵期约5天。5至10月幼虫为害期，幼虫取食叶片和花，白天静伏于枝条枝叶间，紧贴枝梗与树皮相似，不易发现，晚间活动取食，稍大食量骤增。幼虫行走时似尺蠖，遇险吐丝下垂。夏季老熟幼虫常在叶片和土中吐丝结茧化蛹，蛹期约10天。10月下旬幼虫老熟后，陆续下树入土做茧化蛹。

（7）防治方法

① 在保护对象附近种石榴巾夜蛾偏嗜的防己、通草、飞扬草等植物，引诱成虫产卵，再集中杀灭幼虫。

② 冬季翻土，清除土壤中越冬虫茧集中销毁。

③ 在成虫发生期利用趋光性悬挂黑灯光诱杀成蛾。

④ 在成虫发生期利用趋化性用瓜类烂果小块，引诱成虫进行捕杀，或用糖醋加90%晶体敌百虫诱杀。

⑤ 保护利用天敌赤眼蜂、黑卵蜂、螳螂等。

⑥ 幼虫危害期，喷施1.2%烟参碱1 000倍液、50%辛硫磷乳油2 000倍液、2.5%溴氰菊酯乳油2 000倍液。

4.1.8　蝶类

蝶类属于鳞翅目中碟亚目，俗称蝴蝶。我国记载有2 300种。危害园林植物的主要有小红蛱蝶、柑橘凤蝶、樟凤蝶、菜粉蝶、赤蛱蝶等。

4.1.8.1　小红蛱蝶〔*Vanessa cardui*（Linnaeus）〕

（1）分类

鳞翅目蛱蝶科。

（2）分布

世界上分布最广的蝴蝶，在温带地区和热带地区的山区等地均有分布，在春季，有时秋季会长距离迁徙且规模大。我国河南、河北、山东、湖北、湖南、陕西、宁夏、青海、江西、福建、浙江、四川、广东及东北等地均有分布。

（3）寄主

菊科、堇菜科、大戟科、茜草科、紫草科、忍冬科、锦葵科、豆科、马鞭草科、蔷薇科、杨柳科、桑科、榆科、蓼科、伞形科和鼠李科等植物。

（4）危害

成蝶在多种植物上吸蜜，特别是菊科植物。幼虫啃食植物叶片。

（5）形态特征

成虫：体长16mm，翅展47~65mm。与大红蛱蝶的区别在于：触角笔直，呈棒状，端部呈明显的锤状。前翅三角形，黑褐色，顶角附近有几个小白斑，翅中央有红、黄色不规则的横带，基部与后缘密生暗黄色鳞片，其余部分黄色。沿外缘有3列黑色点，内侧的1列最大，中室端部有一褐色带；前翅反面与正面相似，但顶角为青褐色，中部横带呈鲜红色；前翅R脉5分支，R2至R5共柄；M1与R脉不共柄；A脉只有1条（2A）。后翅近圆形或近三角形，边缘呈锯齿状；后翅反面多灰白色线纹，围有不规则密布的深浅不一的褐色纹，外缘具有一淡紫色带，其内侧有4~5个中心青色的眼状纹；肩区具有较发达的肩横脉（h）；内缘臀区较发达，A脉有2条（2A及3A）。前足退化，缩在胸部下方（图4-23）。

卵：半球形，薄荷绿色，表面具纵脊或横纹，有纵脊线16条。

幼虫：体暗褐，背线黑色，亚背线黄色、褐色、黑色相杂；气门下线较粗，黄色，有瘤状突起，气门后方有一个横纹；腹面淡赤色；体上有7列黑色短枝刺，有时为黄绿色。头略带方形，毛瘤小；腹足趾钩1至3序中列式（图4-24）。

图4-23 小红蛱蝶成虫

图4-24 小红蛱蝶幼虫

蛹：悬蛹，圆锥形，背面高低不平，腹部背面有7列突起，以亚背线突起最大。

（6）发生规律

在6~10月可见成虫。卵散产或聚集在寄主植物的叶面或芽顶，3~5日后孵化。幼虫有5龄，幼虫栖息在用丝粘起来的几片叶子做成的虫巢内，阴天或阳光不强时出巢摄食；12~18日后化蛹，蛹期约10日。成虫可存活2周，飞行快速。

（7）防治措施

① 清洁环境，减少繁殖场所和消灭部分蛹。

② 保护和利用天敌广赤眼蜂、微红绒茧蜂、凤蝶金小蜂等。

③ 低龄幼虫期用青虫菌、菜粉蝶颗粒体病毒、Bt可湿性粉剂、1%杀虫素乳油、0.6%灭虫灵乳油等生物药剂1 000~2 000倍液喷雾。

④ 幼虫发生盛期，用1.2%烟参碱1 000倍液、10%高效灭百可乳油1 500倍液、50%辛硫磷乳油1 000倍液、20%杀灭菊酯2 000~3 000倍液等喷雾。

4.1.8.2 菜粉蝶

（1）分类

鳞翅目粉蝶科粉蝶亚科粉蝶族。又名白粉蝶、纹白蝶。幼虫又称菜青虫。

（2）分布

全国各地。

（3）寄主

油菜、甘蓝、花椰菜、白菜、萝卜等十字花科，尤其偏嗜含有芥子油醣苷、叶表光滑无毛的甘蓝和花椰菜；菊科、旋花科、百合科、茄科、藜科、苋科等9科35种。

（4）危害

2龄前只能啃食叶肉，留下一层透明的表皮；3龄后可蚕食整个叶片，轻则虫口累累，重则仅剩叶脉和叶柄,影响植物生长发育和景观效果,虫粪污染降低商品价值。

（5）形态特征

成虫:体长12~20mm,翅展45~55mm,胸部密被白色及灰黑色长毛,翅白色。雌虫前翅前缘和基部大部分为黑色,顶角有1个大三角形黑斑,中室外侧有2个黑色圆斑,前后并列。后翅基部灰黑色,前缘有1个黑斑,翅展开时与前翅后方的黑斑相连接。常有雌雄二型,更有季节二型的现象。随着生活环境的不同而其色泽有深有浅,斑纹有大有小,通常在高温下生长的个体,翅面上的黑斑色深显著而翅里的黄鳞色泽鲜艳;反之在低温条件下发育成长的个体则黑鳞少而斑型小,或完全消失（图4-25）。

图4-25 菜粉蝶成虫

卵:竖立呈瓶状,高约1mm;初产时淡黄色,后变为橙黄色。

幼虫:共5龄,老熟时体长28~35mm。幼虫初孵化时灰黄色,后变青绿色,体圆筒形,中段较肥大,背部有一条不明显的断续黄色纵线,气门线黄色,每节的线上有2个黄斑。密布细小黑色毛瘤,各体节有4~5条横皱纹。

蛹:长18~21mm,纺锤形,体色有绿色、淡褐色、灰黄色等;背部有3条纵隆线和3个角状突起。

（6）发生规律

各地发生代数、历期不同。河南一年发生四至五代,以蛹越冬。菜粉蝶羽化活动较早,在北方早春见到的第一只蝴蝶常常是菜粉蝶。翌春4月初开始陆续羽化,边吸食花蜜边产卵,以晴暖的中午活动最盛。卵散产,多产于叶背,少则只产20粒,多则可产500粒,平均每雌产卵120粒左右。卵的发育起点温度8.4℃,历期2~11天;幼虫的发育起点温度6℃,历期11~22天;蛹的发育起点温度7℃,历期（越冬蛹除外）5~16天;成虫寿命5天左右。菜青虫发育的最适温度20~25℃,相对湿度76%左右,与甘蓝类发育所需温湿度接近。幼虫大多在清晨孵化,出壳时,幼虫在卵内用大颚在卵尖端稍下处咬破卵壳外出。幼虫杂食性,初孵幼虫,把卵壳吃掉,再转食十字花科植物食菜叶,往往在幼嫩叶背处为害,颜色往往与菜色一致,为青绿色,所以人们叫它菜青虫,又名青虫、菜虫。幼虫咬食寄主叶片,2龄前仅啃食叶肉,留下一层透明表皮,3龄后蚕食叶片孔洞或缺刻,严重时叶片全部被吃光,只残留粗叶脉和叶柄,造成绝产。菜青虫取食时,边取食边排出粪便污染。幼虫共5龄,3龄前多在叶背为害,3龄后转至叶面蚕食,4~5龄幼虫的取食量占整个幼虫期取食量的97%,5月下旬至6月份为害最重。成虫白天活动,以晴天中午活动最盛,寿命2~5周。产卵对十字花科蔬菜有很强趋性,尤以厚叶类的甘蓝和花椰菜着卵量大,夏季多产于叶片背面,冬季多产在叶片正面。卵散产，幼虫行动迟缓，不活泼，老熟后多爬至高燥不易浸水处化蛹，非越冬代则常在植株底部叶片背面或叶柄化蛹，并吐丝将蛹体缠结于附着物上。

（7）防治措施

① 在保护对象附近种甘蓝或花椰菜等菜粉蝶偏嗜的十字花科植物，引诱成虫产卵，再集中杀灭幼虫；秋季收获后及时翻耕。

② 清洁环境，及时清除残株老叶和杂草，减少菜青虫繁殖场所和消灭部分蛹。深耕细耙，减少越冬虫源。

③ 注意天敌的自然控制作用，已知天敌在70种以上，主要的寄生性天敌有广赤眼蜂、微红绒茧蜂、凤蝶金小蜂等。

④ 菜青虫世代重叠现象严重，3龄以后的幼虫食量加大、耐药性增强。施药应低龄幼虫期用青虫菌、菜粉蝶颗粒体病毒、Bt可湿性粉剂、1%杀虫素乳油、0.6%灭虫灵乳油等生物药剂1 000~2 000倍液喷雾，时间最好在傍晚。

⑤ 幼虫发生盛期，用1.2%烟参碱1 000倍液、10%高效灭百可乳油1 500倍液、50%辛硫磷乳油1 000倍液、20%杀灭菊酯2 000~3 000倍液等喷雾2~3次。

4.1.9 叶甲类

叶甲俗称金花虫。成虫带金属光泽，但幼虫和成虫绝大多数危害植物，多数食叶，少数蛀茎或咬根。常见的种类有柳蓝叶甲〔*Plagiodera versicolora*（Laicharting）〕、榆黄叶甲〔*Pyrrhalta maculicollis*（Motschulsky）〕、泡桐叶甲〔*Basiprionota bisignata*（Boheman）〕、白杨叶甲〔*Chrysomela populi*（Linnaeus）〕、茄二十八星瓢虫〔*Henosepilachna vigintioctopunctata.*（Fabricius）〕、马铃薯瓢虫〔*Henosepilachna*（*vigintioctomaculata*）〕、黄守瓜〔*Aulacophora femoralis*（Motschulsky）〕等。下边以柳蓝叶甲为例进行说明：

柳蓝叶甲〔*Plagiodera versicolora*（Laicharting）〕

（1）分类

鞘翅目叶甲科。又名柳圆叶甲、橙胸斜缘叶甲，俗称柳树金花虫。

（2）分布

河南、河北、山西、陕西、山东、江苏、黑龙江、吉林、辽宁、内蒙古、甘肃、宁夏等。

（3）寄主

垂柳、旱柳各种柳树、榛属植物、杨、桑、玉米、大豆、棉花。

（4）危害

成、幼虫取食叶片成缺刻或孔洞，影响幼苗、幼树的正常生长。

（5）形态特征

成虫：近圆形，长3~5mm，深蓝色，具金属光泽，体腹面、足色较深具光泽。本种体色变异很大，除上述外，还有完全棕黄色，仅触角端部烟褐色；或鞘翅铜绿色，其余均棕红色；鞘翅周缘与头、胸、腹面均为棕红色，仅鞘翅盘区金属色等类型。头部横阔，触角6节，基部1~6节较细小，7~11节较粗大，褐色至深褐色，上生细毛；前胸背板横阔光滑，前缘明显凹进。小盾片黑色，光滑。鞘翅背面相当拱凸，深蓝色，有金属光泽，有时带绿光，密生略成行列的细点刻。鞘翅肩瘤显突，瘤后外侧有一清楚的纵凹（图4-26）。

卵：椭圆形，长0.8mm，橙黄色，成堆直立在叶面上。

幼虫：长约6mm，体扁平，灰黄色，全身有黑褐色突起状物。头黑褐色。前胸背板两侧各有一大褐斑，中、后胸背板侧缘有较大黑褐色突起；亚背线上有黑斑2个，前后排列。腹部1~7节，气门上线各有1个黑色乳头状突起；气门下线各有1黑斑，上有毛2根。腹部各节腹面有黑斑6个，上有毛1~2根。腹末具黄色吸盘（图4-27）。

图4-26　柳蓝叶甲成虫

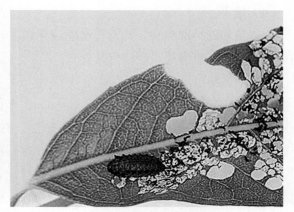

图4-27　柳蓝叶甲幼虫

蛹：长4mm，椭圆形，黄褐色，腹部背面有4列黑斑。

（6）发生规律

一年四至五代，以成虫在土壤中、落叶层下和杂草丛中越冬。翌年4月柳树发芽时出来活动，有假死性，为害芽、叶。卵产在叶上，成堆排列，每雌产卵数百粒至千余粒，卵期6~7天。第1代虫态较整齐，初孵幼虫群集为害，啃食叶肉，使叶片呈网状灰白色半透明；幼虫4龄，幼虫期约10天，老熟幼虫在叶上化蛹，蛹期3~5天。自第2代起世代重叠，在同一叶片上常见到各种虫态。以7至9月为害最严重，10月下旬成虫陆续下树越冬。苗圃2年生苗木受害最重，换茬1年生苗最轻；1至2年萌生条最重，其次为孤立木及林缘木，林内大树受害最轻。

（7）防治方法

① 秋冬季节落叶后，清理枯枝落叶、铲除地边杂草，连茬苗圃深翻土地，有效杀死在土壤中、落叶层下和杂草丛中的越冬成虫。

② 春季柳树发芽前，用石硫合剂仔细喷雾柳树树干，杀死越冬成虫。

③ 利用成虫的假死习性，在成虫发生期，早晚振落成虫人工捕杀。

④ 成虫、幼虫发生期连续防治，间隔10天，1.2%烟参碱1 000倍液、20%菊杀乳油2 000倍液等喷施。

4.1.10　软体动物

软体动物多喜阴湿环境。南方露地花卉、北方温室大棚在阴雨、高湿天气或种植密度大时发生严重。主要种类有蜗牛、蛞蝓等，均属软体动物门腹足纲柄眼目动物。啃食园林植物的花、芽、嫩茎及果。造成叶片缺刻、空洞，幼苗倒伏、果实腐烂。常见种类形态特征及生化习性如下。

4.1.10.1 同型灰巴蜗牛〔*Bradybaena similaris*（Ferussac）〕

（1）分类

柄眼目，巴蜗牛科。俗称水牛、蜒蚰螺。

（2）分布

黄河流域、长江流域及华南各省等。

（3）寄主

紫薇、芍药、海棠、玫瑰、月季、蔷薇、白蜡以及白菜、萝卜、甘蓝、花椰菜等多种蔬菜。

（4）危害

以成贝和幼贝取食植，特别喜欢吃细芽和嫩叶，初孵幼螺只取食叶肉，留下表皮，稍大个体则用齿舌将叶、茎研磨成小孔或将其食断。

（5）形态特征

贝壳：中等大小，壳高12mm、宽16mm，个体之间形态变异较大。壳质厚，坚实，呈扁球形。有5~6个螺层，顶部几个螺层增长缓慢，略膨胀，螺旋部低矮，体螺层增长迅速、膨大；壳顶钝，缝合线深；壳面呈黄褐色或红褐色，有稠密而细致的生长线。体螺层周缘或缝合线处常有一条暗褐色带（有些个体无）。壳口呈马蹄形，口缘锋利，轴缘外折，遮盖部分脐孔。脐孔小而深，呈洞穴状（图4-28）。

图4-28 同型灰巴蜗牛

卵：圆球形，直径2mm，乳白色有光泽，渐变淡黄色，近孵化时为土黄色。

（6）发生规律

常与灰巴蜗牛混杂发生，一年一代。成螺在草坪根部、枯落物和寄主附近的土缝中越冬，幼体在寄主附近的根部土中越冬。生活于潮湿的灌木丛、草丛、田埂、乱石堆、枯枝落叶、作物根际土块和土缝中以及温室、菜窖、畜圈附近的阴暗潮湿、多腐殖质的环境，适应性极广。越冬蜗牛于第2年3月初逐渐开始取食，4至5月间成贝交配产卵。卵大多产在根际疏松湿润的土中、缝隙中、枯叶或石块下，每个成体可产卵30~235粒。

（7）防治方法

① 清洁环境，铲除杂草，并撒上生石灰粉，以减少蜗牛的滋生。

② 清晨或阴雨天人工捕捉成贝和幼贝。

③ 用树叶、杂草、菜叶等先作诱集堆，天亮前蜗牛潜伏在诱集堆下，集中杀灭。

④ 保护和利用天敌，蜗牛的天敌很多，鸡、鸭、鸟、蟾蜍、龟、蛇、刺猬都会以蜗牛作为食物，萤火虫主要以蜗牛为食。

⑤ 用6%蜗克星颗粒豆饼粉、玉米粉制成毒饵均匀撒施或用8%灭蜗灵颗粒剂碾碎后拌细土撒在受害株附近根部。

4.1.10.2 蛞蝓

（1）形态特征

像没有壳的蜗牛，成虫体伸直时体长30~60mm，体宽4~6mm；内壳长4mm，宽2.3mm。长梭型，柔软、光滑而无外壳，体表暗黑色、暗灰色、黄白色或灰红色。触角2对，暗黑色，下边一对短，约1mm，称前触角，有感觉作用；上边一对长，约4mm，称后触角，端部具眼。口腔内有角质齿舌。体背前端具外套膜，为体长的1/3，边缘卷起，其内有退化的贝壳（即盾板），上有明显的同心圆线，即生长线。同心圆线中心在外套膜后端偏右。呼吸孔在体右侧前方，其上有细小的色线环绕。崎钝。黏液无色。在右触角后方约2mm处为生殖孔。卵椭圆形，韧而富有弹性，直径2~2.5mm。白色透明可见卵核，近孵化时色变深。初孵幼虫体长2~2.5mm，淡褐色，体形同成体。

（2）生活习性

以成虫体或幼体在作物根部湿土下越冬。5至7月在田间大量活动为害，入夏气温升高，活动减弱，秋季气候凉爽后，又活动为害。完成一个世代约250天，5至7月产卵，卵期16~17天，从孵化至成虫性成熟约55天，成虫产卵期可长达160天。野蛞蝓雌雄同体，异体受精，亦可同体受精繁殖。卵产于湿度大、有隐蔽的土缝中，每隔1~2天产1次，1~32粒，每处产卵10粒左右，平均产卵量为400余粒。野蛞蝓怕光，强光下2~3小时即死亡，因此均夜间活动，从傍晚开始出动，晚上22~23时达高峰，清晨之前又陆续潜入土中或隐蔽处。耐饥力强，在食物缺乏或不良条件下能不吃不动。阴暗潮湿的环境易于大发生，当气温在11.5~18.5℃，土壤含水量为20%~30%时，对其生长发育最为有利。

4.2 刺吸性害虫

刺吸性害虫口器为刺吸式口器，是园林植物害虫中较大的一个类群，主要包括同翅目的蚜虫、介壳虫、木虱、粉虱、叶蝉，半翅目的网蝽、盲蝽，缨翅目的蓟马和蛛螨纲的叶螨。其为害特点是吸取植物汁液，掠夺其营养，一般不影响树木外部形态的完整性，但树木受其为害的部分常表现为褪色、发黄、畸形、卷曲、萎蔫、营养不良、叶片早期脱落，严重时甚至整株枯萎或死亡。这类害虫除直接为害园林植物外，还给树木造成无穷后患，如由于刺吸造成的伤孔和流出的汁液，成为病原物的侵入通道而诱发园林植物病害的发生。另外，这类害虫还是园林植物病毒病的重要传播者。刺吸性害虫的繁殖能力特别强，扩散蔓延快，发生初期为害状不明显易被忽视，极易造成防治失时，影响防治效果。

4.2.1 蚜虫类

属同翅目，蚜科。又称腻虫、密虫，是园林植物最常见的害虫之一。蚜虫虫体细小，有具翅和无翅个体，体色各异，有绿色、黄色、黑色等。蚜虫繁殖力极强，一年能繁殖几代到几十代，夏季4~5天可繁殖1代。蚜虫刺吸植物体内的养分，常数以百计地群集于叶片、嫩茎、花蕾、顶芽和新梢上为害，引起植物畸形生长，造成叶片皱缩、卷曲，甚至脱落，严重时可使树木枯萎、死亡。此外，蚜虫还可传播某些病毒病。

4.2.1.1 月季长管蚜

分布于东北、华北、华东、华中等地；为害月季、野蔷薇、玫瑰、十姐妹、丰花月季、藤本月季、白鹃梅、七里香、梅花等；该蚜在春、秋两季群居为害新梢、嫩叶和花蕾，使花卉生长势衰弱，不能正常生长，乃至不能正常开花。诱发煤污病和病毒病的发生。

（1）形态特征

无翅孤雌蚜长椭圆形，头部浅绿色至土黄色，胸、腹部草绿色有时红色。腹管黑色，长圆筒形，端部1/8~1/6有网纹，其余有瓦纹，尾片长圆锥形，表面有小圆形突起构成的横纹，有曲毛7~9根。有翅孤雌蚜草绿色，中胸土黄色或暗红色。腹管黑色至深褐色，尾片长圆锥形，中部收缩，端部稍内凹，有长毛9~11根。其他特征与无翅孤雌蚜相似。初孵若蚜体长约1mm左右，初孵出时白绿色，渐变为淡黄绿色。

（2）生活习性

一年发生十代左右，不同地区发生代数不同，以成、若蚜在寄主植物叶芽、叶背越冬。翌年3月开始为害，并产生有翅蚜，4月中旬虫口密度剧增，5至6月为为害盛期，7至8月高温对该蚜不适宜，虫口密度下降，9至10月虫口数量又上升，为又一为害盛期。10月下旬进入越冬期。在气温20℃左右，干旱少雨时，有利于其发生与繁殖。盛夏阴雨连绵不利于蚜虫发生与为害。每年以5至6月、9至10月发生严重。北方冬季在温室内可继续繁殖为害。

4.2.1.2　桃粉蚜

全国都有分布。为害桃、李、杏、梨、樱桃、梅等果树及观赏树木。无翅胎生雌蚜和若蚜群集于枝梢和嫩叶叶背进行吸汁为害，被害叶向背对合纵卷，叶片常有白色蜡状的分泌物（为蜜露），常引起煤污病的发生，严重时使枝叶呈暗黑色，影响植株生长和观赏价值（图4-29）。

（1）形态特征

无翅胎生雌蚜体长2.3mm，长椭圆形，绿色，被覆白粉，腹管细圆筒形，尾片长圆锥形，上有长曲毛5~6根。有翅胎生雌蚜体长2.2mm，体长卵形，头、胸部黑色，腹部橙绿色至黄褐色，被覆白粉，腹管短筒形。卵椭圆形，长0.5~0.7mm，初产时黄绿色，后变黑绿色，有光泽。若虫形似无翅胎生雌蚜，但体小，淡绿色，体上有少量白粉。

（2）生活习性

一年发生二十代左右。主要以卵在桃、李、杏、

图4-29　桃粉蚜为害状

梅等枝条的芽腋和树皮裂缝处越冬。翌年春季，当桃、杏芽苞膨大时，越冬卵开始孵化，以无翅胎生雌蚜不断进行繁殖，5月中下旬桃树上虫口密度增，并开始产生有翅胎生雌虫，迁飞到第2寄主上进行为害。晚秋又产生有翅蚜，迁回第1寄主上继续为害一段时间后，产生两性蚜，有性蚜交尾产卵越冬。桃粉蚜扩大为害，主要靠无翅蚜爬行或借风吹扩散。

（3）防治方法

①清除树木附近的落叶和杂草，以减少越冬的虫口密度；冬季剪除有卵枝叶和刮除枝干上的越冬卵，早春刮除老树皮及剪除有虫枝条。

②温室和大棚内，采用黄绿色黏胶板诱杀有翅蚜虫。

③树木休眠期均匀喷洒3~5°Be石硫合剂，尤其是芽、树皮裂缝，以杀死越冬虫卵。

④蚜虫大量发生期，可通过喷洒10%蚜虱净可湿性粉剂4 000倍液，或3%灭多多乳油2 000~3 000倍液，或20%吡虫啉乳油4 000倍液进行杀虫，每7天喷1次，连续3~4次。

⑤注意保护蚜虫的天敌，如瓢虫、草蛉、食蚜蝇等。

4.2.2 介壳虫类

属同翅目蚧总科。是园林植物上常见的一类小型害虫，大多数虫体上被有蜡质分泌物。介壳虫常群集于枝、叶、果实上，若虫、成虫以针状口器插入树木枝、叶组织中吸取汁液，固定取食后常终生不移动，并造囊产卵，造成枝叶枯萎，甚至整株枯死，并能诱发煤污病。

4.2.2.1 草履蚧

同翅目绵蚧科。分布于华北、华中、华东、西北等地。危害珊瑚树、海棠、樱花、紫薇、月季、红叶李、枫杨、三角枫、红枫、女贞、大叶黄杨、柑橘等花木。若虫和雌成虫常成堆聚集在芽腋、嫩梢、叶片和枝杆上，吮吸汁液为害，造成植株生长不良，早期落叶。

（1）形态特征

雌成虫体长达10mm左右，背面棕褐色，腹面黄褐色，被白色蜡粉。体扁，沿身体边缘分节较明显，草鞋状。雄成虫体紫红色，长5~6mm，翅展10mm左右，翅淡紫黑色，半透明，触角念珠状，有缢缩并环生细长毛。卵初产时黄白色，渐呈橘红色，外被白色絮状蜡丝。若虫外形与雌成虫相似，但体小，色深。雄蛹棕红色，圆筒形，有白色薄层蜡茧包裹，有明显翅芽（图4-30）。

（2）生活习性

一年发生一代。以卵在寄主植物根部周围土中的卵囊内越夏和越冬；翌年1月下旬至2月上旬，在土中开始孵化，但先在地下停留数日，随着气温回升，开始出土上树。出土盛期在2月中旬至3月中旬。若虫多在中午时沿树干爬至梢部、芽腋或初展新叶的叶腋刺吸危害。雄性若虫4月下旬化蛹，5月上旬羽化为雄成虫，羽化期较整齐。羽化后即觅偶交配，寿命仅2~3天。雌性若虫第3次蜕皮后即羽化为雌成虫，自树干顶部陆续下爬，交配后潜入根部土层中产卵。卵产在白色蜡质卵囊中，每囊有卵100多粒。草履蚧若虫、成虫虫口密度大时，往往群体迁移，爬满附近墙面、地面，污染环境。

4.2.2.2 紫薇绒蚧

属同翅目绒蚧科。全国均有发生，尤其在华北、华中地区，已成为园林植物的重要害虫。为害紫薇、石榴等花木，以若虫和雌成虫寄生于植株枝、干和芽腋等处吸食汁液。同时分泌大量蜜露诱发严重的煤污病，导致叶片、小枝呈黑色，虫口密度大时枝叶发黑，叶子早落，开花不正常，甚至全株枯死，严重影响寄主植物的生长发育和观赏（图4-31）。

（1）形态特征

雌成虫扁平，椭圆形，长2~3mm，暗紫红色，后期体外包被白色绒质蚧壳。雄成虫体长约0.3mm，翅展约1mm，紫红色。卵呈卵圆形，紫红色，长约0.25mm。若虫椭圆形，紫红色，虫体周边有刺突。雄蛹紫褐色，长卵圆形，外被袋状绒质白色茧。

（2）生活习性

该虫发生代数因地区而异，一年发生二至四代。如北京一年发生二代，河南一年发生二至三代，山东一年发生四代。以受精雌虫、2龄若虫或卵等形式在枝皮裂缝内越冬。每年的6月上旬至7月中旬及8月中下旬至9月份为若虫孵化盛期。绒蚧在温暖高湿环境下繁殖快，干热对其发育不利。

图4-30　草履蚧为害状

图4-31　紫薇绒蚧为害状

（3）防治方法

① 运苗木时应加强植物检疫措施，严防疫区害虫的传播和蔓延。

② 园林栽培技术上要选用抗虫树种，合理密植，改善土肥条件，增强植株抗虫能力，在树木养护过程中，及时剪除病虫枝干，清理受害植株，清除虫源。

③ 树木休眠期可均匀喷洒3~5°Be石硫合剂或3%~5%柴油乳化剂，或涂抹蚧敌乳油15~20倍液以防治越冬介壳虫。

④ 生长期防治。介壳虫在孵化不久或初孵期，介壳尚未形成，可选用0.1~0.5°Be石硫合剂，或80%敌敌畏乳油1 500~2 000倍液、50%马拉松乳油1 000倍液、25%粉蚧灵1 500倍液进行防治，每5~7天喷1次，连喷3次。

⑤ 保护和引进天敌昆虫，如澳洲瓢虫、大红瓢虫、隐唇瓢虫、红点唇瓢虫、软蚧蚜小蜂和金黄蚜小蜂等。

4.2.3　蝉类

以成虫和若虫刺吸植物汁液，受害叶片呈现小白斑，枝条枯死，影响生长发育，并可传播病毒。常见大青叶蝉、小绿叶蝉、斑衣蜡蝉、黑蚱蝉等。

4.2.3.1　大青叶蝉

属同翅目叶蝉科。在世界各地广泛分布，食性广，危害多种植物的叶、茎，使其枯萎、坏死。此外，还可传播病毒病。

（1）形态特征

雌成虫体长9.4~10.1mm，雄虫体长7.2~8.3mm。头部淡褐色，两颊微青，在颊区近唇基缝处左右各有一小黑斑，触角窝上方、两单眼之间有1对黑斑。复眼绿色。前胸背板淡黄绿色，后半部深青绿色。小盾片淡黄绿色。前翅绿色带有青蓝色泽，前缘淡白，端部透明。后翅烟黑色，半透明。腹部背面蓝黑色，胸、腹面及足为橙黄色。长圆形卵，白色微黄，中间微弯曲。若虫初孵化时为白色，微带黄绿，复眼红色。2~6小时后，体色渐变淡黄、浅灰或灰黑色。3龄后出现翅芽（图4-32）。

（2）生活习性

1年2~6代，各地的世代有差异。河北以南各省1年发生3代，各代发生期为4月上旬至7月上旬、6月上旬至8月中旬、7月中旬至11月中旬。卵在林木嫩梢和枝条的皮层内越冬。翌年，3月下旬卵开始孵化，初孵若虫喜叶面或嫩茎上群聚取食，在偶然受惊便斜行或横行，由叶面向叶背逃避，若虫跳跃能力很强，一般早晨，气温较冷或潮湿，不很活跃；午前到黄昏，较为活跃。若虫爬行多沿树木枝干上行，极少下行。

4.2.3.2　斑衣蜡蝉

属同翅目蜡蝉科。又称"花姑娘"、"椿蹦"、"花蹦蹦"，分布全国。为害臭椿、合欢、女贞、梧桐、海棠、碧桃、珍珠梅、黄杨等多种植物，最喜臭椿。成若虫刺吸植物汁液，导致植物生长不良，同时诱发煤污病。

（1）形态特征

成虫体长15~25mm，灰褐色。前翅革质，基部约2/3为淡褐色，翅上有20个左右的黑点，端部约1/3为深褐色。后翅膜质，基部鲜红色，有7~8黑点，端部黑色。翅表面附有白色蜡粉，翅膀颜色偏蓝色为雄性，偏米色为雌性。卵长椭圆形，褐色，长约5mm，排列成块，表面覆盖一层灰褐色蜡粉。若虫1~3龄黑色，有许多小白斑，4龄背部呈红色，有黑色斑纹和白点（图4-33）。

（2）生活习性

一年发生一代。卵在树干或附近建筑物上越冬。翌年4月中下旬若虫孵化为害，若虫稍有惊动即跳跃而去。蜕皮3次后，于6月中下旬至7月上旬羽化为成虫。8月中旬开始交尾产卵，卵多产在树干的避风向阳面，或树枝分叉处，卵块排列整齐，覆盖白色蜡粉。成、若虫均具群集性，成虫飞翔力较弱，善于跳跃。

图4-32　大青叶蝉

图4-33　斑衣蜡蝉成虫

4.2.3.3　黑蚱蝉

属同翅目蝉科。又名"黑蝉"、"知了"。分布于上海、江苏、浙江、河北、陕西、山东、河南、安徽、湖南、福建、台湾、广东、四川、贵州、云南等地。为害樱花、元宝枫、槐树、榆树、桑树、白蜡、桃、柑橘、梨、苹果、樱桃、杨柳、洋槐等多种园林植物。若虫在土壤中刺吸植物根部汁液，成虫刺吸枝干汁液，产卵于1年生嫩梢木质部造成植物枝干枯死。

（1）形态特征

体长38~48mm，体黑褐色至黑色，有光泽。复眼大，向两侧突出，淡黄色，单眼3个，呈三角形排列。触角刚毛状。中胸背面宽大，中央有"X"形突起。翅透明，基部翅脉金黄色。雄虫腹部第1~2节有发音器，雌虫腹部有发达的产卵器。卵长椭圆形，稍弯曲，长2.5mm，淡黄白色，有光泽（图4-34）。末龄若虫体长约35mm，黄褐色或棕褐色。前足发达，有齿刺，为开掘式（图4-35）。

（2）生活习性

多年发生一代，以若虫在土壤中或以卵在枝条内越冬。若虫在土壤中刺吸植物根部，为害数年，老熟若虫在雨后傍晚钻出地面，爬到树干上羽化。成虫6至9月份发生，产卵于当年生枝条木质部，8月为产卵盛期。以卵越冬者，翌年6月孵化若虫，并落入土中生活，秋后向深土层移动越冬，来年随气温回升，上移刺吸为害，数年后老熟幼虫爬至树干或树枝上羽化。

图4-34　黑蚱蝉成虫

图4-35　黑蚱蝉若虫

（3）防治方法

①冬季或早春清楚田边杂草；结合修剪，剪除有卵枝条及被害枝叶以减少虫源。

②利用黑光灯诱杀成虫。

③保护、利用天敌。

④在成虫、若虫危害期，喷施10%吡虫啉可湿性粉剂2 000~2 500倍液，或20%杀灭菊酯2 000~3 000倍液进行防治。对根部危害的若虫，可于若虫入土前在树干基部附近地面喷施残效期长的高浓度除杀剂。

4.2.4　木虱类

属同翅目木虱科。为园林植物上常见的一类小型害虫，外形似小蝉，善跳。幼虫体极扁，常分泌蜡质分泌物覆盖虫体。以成虫和若虫刺吸植物叶背或幼枝嫩干上汁液，破坏输导组织，影响植物生长发育和观赏效果。主要种类有梨木虱、梧桐木虱、樟木虱、合欢木虱等。

4.2.4.1　梧桐木虱

主要寄主为梧桐、楸树、梓树。发生期分泌白色蜡丝，布满树体、叶面，随风飘扬，严重污染周围环境。常以成虫和若虫群集于嫩梢及叶背，刺吸树液；若虫分泌的白色棉絮状蜡质物，将叶面气孔堵塞，影响叶的正常光合作用和呼吸作用，使叶面呈现苍白萎缩症状；分泌物中含有糖分，常诱致霉菌寄生。为害严重时，树叶早落，枝梢干枯，表皮粗糙脆弱，易风折（图4-36）。

（1）形态特征

雌成虫体长4~5mm，黄绿色，头横宽，头顶裂深，额显露。复眼赤褐色，单眼三个，呈倒"品"字形排列。前胸背板拱起，中胸背面有2条浅褐色纵纹。前翅无色透明，翅脉茶黄色。雄虫体色和斑纹与雌虫相似，但较小。卵呈纺锤形，一端稍长，长约0.7mm；初产时淡黄色或黄褐色，孵化前呈淡红褐色。若虫共3龄，1龄幼虫体较扁，略呈长方形，淡茶褐色，半透明，被薄蜡质，触角6节，末2节色较深，体长0.4~0.6mm；2龄幼虫体较1龄色深，触角8节，前翅芽色深，体长2.9mm左右；3龄幼虫呈长圆筒形，被附较厚的白色蜡质物，体色呈灰白色，略带绿色，触角10节，翅蚜发达，透明，淡褐色。

（2）生活习性

一年发生二代，以卵越冬。翌年4月底至5月初开始孵化，6月上中旬羽化为成虫。第2代若虫发生期在7月中旬，8月上中旬为羽化期，8月下旬开始产卵越冬。梧桐木虱发生不整齐，有世代重叠现象。若虫藏匿于白色棉絮物中，无跳跃能力，常群集在一起取食。成虫总是爬行，如受惊吓跳跃逃逸。卵产在宿主植物的主枝下面靠近主干处，或主侧枝表面粗糙处，或叶背及叶柄着生处。

4.2.4.2　合欢木虱

主要以若虫群集在树嫩梢、叶片背面、花蕾上刺吸为害，造成植株长势减弱，叶片发黄脱落，嫩梢易折。分泌白色丝状排泄物，影响周边环境。同时，还能传播一些病害（图4-37）。

（1）形态特征

体绿色至黄绿色，触角黄色，第3~8节端部及第9~10节黑色。前翅污黄色，脉黄色，后翅透明。卵长圆形，乳白色。初孵幼虫体淡，乳白色，随虫龄增加，体色逐渐变为淡黄色直至绿色。

（2）生活习性

一年发生三至四代，以成虫在树皮裂缝、树洞和落叶下越冬。翌年，当合欢叶芽开始萌动时，越冬成虫产卵于叶芽基部或梢端，以后各代的成虫则将卵分散产于叶片上。第1代若虫发生在4月中旬至6月下旬，喜群居在合欢嫩梢、叶片、花蕾上为害。以后世代重叠现象严重，发生盛期为6至8月份。

图4-36　梧桐木虱为害状

图4-37　合欢木虱为害状

（3）防治方法

① 苗木调运时，严格检查，防止虫害传播。

② 结合修剪，剪除带卵枝条。

③ 保护、利用自然天敌。

④ 虫发生期可喷施2%蚜虱消可湿性粉剂2 000~3 000倍液，或1%螨虫清乳油4 000~6 000倍液。

4.2.5　网蝽类

属半翅目网蝽科。全球分布。主要为害苹果、梨、海棠、花红、沙果、桃、李、杏等植物。吸食叶汁，使叶片出现黄白色斑，最终脱落。主要种类有海棠冠网蝽、梨冠网蝽、梨黄角网蝽等。

4.2.5.1　梨网蝽

又名"梨冠网蝽"。分布广泛。为害月季、四季海棠、贴梗海棠、垂丝海棠、海棠、杜鹃、梅花、樱花、月季、含笑、桃、苹果等。成虫和若虫在叶片背面刺吸汁液为害。被害植物叶片正面出现白色斑点，背面可见铁锈色虫粪。受害严重时，叶片枯黄脱落。

（1）形态特征

成虫体长3.3~3.5mm，扁平，暗褐色。前胸背板隆起，两侧向外突出呈翼状。翅上布满网状纹。胸背部有黑色网状纹。卵长椭圆形，长0.6mm，稍弯，初淡绿色后淡黄色。若虫暗褐色，翅芽明显，外形似成虫，头、胸、腹部均有刺突（图4-38）。

图4-38　梨网蝽成虫

（2）生活习性

一年发生世代数因地而异，华北地区3至4代/年，长江流域5代/年，以成虫在枯枝落叶、杂草、树皮缝、土石缝中越冬，翌年当寄主叶片展开时，越冬成虫开始活动，产卵于叶背叶脉两侧的组织内。若虫孵出后常群集叶背主脉两侧为害。成虫为害至10、11月又陆续转入越冬。以成虫和若虫为害叶片，吸食汁液，排泄粪便，使叶片背面呈锈黄色，叶片正面出现白色斑点，严重影响植物的光合作用，致使植物生长缓慢，提早落叶。

（3）防治方法

① 冬季清除杂草和枯枝落叶，集中销毁，以减少越冬虫源。

② 保护和利用天敌。

③ 及时喷药毒杀，以越冬成虫开始活期和第一代若虫盛孵期为重点，及时喷施80%敌敌畏乳油1 000倍液、50%辛硫磷乳油2 000倍液、40%甲胺乐乳油2 000~4 000倍液、20%辛马乳油1 500倍液、25%速灭威可湿性粉剂4 000倍液喷雾防治。

④ 用3%呋喃丹颗粒剂埋入盆栽花木的土壤中（每盆5g左右，入土深5cm），可达到防治该虫的目的。

4.2.6　叶螨类

属蛛螨纲蜱螨目，自然界分布很广。体型微小，梨形，身体多为红色、暗红色、黄色、暗绿色等。一般有4对足，刺吸为害，以成螨、若螨吸食园林植物叶片汁液为主，引起叶片产生褪绿点、变色、枯黄、脱落。常见种类山楂叶螨、朱砂叶螨等。

4.2.6.1　山楂叶螨

又名"山楂红蜘蛛"，全国分布广泛。主要危害樱花、贴梗海棠、西府海棠、碧桃、榆叶梅、梨、苹果、桃、樱桃、山楂、李、杏等多种植物。主要吸食叶片及幼嫩芽的汁液。多在叶片背面吐丝结网为害，使受害叶片先是出现很多失绿小斑点，随后扩大连成片，严重时全叶枯黄，早期脱落（图4-39）。

（1）形态特征

雌成螨卵圆形，体长0.54~0.59mm，冬型鲜红色，夏型暗红色。雄成螨体长0.35~0.45mm，体末端尖削，近菱形，橙黄色。卵圆球形，春季及秋季初产时卵呈橙黄色，后为橙红色；夏季初产时卵呈半透明，后为黄白色。初孵幼螨体圆形，黄白色，3对足，取食后为淡绿色。若螨4对足，前期若螨体背开始出现刚毛，两侧有明显墨绿色斑，后期若螨体较大，体形似成螨。

图4-39　山楂叶螨

（2）生活习性

在我国北方一年发生六至九代，在南方一年可发生十至十七代，以受精雌成螨在主干、主枝和侧枝的翘皮、裂缝、树干周围的土缝、落叶及杂草根部越冬。翌年3至4月，越冬成虫出蛰，开始危害植物芽、幼叶等幼嫩组织。7至8月份高温少雨情况下繁殖迅速，为害严重。成螨不活泼，群栖叶背为害并吐丝结网。卵产在叶背主脉两侧。9月份开始出现越冬虫态，11月下旬进入越冬。

4.2.6.2　朱砂叶螨

又名"棉红蜘蛛"，分布广泛。为害香石竹、菊花、凤仙花、月季、桂花、一串红、鸡冠花、木槿、木芙蓉、桃、多种温室植物等。被害园林植物叶片初呈黄白色小斑点，后逐渐扩展到全叶，造成叶片卷曲、枯黄、落叶等（图4-40）。

（1）形态特征

雌成螨体长0.28~0.32mm，锈红色至深红色，体末端圆，呈卵圆形。雄成螨体色常为绿色或橙黄色，较雌螨略小，体后部尖削。卵圆形，初产乳白色，后期呈乳黄色，产于丝网上。幼螨半透明，取食后变为暗绿色，3对足。若螨体色较深，4对足。

（2）生活习性

在北方，朱砂叶螨一年可发生二十代左右，以授精的雌成虫在土块、杂草丛、树皮缝、枯枝落叶中越冬。翌年3月下旬成虫出蛰。高温低湿的6~7月份为害严重，尤其干旱少雨时易于大发生。30℃以上高温和70%以上相对湿度不利其繁殖，降雨特别是暴雨对其有抑制致死作用。

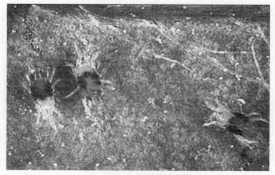

图4-40　朱砂叶螨

（3）防治方法

① 对苗木、接穗、插条等严格检疫，防治调运带有螨虫的栽植材料，以杜绝其蔓延和扩散。

② 越冬期对木本植物，刮除粗皮、翘皮，结合修剪，剪除病虫枝条；以树干束草诱集越冬雌螨集中烧毁；清除枯枝落叶，消灭越冬害虫。

③ 生长期叶螨为害严重时，可连续多次喷洒15%哒螨灵乳油1 500倍液，或5%卡死克可分散粒剂1 000倍液、1.8%阿维菌素乳油4 000~6 000倍液进行除害。

④ 对受螨害的球根，在收获后储藏前，用40%三氯杀螨醇乳油1 000倍液浸泡2分钟，有较好的防治效果。

⑤ 保护和利用天敌昆虫，如瓢虫、草蛉、花蝽、六点蓟马等。

4.3　地下害虫

4.3.1　金龟甲类

4.3.1.1　棕色鳃金龟〔*Holotrichia titanis*（Reitrer）〕

（1）分类

鞘翅目金龟子科。俗名瞎碰。

（2）分布

华北、华中、西北等长江以北各地。

（3）寄主

草坪、珍珠梅、梅花、海棠、樱花、樱桃、杨、柳、榆、槐、月季、玫瑰、女贞、菊花以及棉花、玉米、高粱、谷子和豆类、花生等。

（4）危害

成虫、幼虫均能危害，而以幼虫危害最严重。危害部位是种芽、种根、嫩叶、嫩茎、花蕾、花冠。幼虫栖息在土壤中，取食萌发的种子，造成缺苗断垄；咬断根茎、根系，使植株枯死，且伤口易被病菌侵入，造成植物病害。

（5）形态特征

成虫：体长17.5~25.5mm，宽10~14mm。棕黄色，略有丝绒光泽。头部较小，唇基短宽，前缘与侧缘具有明显的上卷边，前缘中央显著凹入。触角10节，赤褐色，棒状部特别扁阔，雄虫棒状部明显大于雌虫。前胸背板横宽，中央有一光滑的纵隆线，两前角钝，两后角近直角，侧缘弧形外突出各具1个隐约可辨的小黑斑；小盾片光滑，色泽较深，三角形。鞘翅较薄软，长度为前胸背板宽的2倍，各具4条纵肋，第1~2条明显，第1条末端尖细，会合缝肋明显，肩疣明显。胸部腹板密生淡黄色长绒毛。足棕褐色有强光；前足胫节外侧有3齿，内侧有1长刺；后胫节细长，端部膨大，呈喇叭形，端部内侧有2端距，一长一短；后足跗节第1节明显短于第2节（图4-41）。

图4-41　棕色鳃金龟成虫

卵：乳白色，椭圆形，长2.8~4.5mm，宽2~2.2mm，卵化时，体略膨大，略呈球形。

幼虫：长45~55mm，乳白色。头部前顶刚毛每侧1至2根，绝大多数仅1根。

（6）发生规律

二至三年一代，以2~3龄幼虫或成虫越冬。翌年4月上旬开始出土活动，4月中旬为成虫发生盛期，延续到5月上旬。4月下旬开始产卵，卵期平均29.4天，6月上旬为卵初孵期，7月中旬至8月下旬幼虫达2~3龄，10月下旬下潜到35~97cm深的土层中越冬。第2年4月份越冬幼虫上升危害寄主地下部分，7月中旬幼虫老熟，下潜深土层做土室化蛹，8月中旬羽化，成虫当年不出土，直接越冬。第3年春季越冬成虫出土活动。棕色鳃金龟成虫于傍晚活动，基本不取食。雌虫偶尔少量取食。雌虫交配后约经20天产卵，卵产于15~20cm深土层内，卵单产。幼虫危害期长，土壤含水量15%~20%最适于卵和幼虫的存活。连作地、田间及四周杂草多；地势低洼、排水不良、土壤潮湿；氮肥使用过多或过迟；栽培过密、株行间通风透光差；施用的有机肥未充分腐熟；上年秋冬温暖、干旱、少雨雪，翌年高温、高湿气候，均有利于棕色鳃金龟的发生与发展。

（7）防治方法

① 清除四周杂草并集中销毁；深翻晒土，减少虫源和虫卵寄生；雨季开排水沟，降低土壤湿度，改变适生条件。

② 播种育苗前撒施或沟施杀虫药土预防、播种育苗选用抗虫品种的包衣种子、用药土覆盖、移栽后喷施趋避药剂。

③ 重视有机基肥，增施磷、钾肥，有机肥用酵素菌充分腐熟，培育壮苗，增强抗性。

④ 利用棕色鳃金龟的趋光性，设置黑光灯诱杀成虫。

⑤ 用晶体敌百虫拌谷子、麦麸、米糠等制成毒饵，诱杀幼虫。

⑥ 用榆、杨、刺槐等枝条浸洒敌百虫等药剂傍晚插入保护植物附近，诱杀成虫。

⑦ 用5%克百威颗粒剂、2.5%辛硫磷颗粒剂、3%广灭丹颗粒剂，穴施或撒施于根际周围防治幼虫。用10%吡虫淋可湿性粉剂1 500倍液、50%辛硫磷乳油1 500倍液、48%乐斯本乳油1 000~1 500倍液、10%氯氰菊酯乳油2 000~2 500倍液等，喷淋根际周围土壤防治幼虫。

⑧ 保护和利用天敌，乌鸦、喜鹊喜欢啄食成虫、幼虫，可加以利用。

4.3.1.2　阔胫腮金龟〔*Malandera verticalis*（Fairm）〕

（1）分类

鞘翅目鳃金龟科。又名阔胫绢金龟、阔胫赤绒金龟。

（2）分布

黄淮、华北、东北等地。

（3）寄主

草坪、海棠、樱花、樱桃、月季、玫瑰、葱兰、大豆、苜蓿、棉花、玉米、花生以及苹果、梨、杏、李、樱桃、枣、杨、柳、榆等。

（4）危害

幼虫为害寄主的根部，咬断根茎、根系，使植株生长不良，易诱发病菌侵入，造成植物病害；成虫为害果树的蕾花、嫩芽和叶。

（5）形态特征

成虫：长7.0~8.0mm，宽4.5~5.0mm。全体红棕色或赤褐色，有丝绒状光泽，密生绒毛。唇基前狭后宽，近梯形，前缘上卷，刻点较多，有明显的纵脊。触角10节，鳃片部3节。前胸背板侧缘后端直，前侧角尖，后侧角钝。小盾片长三角形。鞘翅有4条具刻点纵沟，沟间带隆明显。前足胫节外侧有2齿，后足胫节极宽扁，表面光亮。幼虫长15.0~17.0mm。头顶毛每侧1根，后顶毛无。肛腹片覆毛区的钩状刺毛群左侧38~58根，右侧42~52根，刺毛排列成弧形（图4-42）。

图4-42　阔胫腮金龟成虫

（6）发生规律

一年一代，以幼虫在土中越冬。6月下旬至8月下旬为成虫活动盛期，产卵于根系周围土中。成虫有假死性和趋光性，早晨成虫入土后或傍晚成虫出土，晚上取食危害。此虫虫源多，特别是荒地虫量最多。

（7）防治方法

① 清除四周杂草并集中销毁。

② 利用阔胫腮金龟成虫早晨入土傍晚出的习性，土地面施5%辛硫磷颗粒剂、50%辛硫磷乳油毒土或地面均匀喷洒50%辛硫磷乳油500~600倍液，控制潜土成虫。

④ 利用阔胫腮金龟的假死习性，清晨或傍晚张网震落，捕杀成虫。

④ 成虫期寄主植物上喷洒48%毒死蜱乳油1 500倍液或50%杀螟硫磷乳油、45%马拉硫磷乳油、10%醚菊酯乳油800~1 000倍液等。

⑤ 保护和利用天敌。以红尾伯劳、灰山椒鸟、黄鹂等益鸟和朝鲜小庭虎甲、深山虎甲、粗尾拟地甲等虫。

4.3.2　地老虎类

地老虎类是鳞翅目夜蛾科植食性害虫，具有夜盗习性，在大量发生时，都会造成大危害，故名地老虎。地老虎食性很杂，幼虫危害花木幼苗根茎和草坪的根系，花木幼苗木质化后也可咬食根系生长点，影响植株正常发育或导致苗木枯死。国内常见的有10余种，河南省常见的有：大地老虎〔*Agrotis tokionis*（Butler）〕、斜纹夜蛾〔*Prodenia litura*（Fabricius）〕、小地老虎〔*Agrotis ypsilon*（Rott.）〕、黄地老虎〔*Agrotis segetum*（Schiff.）〕、八字地老虎〔*Amathes c~nigrum*（L）〕、警纹地老虎（*Agrotis exclamationis*）、白边地老虎〔*Euxoa oberthuri*（Leech）〕、麦冬夜蛾〔*Protexarnis squalida*（Guen）〕、黏虫〔*Pseudaletia separate*（Walker）〕等。

4.3.2.1　大地老虎〔*Agrotis tokionis*（Butler）〕

（1）分类

鳞翅目夜蛾科。俗称夜盗虫、切根虫、土蚕、地蚕、黑虫、截虫等。

（2）分布

华中、华北、华东、西南、东北等地。

（3）危害

杂食性害虫，幼虫为害花木幼苗嫩根茎和草坪的根系，将幼苗近地面的茎部咬断，使整株死亡；花木幼苗木质化后也可咬食根系生长点和植物的皮层，影响植株正常发育或导致苗木枯死，造成缺苗断垄。

（4）形态特征

成虫：体长20~22mm，翅展45~48mm。头部、胸部褐色至灰棕色，下唇须第2节外侧具黑斑，颈板中部具黑横线1条。腹部灰褐色；前翅灰褐色，前翅前缘褐黑色，外横线以内前缘区、中室暗褐色，基线双线褐色达亚中褶处，内横线波浪形，双线黑色，剑纹黑边窄小，环纹具黑边圆形褐色，肾纹大具黑边，褐色，外侧具一黑斑近达外横线，中横线褐色，外横线锯齿状双线褐色，亚缘线锯齿形浅褐色，缘线呈一列黑色点。后翅浅黄褐色至灰黄色（图4-43）。

卵：半球形，卵长1.8mm，高1.5mm，初淡黄后渐变黄褐色，孵化前灰褐色。

幼虫：老熟时体长41~61mm，黄褐色，体表皱纹多，颗粒不明显。头部褐色，中央具黑褐色纵纹1对，额（唇基）三角形，底边大于斜边。大地老虎的气门长卵形黑色，臀板除末端2根刚毛附近为黄褐色外，几乎全为深褐色，且全布满龟裂状皱纹（图4-44）。

图4-43　大地老虎成虫

图4-44　大地老虎幼虫

蛹：长23~29mm，初浅黄色，后变黄褐色。第4~7腹节基部密布刻点，第5~7节刻点环体一周，背面和侧面刻点大小相似，气门下方无刻点，臀棘1对。

（5）发生规律

一年发生一代，以3~6龄幼虫在土表层或草丛下潜伏越冬。翌年3月下旬至4月初越冬幼虫开始活动为害，5月上旬进入暴食期，5月下旬后至6月中下旬老熟幼虫在土壤3~5cm深处筑土室滞育越夏。大地老虎有滞育越夏习性，时间长达近4个月，越夏幼虫对高温有较高的抵抗力，由于盛夏气候干热，体内水分消耗多，土壤湿度过干或过湿，土壤结构受生产活动所破坏，滞育期间的越夏幼虫自然死亡率很高。8月下旬至9月上旬越夏的幼虫化蛹，蛹期26~35天。9月下旬至10月上旬羽化为成虫，成虫寿命约12天，对黑光灯有趋性。每雌产卵量600~1 500粒，卵散产于土表或生长幼嫩的杂草茎叶上，常几粒或几十粒散聚在一起，卵期11~24天。幼虫多数为7龄，孵化后常在草丛间取食叶片；4龄前不入土，4龄后白天潜伏于表土下，夜出活动危害；抗低温能力较强，如气温上升到6℃以上时，越冬幼虫仍活动取食，在0~14℃情况下越冬幼虫很少死亡。对成虫的测报可采用黑光灯或蜜糖液诱蛾器，在华北地区春季自4月15日~5月20日设置，如平均每天每台诱蛾5~10头以上，表示进入发蛾盛期。过后20~25天即为2~3龄幼虫盛期，为防治适期；诱蛾器如连续2天在30头以上，预兆将有大发生的可能。

（6）防治方法

① 早春清除周围杂草，防止成虫产卵；如已产卵并发现1~2龄幼虫，先喷药后除草。

② 在成虫发生期利用趋光性悬挂黑灯光诱杀成蛾。

③ 在成虫发生期利用趋化性，用糖6份、醋3份、白酒1份、水10份、90%敌百虫1份配制糖醋液诱杀成虫。某些发酵变酸的食物，如甘薯、胡萝卜、烂水果等加入适量药剂，也可诱杀成虫。

④ 选择大地老虎喜食的灰菜、刺儿菜、苦卖菜、小旋花、苜蓿、艾篙、青蒿、白茅、鹅儿草等杂草堆放诱集地老虎幼虫，或人工捕捉，或拌入药剂毒杀。

⑤ 大地老虎1~3龄幼虫期抗药性差，且暴露在寄主植物或地面上，是药剂防治的适期。可喷施1.2%烟参碱1 000倍液、50%辛硫磷乳油2 000倍液、2.5%溴氰菊酯乳油2 000倍液。

4.3.2.2　斜纹夜蛾〔*Prodenia litura*（Fabricius）〕

（1）分类

鳞翅目夜蛾科。又名莲纹夜蛾、莲纹夜盗蛾。俗称夜盗虫、乌头虫等。

（2）分布

世界性分布。中国除青海、新疆未明外，各省（自治区）都有发生。

（3）寄主

草坪、油菜、甘蓝、花椰菜、白菜、萝卜等十字花科蔬菜，茄科、葫芦科、豆科蔬菜、芋、薄荷、葱、韭菜、菠菜以及甘薯、棉花、大豆、烟草、甜菜、芋、莲等99科近300种植物。

（4）危害

幼虫食叶、花蕾、花及果实，严重时可将全田作物吃光。初龄幼虫啮食叶片下表皮及叶肉，仅留上表皮呈透明斑；4龄以后进入暴食，咬食叶片，仅留主脉。在甘蓝、白菜上可蛀入叶球、心叶，并排泄粪便，造成污染和腐烂。

（5）形态特征

成虫：体长14~21mm，翅展37~42mm，褐色。成虫前翅灰褐色，内横线和外横线灰白色，呈波浪形，有白色条纹，环状纹不明显，肾状纹前部呈白色，后部呈黑色，环状纹和肾状纹之间有3条白线组成明显的较宽的斜纹，故名斜纹夜蛾。后翅白色，外缘暗褐色（图4-45）。

卵：半球形，直径约0.5mm；初产时黄白色，孵化前呈紫黑色，表面有纵横脊纹，数十至上百粒集成卵块，外覆黄白色鳞毛。

幼虫：老熟幼虫体长38~51mm，夏秋虫口密度大时体瘦，黑褐或暗褐色；冬春数量少时体肥，淡黄绿或淡灰绿色（图4-46）。

蛹：长18~20mm，长卵形，红褐至黑褐色，腹末具发达的臀棘一对。

（6）发生规律

中国从北至南一年四至九代，河南、山东一年四至五代。在长江以北的地区不能自然越冬，推测春季虫源有从南方迁飞而来的可能。斜纹夜蛾是一种喜温性而又耐高温的间歇猖獗为害的害虫，发育适温度28~30℃，高温下基本正常；不耐低温，在冬季0℃左右的长时间低温下，基本上不能生存。成虫具趋光性，对黑光灯趋性较强。成虫具趋化性，喜食糖酒醋等发酵物及取食花蜜作补充营养，并对发酵的胡萝卜、麦芽、豆饼、牛粪等有趋性。成虫昼伏夜出，白天藏在植株茂密处、土壤、杂草丛中，夜晚活动，以上半夜20~24时为盛。飞翔力很强，1次可飞数十米远，高达10m以上。雌成虫产卵前期1~3天，卵多产于叶背的叶脉分叉处，以茂密、浓绿的作物产卵较多，堆产，卵块常覆有鳞毛而易被发现。每雌能产3~5个卵块，每卵块有卵数十粒至百粒，一般为100~200粒。卵期2~3天。幼虫共6龄，初孵幼虫具有群集危害习性，3龄以后则开始分散进食，4龄后进入暴食期，猖獗时可吃尽大面积寄主植物叶片。老龄幼虫有昼伏性和假死性，白天多潜伏在土缝处，傍晚爬出取食，遇惊就会落地蜷缩作假死状。当食料不足或不当时，幼虫可成群迁移至附近田块为害，故又有"行军虫"的俗称。

图4-45 斜纹夜蛾成虫

图4-46 斜纹夜蛾幼虫

（7）防治方法

① 在成虫发生期利用趋光性悬挂黑灯光诱杀成蛾。

② 在成虫发生期利用趋化性用糖6份、醋3份、白酒1份、水10份、90%敌百虫1份配制成糖醋液诱杀成虫。某些发酵变酸发酵的胡萝卜、麦芽、豆饼、牛粪等加入适量药剂，也可诱杀成虫。

③ 低龄幼虫期抗药性差，是药剂防治的适期。喷施1.2%烟参碱1 000倍液、50%辛硫磷乳油2 000倍液、2.5%溴氰菊酯乳油2 000倍液。10天1次，连续施药2~3次。

④ 保护和利用天敌小茧蜂、广大腿小蜂、寄生蝇、步行虫，以及多角体病藏、鸟类等。

4.3.3　金针虫类

金针虫属鞘翅目叩头甲科，幼虫俗称金针虫。河南省常见的种类有沟金针虫〔*Pleonomus canaliculatus*（Faldermann）〕、细胸金针虫〔*Agriotes subrittatus*（Motschulsky）〕、褐纹金针虫〔*Melanotus caudax*（Liwis）〕、大麦叩甲〔*Agriotes fuscicollis*（Miwa）〕等。

4.3.3.1　沟金针虫〔*Pleonomus canaliculatus*（Faldermann）〕

（1）分类

鞘翅目叩头甲科。幼虫俗称铁丝虫、姜虫、金齿耙，成虫俗称叩头虫。

（2）分布

河南、河北、山东、山西、辽宁、安徽、湖北、江苏、陕西、甘肃、青海等地。

（3）寄主

各种草花、花灌木的苗木以及禾谷类、薯类、豆类、甜菜、棉花等作物。

（4）危害

多食性地下害虫，以幼虫钻入植株根部及茎的近地面部分为害，蛀食地下嫩茎及髓部，使植物幼苗地上部分叶片变黄、枯萎，为害严重时造成缺苗断垄。

（5）形态特征

成虫：褐色。雌虫体长14~17mm，雄虫体长14~18mm。体扁平，全体被金灰色细毛。头部扁平，头顶呈三角形凹陷。雌虫触角11节，短粗；雄虫触角12节，较细长，渐向端部渐变狭长尖锐。雌虫前胸较发达，背面呈半球状隆起，后绿角突出外方；鞘翅长约为前胸长度的4倍，后翅退化。雄虫鞘超长约为前胸长度的5倍。足浅褐色（图4-47）。

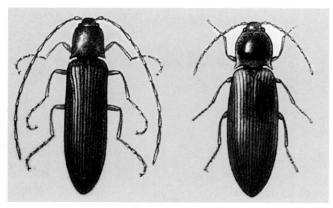

图4-47　沟金针虫雄成虫、雌成虫

卵：近椭圆形，长0.7mm，宽0.6mm，乳白色。

幼虫：初孵时乳白色，老熟时金黄色；老熟幼虫体长25~30mm，体形扁平，全体被黄色细毛。头部扁平，口部及前头部暗褐色，上唇前线呈三齿状突起。由胸背至第8腹节背面正中有一明显的细纵沟。尾节黄褐色，其背面稍呈凹陷。

蛹：长纺锤形，乳白色。雌蛹长16~22mm，雄蛹长15~19mm。雌蛹触角长及后胸后缘，雄蛹触角长达第8腹节。前胸背板隆起，前缘有1对剑状细刺，后缘角突尖端各有1枚剑状刺。中胸较后胸稍短，背面中央呈半球状隆起。腹部末端纵裂，向两侧形成角状突出。

（6）发生规律

三年一代。第1年、第2年以幼虫越冬，第3年以成虫越冬。越冬成虫在2月下旬出土活动，3月中旬至4月中旬为盛期。成虫白天躲藏在土表、杂草或土块下，傍晚爬出土面活动和交配。交配后，将卵产在土下3~7cm深处；卵散产，产卵可达200余粒，卵期约35天。5月上旬卵开始孵化，初孵幼虫体长约2mm，食料充足的条件下当年体长可达15mm；老熟幼虫从8月上旬至9月上旬先后化蛹，化蛹深度以13~20cm最多，蛹期16~20天；土壤湿度大，有利化蛹和羽化，发生较重。成虫于9月上中旬羽化。雌虫无趋光性，行动迟缓，多在原地交配产卵，不能飞翔，有假死性；雄虫有趋光性，出土迅速，活跃，飞翔力较强，只做短距离飞翔，黎明前成虫潜回土中。在10cm深土温7℃时幼虫开始活动，土温达9℃时开始为害，土温15~16℃时为害最烈，土温19~23℃时渐趋13~17cm深土层栖息，土温28℃以上时，金针虫移到深土层越夏。土温下降到18℃时又上升表土活动，土温2℃时多在27~33cm土层越冬。幼虫的发育速度、体重等与食料有密切关系，幼虫发育很不整齐，尤以对雌虫影响更大，世代重叠严重。

（7）防治方法

① 加强管理，清除杂草，翻土暴晒，减少发生虫源。

② 堆新鲜但略萎蔫的杂草引诱成虫，后喷施药剂进行毒杀。

③ 土壤药剂处理，用50%辛硫磷乳油拌毒土撒施，90%敌百虫800倍液浇灌土壤。

④ 播种定植时用5%辛硫磷颗粒剂拌细干土撒施。用50%辛硫磷乳油1 000倍液、50%杀螟硫磷乳油800倍液、25%亚胺硫磷乳油800倍液、48%乐斯本乳油1 000~2 000倍液等灌根。

⑤ 利用沟金针虫雄成虫的趋光性，在羽化盛期设置黑灯光诱杀，减少繁殖量。

⑥ 保护和利用天敌，乌鸦能捕食翻出土面的幼虫、蛹及成虫。

4.3.3.2　细胸金针虫〔*Agriotes subrittatus*（Motschulsky）〕

（1）分类

鞘翅目叩甲科。异名 *Agriotes fuscicollis* Miwa，又名细胸叩头虫、细胸叩头甲。幼虫俗称铁丝虫、金齿耙、土蚰蜒，成虫俗称叩头虫。

（2）分布

河南、河北、山东、陕西、宁夏、甘肃、黑龙江、吉林、内蒙古等省区。

（3）寄主

禾谷类、薯类、豆类、甜菜、棉花和各种蔬菜和林木。

（4）危害

多食性地下害虫，以幼虫钻入植株根部及茎的近地面部分为害，蛀食地下嫩茎及髓部，使植物幼苗地上部分叶片变黄、枯萎，为害严重时造成缺苗断垄。

（5）形态特征

成虫：体长8~9mm，宽约2.5mm。体形细长扁平，被黄色细绒毛。头、胸部黑褐色，鞘翅、触角和足红褐色，光亮。触角细短自第4节起略呈锯齿状。前胸背极长稍大于宽，后角尖锐，顶端微上翘；鞘翅狭长，末端趋尖，每翅具9行深的刻点沟（图4-48）。

卵：乳白色，近圆形。

幼虫：淡黄色，光亮。老熟幼虫体长约32mm。头扁平，口器深褐色。第1胸节较第2节、第3节稍短。1~8腹节略等长，近基部两侧各有1个褐色圆斑和4条褐色纵纹，顶端具1个圆形突起。蛹长8~9mm，浅黄色。

（6）发生规律

三年一代。第1、第2年以幼虫越冬，第3年以成虫越冬。4月平均气温0℃时，即开始上升到表土层为害。一般10cm深土温7~13℃时为害严重。蛹多在7~10cm深的土层中。6月中下旬羽化为成虫，成虫活动能力较强，对禾本科草类刚腐烂发酵时的气味有趋性。6月下旬至7月上旬为产卵盛期，卵产于表土内。幼虫要求偏高的土壤湿度，耐低温能力强。

（7）防治方法

① 加强管理，清除杂草，翻土暴晒，施肥选用充分腐熟的有机肥，降低虫源密度。

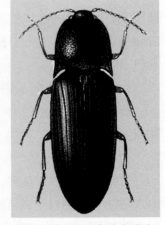

图4-48　细胸金针虫成虫

② 利用细胸金针虫对禾本科草类刚腐烂发酵时的气味的趋性，堆新鲜但略萎蔫的禾本科杂草引诱成虫，而后喷施药剂进行毒杀。

③ 苗床播种、苗圃定植时用5%辛硫磷颗粒剂拌细干土撒施。用50%辛硫磷乳油1 000倍液、50%杀螟硫磷乳油800倍液、25%亚胺硫磷乳油800倍液、48%乐斯本乳油1 000~2 000倍液等灌根。

④ 种苗出土或栽植后如发现细胸金针虫危害，可土壤药剂处理，用50%辛硫磷乳油拌毒土撒施，90%敌百虫800倍液浇灌土壤。

⑤ 利用沟金针虫雄成虫的趋光性，在羽化盛期设置黑灯光诱杀，减少繁殖量。

⑥ 保护和利用天敌，乌鸦能捕食翻出土面的幼虫、蛹及成虫。

4.3.4 蝼蛄

4.3.4.1 东方蝼蛄〔*Gryllotalpa orientalis*（Burmeister）〕

（1）分类

直翅目蝼蛄科。异名*Gryllotalpa africana Palisotde* Beauvois，又名非洲蝼蛄。俗名土狗、蝼蝈、啦啦蛄、刺蝲蛄、大蝼蛄。

（2）分布

亚、非、欧普遍发生。我国分布于河南、河北、山东、陕西、湖北、湖南、四川、江苏、江西、浙江、福建、吉林、辽宁等地。

（3）寄主

草坪、香石竹、富贵竹、金橘等各种观赏植物的种子和幼苗以及小麦、玉米、粟、棉花、蔬菜等，尤其是一二年生草本花卉及树木扦插苗受害重。

（4）危害

杂食性害虫，为害多种园林花卉、果木及林木和多种球根和块茎植物。成虫和若虫咬食植物的种子、幼芽、幼根和嫩茎茎基，或将幼苗咬断致死，受害的根部呈乱麻状；同时由于成虫和若虫在土下活动开掘洞道，纵横交错，使苗根和土壤分离，造成幼苗干枯死亡，致使苗床缺苗断垄。南方比北方为害重，在温室、大棚内由于气温高，幼苗集中，加之活动早，受害更重。

（5）形态特征

成虫：体长30~35mm，淡黄褐色，腹部色较浅，全身密布细毛。头圆锥形，触角丝状。前胸背板卵圆形，中间具一暗红色长心脏形凹陷斑。前翅灰褐色，较短，仅达腹部中部；后翅扇形，较长，超过腹部末端。腹末具1对尾须。后足胫节背侧内缘有3~4个距（图4-49）。

卵：椭圆形，初产为白色，后变黄褐色，孵化前变暗紫色。

若虫：若虫共8~9龄，老熟时约25mm，暗褐色，与成虫相似。

（6）发生规律

二年一代，以成虫和若虫越冬。越冬成虫清明后上升到地表活动，在洞口可顶起一小虚土堆。5月份开始产卵，盛期为6至7月；卵经15~28天孵化，若虫发育到4~7龄后在土下

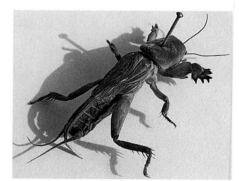

图4-49 东方蝼蛄成虫

40~60cm处越冬；翌年春羽化为成虫。第2年春季恢复活动，4月上中旬产卵，若虫8~9龄，为害至8月开始羽化为成虫，若虫期长达400余天。一年中从4月至10月均可为害。5月上旬至6月中旬第1次为害高峰期，9月份15~20℃时，对蝼蛄最适宜，温度过高或过低时，则潜入深层土中。早春或晚秋因气候凉爽，仅在表土层活动，不到地面上，在炎热的中午常潜至深土层。

（7）防治方法

① 利用成虫的趋光性，在成虫发生期晚上19~22时用黑光灯捕杀成虫，或在黄杨集中的绿色区域设置黑光灯等进行诱杀。

② 利用成虫趋化性，发生期用牛马粪堆和未腐熟的有机物加入适量药剂，在田间挖30cm见方，深约20cm的坑，内堆湿润马粪并盖草诱杀成虫。

③ 利用东方蝼蛄喜湿性强的习性，加强管理，清除杂草，深耕多耙，翻土暴晒，减少发生虫源。

④ 50%辛硫磷乳油兑水拌种、堆闷；施用充分腐熟的有机肥料；深耕、中耕，减轻蝼蛄危害。

⑤ 作苗床时用药剂拌多汁的鲜菜、鲜草以及蝼蛄喜食的块根和块茎，或炒香的麦麸、豆饼和煮熟的谷子等饵料加90%晶体敌百虫，制成毒饵均匀撒在苗床上诱杀。

⑥ 用5%辛硫磷颗粒剂、25%西维因粉剂与细土混匀制成药土，撒于土表松土毒杀，或于栽前沟施毒土。苗床受害重时，可用50%辛硫磷乳油800倍液灌根毒杀。

⑦ 在保护植物周围栽植防风林，招引红脚隼、戴胜，喜鹊、黑枕黄鹂和红尾伯劳等食虫鸟以利控制虫害。

4.3.4.2 华北蝼蛄〔*Gryllotalpa unispina*（Sanssure）〕

（1）分类

直翅目蝼蛄科。俗名土狗、蝼蝈、啦啦蛄、刺蝲蛄、大蝼蛄。

（2）分布

全国各地，但主要在北方北纬32°以北的华北、华中、华东、东北、西北地区。

（3）寄主

多种园林植物以及小麦、玉米、粟、棉花、蔬菜等。

（4）危害

杂食性害虫，为害多种园林植物的花卉、果木及林木和多种球根、块茎植物。成虫和若虫咬食植物的幼苗根和嫩茎，同时由于成虫和若虫在土下活动开掘洞道，纵横交错，使苗根和土壤分离，造成幼苗干枯死亡，致使苗床缺苗断垄。

（5）形态特征

成虫：雌成虫体长45~50mm，雄成虫体长39~45mm。体黄褐至暗褐色，前胸背板中央有一心脏形红色斑点。后翅较前翅长，能作短距离飞行。后足胫节背侧内缘有棘1个或消失。腹部近圆筒形，背面黑褐色，腹面黄褐色，尾须长约为体长（图4-50）。

卵：椭圆形。初产时长1.6~1.8mm，宽1.1~1.3mm，孵化前长2.4~2.8mm，宽1.5~1.7mm。初产时黄白色，后变黄褐色，孵化前呈深灰色。

若虫：形似成虫，体较小，初孵时乳白色，2龄以后变

图4-50 华北蝼蛄成虫

为黄褐色，5、6龄后基本与成虫同色。

（6）发生规律

三年一代。以成虫和8龄以上的各龄若虫土中越冬。翌年3至4月若虫上升危害，4至5月份危害盛期，6月上旬出窝迁移，6至7月间交尾产卵，6月下旬至7月中旬为产卵盛期，8月为产卵末期，卵期20~25天。各龄若虫历期为1~2龄1~3天，3龄5~10天，4龄8~14天，5至6龄10~15天，7龄15~20天，8龄20~30天，9龄以后除越冬若虫外每龄约需20~30天，羽化前的最后一龄需50~70天。若虫上升危害时，地面可见长约10cm的虚土地道；当出窝迁移和交尾时，产卵地道上出现虫眼。产卵前在土深10~18cm处做鸭梨形卵室、上方掘1个运动室，下方掘1个隐蔽室；每室有卵50~85粒，每头雌虫产卵50~500粒、多为120~160粒。若虫13龄，初孵若虫最初较集中，后分散活动，至秋季达8~9龄时即入土越冬；第二年春季，越冬若虫上升危害，到秋季达12~13龄时，又入土越冬；第3年春再上升危害，8月上中旬开始羽化，入秋即以成虫越冬。以成虫和8龄以上的各龄若虫土中越冬，深度在150cm以上。成虫虽有趋光性，但体形大飞翔力差，灯下的诱杀率不如东方蝼蛄高。华北蝼蛄因身体笨重，飞翔力弱，诱量小，常落于灯下周围地面。但在风速小、气温较高、闷热将雨的夜晚，也能大量诱到。华北蝼蛄在土质疏松的盐碱地、沙壤土地发生较多。气温达8℃时开始活动，随气温上升危害逐渐加重，地温升至10~13℃时在地表下形成长条隧道危害幼苗，地温升至20℃以上时则活动频繁、进入交尾产卵期。雌虫有护卵和护育若虫习性。秋季地温降至25℃以下时成、若虫开始大量取食积累营养准备越冬，低于8℃时则停止活动。土壤中大量施用未腐熟的厩肥、堆肥，易导致蝼蛄发生，受害较重。春、秋有两个为害高峰，在雨后和灌溉后常使为害加重。

（7）防治方法

① 在羽化期间，晚上19~22时用灯光诱杀。

② 在苗圃步道间每隔20m左右挖一小坑，将马粪或带水的鲜草放入坑内诱集，再加上毒饵更好，次日清晨可到坑内集中捕杀。

③ 用药剂浸种拌种闷种；施用充分腐熟的有机肥料；深耕、中耕，减轻蝼蛄危害。

④ 作苗床时用药剂拌多汁的鲜菜、鲜草以及蝼蛄喜食的块根和块茎，或炒香的麦麸、豆饼和煮熟的谷子等饵料，制成毒饵均匀撒在苗床上诱杀。

⑤ 用25%西维因粉拌细土制成药土，撒于土表松土毒杀。

⑥ 在保护植物周围栽植防风林，招引红脚隼、戴胜、喜鹊、黑枕黄鹂和红尾伯劳等食虫鸟以利控制虫害。

4.4 钻蛀害虫

4.4.1 天牛类

天牛类害虫常见有锈色粒肩天牛〔*Apriona swainsoni*（Hope）〕、牡丹中华锯花天牛〔*Apatophysis sinica Semenov~*（Tian~Shanskij）〕、星天牛〔*Anoplophora chinensis*（Forster）〕、光肩星天牛〔*Anoplophora glabripennis*（Motschlsky）〕、桑天牛〔*Apriona geramri*（Hope）〕、桃红颈天牛〔*Aromia bungii*（Faldermann）〕、双条杉天牛〔*Semanotus bifasciatus*（Motschlsky）〕、菊小筒天牛〔*Phytoecia rufiventris*（Gautier）〕等。

4.4.1.1 菊小筒天牛〔*Phytoecia rufiventris*（Gautier）〕

（1）分类

鞘翅目天牛科。又名菊虎、菊天牛、菊髓天牛。

（2）分布

河北、山西、山东、河南、北京、天津、黑龙江、吉林、辽宁、内蒙古、四川、陕西、江苏、安徽、湖南、湖北、江西、桂林、广东、福建、台湾等地。

（3）寄主

秋菊、悬崖菊等菊科其他植物，朱顶红、紫菀、榆、艾纳金等。

（4）危害

成虫啃食茎尖10cm左右处的表皮，出现长条形斑纹；产卵时在菊花花茎咬横向的伤口，造成茎鞘失水萎蔫或折断，伤口上部枝梢枯萎。幼虫钻蛀取食，造成受害枝不能开花或整株枯死。

（5）形态特征

成虫：圆筒形，体长10~12mm，头、胸和鞘翅黑色。触角线状12节，与体近等长。前胸背板宽大于长，刻点粗密，中央有1个很大略带卵圆形的三角形橙红色斑，红斑内中央前方有1条纵形或长卵形区无刻点，且突起。鞘翅上被有均匀的灰色绒毛，刻点极密而乱，腹部、足橘红色。雄天牛触角比身体长，雌虫短（图4-51）。

卵：长2~3mm，长椭圆形，浅黄色，表面光滑。

幼虫：圆柱形，乳白色至淡黄色，末龄幼虫体长9~10mm，头小；前胸背板近方形，褐色，中央具1白色纵纹。胸足退化，腹部末端圆形，具密集的长刚毛。

蛹：离蛹，长9~10mm，浅黄色至黄褐色。腹末具黄褐色刺毛多根。

（6）发生规律

一年一代，以幼虫、蛹或成虫潜伏在菊科植物根部越冬，幼虫常占50%，成虫和蛹各约占1/4。翌年4至6月成虫外出活动，成虫有假死性，9~10时及15~16时最活跃，多在上午躲在叶背交尾；5月上旬至8月下旬进入幼虫为害期，8月中下旬至9月上中旬又开始越冬。该虫白天活动，14~15时产卵；产卵时在茎梢上咬破皮层呈半环状，咬口较整齐，在距菊花枝梢30~95cm的伤口下方产卵一粒卵，绝大多数卵产在双环间。每枝0~3卵，多数每枝1卵。受害枝上有条、环两类咬痕；每枝环痕数1~4个，多数2个环痕。卵期约12天。初孵幼虫在茎内由上向下蛀食，蛀至茎基部时，从侧面蛀1排粪孔，还没发育好的幼虫又转移它株由下向上为害，幼虫期90天左右，末龄幼虫在根茎部越冬或发育成蛹或羽化为成虫越冬。

（7）防治方法

① 每年菊花母株分根繁殖时，进行老根残茬处理，去除根部土壤越冬成虫。

② 成虫活动期，于清晨露水未干时在田中捕杀成虫和灭卵。

③ 发现菊花茎鞘萎蔫时，及时从断茎以下4~5mm处剪除新梢，集中销毁处理。

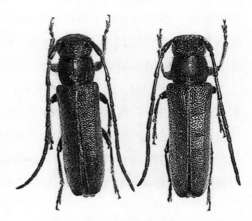

图4-51 菊小筒天牛雄成虫、雌成虫

④ 虫孔注药，可选用40%乐果乳油、50%杀螟松乳油等。

⑤ 根施2.5%辛硫磷颗粒剂。

⑥ 保护和利用赤腹茧蜂、姬蜂、肿腿蜂等天敌。

4.4.1.2 锈色粒肩天牛〔*Apriona swainsoni*（Hope）〕

（1）分类

鞘翅目天牛科沟胫天牛亚科白条天牛族。

（2）分布

华北、华南、西南、华东、华中等各地。

（3）寄主

槐树、柳树、云实、黄檀、三叉蕨等植物。

（4）危害

一种破坏性极强的钻蛀性害虫。1995年被林业部确定为国内森林植物检疫对象。在河南省危害10年生以上国槐的主干或大枝，以郑州、开封、洛阳、商丘、许昌、濮阳等大中城市及部分县行道树受害为重。幼虫蛀食树木不规则的横向扁平虫，造成表皮与木质部分离，使表皮成片腐烂脱落，轻者树势衰弱，重者整枝或整株枯死。

（5）形态特征

成虫：雌虫体长31~44mm，宽9~12mm，雄虫略小。黑褐色，体密被铁锈色绒毛。头、胸及鞘翅基部颜色较深。触角10节。前胸背板宽大于长，有不规则的粗大颗粒状突起，前后横沟均为3条，侧刺突发达，先端尖锐。中胸明显，直达头后缘。鞘翅肩角略突，无肩刺，翅端切状，内外端角刺状，缘角小刺短而钝，缝角小刺长而尖，翅基角1/5密布黑褐色光滑瘤状突起。中、后胸腹面两侧各有1~2个白斑；腹部可见5节，每节两侧各有1个明显的白斑，1~2腹节中央各有一个"八"字形白斑。雌虫腹末节1/2露出翅鞘之外，腹板端部平截，背板中央凹陷较深。雄虫腹末节稍露翅鞘之外，背板中央凹入较浅（图4-52）。

幼虫：扁圆筒形，乳白色，具棕黄色细毛。老熟幼虫体长56~76mm，前胸背板宽10~14mm。头扁、后端圆弧形，1/2以上缩入前胸内。口器框形，口上毛6根。上额黑褐色，额区淡黄褐色。触角3节，单眼1对，圆形凸出。前胸背板近方形，背板中部有一倒"八"字形凹陷纹，前方有一对略向前弯的黄褐色横斑，两侧各有一长形纵斑。前胸腹面主腹片与前腹片分界不明显，腹部背面1~7节步泡突由4横列刺突组成，其两侧有向内弯的弧形刺突，略呈横阔的"回"字形。腹面步泡突简化为2条横刺列。各腹节上侧片突出，第3~8节成突边，侧瘤突明显，两端骨化坑大而明显。

卵：长椭圆形，乳白色，长5.5~6mm，宽1.5~2mm。卵外覆盖不规则草绿色分泌物，初排时呈鲜绿色，后变灰绿色。

蛹：纺锤形，长45~50mm，宽12~15mm。初为乳白色，渐变为淡黄色。头部中沟深陷，口上毛6根，触角向后背披，末端卷曲于腹面两侧。翅超过腹部第3节，腹部背面每节后缘有横列绿色粗毛。

（6）发生规律

二年一代。以幼虫在枝干木质部虫道内越冬。以各虫态随寄主植物

图4-52 锈色粒肩天牛成虫

调运作远距离的传播。5月上旬二次越冬幼虫开始化蛹，蛹期25~30天。6月上旬至9月中旬出现成虫，取食新梢嫩皮补充营养；雌成虫一生可多次交尾、产卵。产卵期在6月中下旬至9月中下旬，卵期10天。7月中旬初孵幼虫自产卵槽下直接蛀入边材危害，11月上旬在虫道尽头做细小纵穴越冬。翌年3月中下旬继续蛀食，11月上旬老熟幼虫在虫道尽头做凹穴越冬。幼虫历期22个月。幼虫孵化后，由卵槽下直接蛀入树干皮层，蛀食木质部有木屑排出，蛀入孔即排粪孔，粪便悬吊于排粪孔外。初孵幼虫蛀入边材后即做横向往复蛀食，随虫龄增加，虫道逐渐加宽、加长、加深，形成片状虫道。第1年危害结束时，虫道宽约3mm，长约100mm；第2年，片状虫道进一步扩大；第3年春老熟幼虫向枝干中心蛀食，新蛀虫道与片状虫道垂直略向上倾斜；然后沿枝干做向上纵直虫道，在纵直虫道尽头做蛹室；最后水平向外，咬出羽化孔。

（7）防治方法

①调运检疫除害处理：可采用溴甲烷、硫酰氟或磷化铝片剂熏蒸处理带虫木材24小时。

②城市绿化要多营造混交林，可利用法桐、楸树、垂柳等阔叶树或雪松、侧柏等针叶树进行带状、块状混交，也可以单株间隔混交。

③随着国槐树龄增长，要加强虫情监测，发现危害，及时除治；对应及早伐除虫口密度大、危害严重的单株，防止扩散。

④带虫原木处理：剥皮后，用50%敌敌畏15倍液浸蘸棉球，或用磷化铝片1/8剂量塞孔防治。

⑤带虫苗木处理：可将有虫株挑出，用50%敌敌畏15倍液浸蘸棉球，或用磷化铝片1/8剂量塞孔处理。发现带卵或初孵幼虫可用利器剜刺；发现成虫可直接捕杀。

⑥干基部打孔注药防治在主干基部用锥形利器以120°夹角均匀打3个注药孔，孔深5~8mm，斜向下与树干呈30°。然后注入40%久效磷溶液，施药量15~20mL/株。

⑦保护和利用天敌：花绒坚甲（DastarcuslongulusSharp）是锈色粒肩天牛的主要天敌，蛹期和成虫期均可被寄生，用灯光诱集，然后接种到被害国槐上。该虫在河南一年一代，以成虫在天牛旧虫道或树体皮缝中越冬。次年4~5月份开始活动，5月为盛期。成虫交尾后寻找新虫道在寄主体上产卵。一寄主体内可发育7~8头至10多头花绒坚甲幼虫。

4.4.2　吉丁虫类

合欢吉丁虫〔*Agrilus*（sp.）〕

（1）分类

鞘翅目吉丁虫科。

（2）分布

华北地区。

（3）寄主

合欢树。

（4）危害

幼虫蛀食树皮和木质部边材部分，破坏树木输导组织，严重时造成树木枯死，被害部位常常流胶，影响园林观赏效果。

（5）形态特征

成虫：紫铜色，稍带金属光泽，鞘翅无色斑。雌虫体长3.9~5.1mm，雄虫体长3.8~4.5mm，宽1.6~1.8mm。头部铜绿色，具蓝色金属光泽，有均匀小突起，颜面密生淡黄白色细毛。触角黑色，锯齿状，11节，比头胸部略短。复眼肾形、深褐色、明显突出，下缘稍尖。前胸背部密布小纹突，后缘呈"~"状，小盾片钻石状。鞘翅密布小突点，末端略钝圆。雄虫腹部末端略尖，雌虫腹部末端稍钝圆（图4-53）。

图4-53　合欢吉丁虫成虫

卵：椭圆形，黄白色，长1.3~1.5mm，略扁。

幼虫：老熟时体长8~11mm，扁平，由乳白色渐变成黄白色。头小，黑褐色；前胸膨大，背板中央有一褐色纵凹纹；腹部细长，分节明显。

蛹：裸蛹，长4.2~5.5mm，宽1.6~1.9mm，初乳白色，后变成紫铜绿色，略有金属光泽。

（6）发生规律

一年一代。以大龄幼虫在合欢枝、干皮层内越冬。翌年3月下旬至4月上旬恢复危害，并可持续危害至5月中下旬；5月中旬开始化蛹；5月下旬至6月中旬羽化；羽化后取食叶片补充营养，10余天后产卵；卵多产于主干和一级分枝上，以向阳面居多。卵期2周左右，孵化后蛀入树皮，危害至11月初。蛀食危害后常导致合欢枝干韧皮部受损，造成韧皮部畸形生长或龟裂翘皮，与正常生长的不开裂起皱的树皮对比强烈。幼虫蛀食为害期间，枝干表皮上常流出初为黄褐色后为黑褐色的胶状物，易于辨认；如削开皮层，可见到白色如"钉"状的幼虫。化蛹时，常蛀一深至木质部的蛹室，降低枝干机械强度，遇大风易折，为害状易于观察。羽化时，常在树皮上咬一扁圆形的羽化孔，直径1.5~2.0mm，积年虫口数量越大，羽化孔越多。郑州地区于4月上中旬叶芽萌动、膨大和展叶期越冬幼虫开始活动取食为害并日盛，表现为旧有流胶点重新流胶。5月中下旬合欢盛花期为为害盛期，表现为流胶点大量流胶。花期末期化蛹，成虫寿命7~10天。

（7）防治方法

① 加强检疫，防止随绿化苗木传播蔓延。

② 加强养护管理，使生长旺盛树干光滑，减少成虫产卵、抑制孵化。

③ 成虫羽化前，及时清除枯枝、死树或被害枝条，以减少虫源；树干涂白，防止产卵。

④ 成虫期向树冠干枝上喷洒1.2%烟参碱1 000倍液、20%菊杀乳油1 500倍液、10%吡虫啉2 000倍液等杀成虫。

⑤ 幼虫为害初期，人工削除流胶部位树皮，杀死树皮内的白色合欢吉丁虫幼虫；用煤油溴氰菊酯混合液、久效磷50倍液刷涂。

⑥ 保护和利用天敌寄生蝇类。

4.4.3　象甲类

臭椿沟框象〔*Eucryptorrhynchus brandti*（Harold）〕

（1）分类

鞘翅目象甲科，又名椿小象甲。

（2）分布

河北、山西、山东、河南、北京、天津、陕西、甘肃、宁夏、辽宁、吉林、黑龙江、江苏、四川等地。

（3）寄主

臭椿、千头椿。

（4）危害

初孵幼虫危害木质部和根部皮层，导致被害处薄薄的树皮下面形成一小块凹陷；稍大后钻入木质部内为害，切断树木的输导组织。轻时造成树干腐烂、掉皮、流脓，树木枝条干枯，导致树势衰弱，严重时造成整株死亡。臭椿沟眶象具有隐蔽性强、传播快、防治难度大等特点，对园林绿化具有重大影响，是检疫对象之一。臭椿沟眶象与沟眶象常混杂发生。

（5）形态特征

成虫：长11.5mm左右，宽4.6mm左右。体灰黑色至黑色。额部窄，中间无凹窝，头部布有小刻点，前胸背板和鞘翅上密布粗大刻点，前胸前窄后宽，前胸背板、鞘翅肩部及端部布有白色鳞片形成的大斑，稀疏伴杂红黄色鳞片（图4-54）。

卵：长圆形，黄白色。

幼虫：长10~15mm，头部黄褐色，胸、腹部乳白色，每节背面两侧多皱纹。

蛹：长10~12mm，黄白色。

（6）发生规律

一年二代。以幼虫或成虫在树干内或土内越冬，翌年4月下旬至5月上中旬越冬幼虫化蛹，6至7月成虫羽化，7月为羽化盛期，出孔羽化后取食嫩梢、叶片、叶柄补充营养。成虫有假死性，成虫为害1个月左右开始产卵，卵期7~10天。幼虫4月中下旬开始活动，为害树体。幼虫孵化后先在树表皮下的韧皮部钻蛀取食皮层，稍大后钻入木质部继续钻蛀为害，树干或枝上出现灰白色的流胶和排出虫粪木屑。蛀孔圆形，成虫熟化后在木质部坑道内化蛹，蛹期10~15天。臭椿沟眶象食性单一，喜群聚危害，成虫羽化大多在夜间和清晨进行。成虫善爬行，飞翔力差，很少飞行，自然扩散靠成虫爬行。补充营养取食顶芽、侧芽或叶柄。

（7）防治方法

① 加大调运及产地检疫，严防带虫植株调运，销毁严重受害株。

② 加强苗圃及施工管理，科学养护增强树势，提高抗性。

③ 利用成虫假死习性，成虫盛发期震摇枝干，捡拾坠落的成虫并杀灭。

④ 成虫盛发期，在距树干基部30cm处缠绕塑料布，使其上边呈伞形下垂，塑料布上涂黄油，阻止成虫上树取食和产卵为害。

⑤ 幼虫开始活动、未蛀入木质部前仔细检查寄主植株，发现虫粪、木屑和蛀孔，用刀拨开树皮杀死幼虫，或被害处涂煤油、溴氰菊酯混合液防治。

图4-54　臭椿沟框象成虫

⑥ 成虫盛发期化学防治，枝叶喷施绿色威雷300~400倍液、50%辛硫磷乳油1 000倍液，树干基部撒25%西维因可湿性粉剂、3％辛硫磷颗粒剂防治。

4.4.4 木蠹蛾类

芳香木蠹蛾〔*Cossus cossus*（Linnaeus）〕

（1）分类

鳞翅目木蠹蛾科。又名金银花芳香木蠹蛾、杨木蠹蛾，俗称红哈虫。

（2）分布

华北、华中、华东、东北、西北等地。

（3）寄主

杨、柳、榆、槐、白蜡、核桃、香椿、苹果、梨、桃、杏、栎、桦、榛等。

（4）危害

幼虫蠹木幼虫孵化后，蛀入枝、干和根皮下取食韧皮部和形成层，以后蛀入木质部，在木质部的表面向上向下蛀食不规则槽状虫道，被害处常见10余头或几十头幼虫群集为害，蛀孔堆有虫粪，幼虫受惊后能分泌一种特异香味，因此而得名。虫龄增大后，常分散在树干的同一段内蛀食，并逐渐蛀入髓部，形成粗大而不规则的蛀道。造成树木的机械损伤，破坏树木的生理功能，使树势减弱，形成枯梢或枝、干遇风折断，甚至整株死亡。

（5）形态特征

成虫：体长24~40mm，翅展56~80mm，体灰褐色至灰黑色。触角雄的栉齿壮，雌的近丝状。头、前胸淡黄色，中后胸、翅、腹部灰黑色，前翅翅面布满呈龟裂状黑色横纹（图4-55）。

卵：近圆形，初产时白色，孵化前暗褐色，长1.5mm，宽1.0mm，卵表有14条黑色纵行隆脊，脊间具横行刻纹。

幼虫：老龄幼虫体长80~100mm，初孵幼虫粉红色，大龄幼虫体背紫红色，侧面黄红色，头部黑色，有光泽，前胸背板淡黄色，体粗壮略扁平，有两块黑斑，有胸足和腹足，腹足有趾钩，体表刚毛稀而粗短。

蛹：长约50mm，赤褐色至暗褐色，2~6腹节背面具刺2列，前列较粗，后列较细。7~9腹节背面有刺1列，臀部有齿突3对。

茧：长圆筒形，略弯曲，长50~70mm，宽17~20mm，由入土老熟幼虫化蛹前吐丝结缀土粒构成，极致密。伪茧扁圆形，长约40mm，宽约30mm，厚15mm，由末龄幼虫脱孔入土后至结缀蛹茧前吐丝构成，质地松。

（6）发生规律

二年一代。以幼龄幼虫在被害树木树干内或末龄老熟幼虫在附近土壤内结茧越冬。4至5月越冬老熟幼虫化蛹，6至7月羽化出成虫。雌虫产卵成块状，几粒至百余粒。孵化后幼虫钻蛀皮层下木质部和髓部，10月份即在蛀道内越冬。翌年继续为害，到9月下旬至10月上旬，幼

图4-55 芳香木蠹蛾成虫

虫老熟，爬出地道，在根际处或离树干几米外向阳干燥处约10cm深的土壤中结茧越冬。成虫多在夜间活动，有趋光性。卵多产于树干基部1.5m以下或根茎结合部的裂缝或伤口边缘等处。幼虫孵化后即从伤口、树皮裂缝或旧蛀孔等处钻入皮层，排出细碎均匀的褐色木屑。幼虫先在皮层下蛀食，使木质部与皮层分离，极易剥落，在木质部的表面蛀成槽状蛀坑。此阶段常见十余头或几十头幼虫群集为害。虫龄增大后，常分散在树干的同一段内蛀食，并逐渐蛀入髓部，形成粗大而不规则的蛀道。

（7）防治方法

① 伐除虫源树并及时烧毁，结合秋季整形修剪，及时发现和清理被害枝干，锯掉烧毁。

② 利用成虫的趋光性，用灯光诱杀。

③ 在成虫产卵期，树干涂白涂剂涂白防止成虫在树干上产卵。

④ 成虫发生期50%辛硫磷乳油1 500倍液、2.5%溴氰菊酯1 500倍液等喷雾防治。

⑤ 仔细检查根茎皮层，发现为害时撬挖杀夭幼虫。

⑥ 幼虫蛀食期，用40%乐果乳剂、80%敌敌畏乳剂25~50倍液注虫孔，或磷化铝片剂堵塞虫孔后用泥封口，或50%久效磷乳油刷涂虫疤，杀死幼虫。

⑦ 保护和利用啄木鸟等天敌。

4.4.5　螟蛾类

楸螟〔*Omphisa plagialis*（Wileman）〕

（1）分类

鳞翅目螟蛾科。又名楸梢螟、楸蠹野螟。

（2）分布

河南、河北、山东、山西、辽宁、北京、湖北、湖南、江苏、浙江、四川、云南、贵州、陕西、甘肃等地。

（3）寄主

楸树。

（4）危害

幼虫蛀食楸树嫩梢，在嫩梢内盘旋蛀食，随虫龄增大，食量增加，开始由下向上为害，枝梢髓心及大部分木质部被蛀空，外部形成直径1~3 mm近圆形虫瘿，严重时虫瘿相连，状如"山楂糖葫芦"，严重影响楸树的生长和园林景观。

（5）形态特征

成虫：长约15mm，翅展约36mm。体灰白色，头部及胸、腹各节边缘处略带褐色。翅白色，前翅基都有黑褐色锯齿状二重线，内横线黑褐色，中室内及外端各有1个黑褐色斑点，中室下方有1个不规则近于方形的黑褐色大型斑，近外线处有黑褐色波状纹2条，缘毛白色；后翅有黑褐色横线3条，中、外横线的前端与前翅的波状纹相接（图4-56）。

卵：椭圆形，长约1mm，宽0.6mm。初产为乳白色，后变为赫红色，透明，卵壳上布满小凹陷。

图4-56　楸螟成虫

幼虫：老熟幼虫体长22mm左右，灰白色，前胸背板黑褐色，分为2块，体节上有储黑色毛片。

蛹：纺锤形，长约15mm，黄褐色。

（6）发生规律

一年二代。以老熟幼虫在枝梢内或苗木茎干的中下部越冬。翌年3月下旬开始化蛹，4月上旬为化蛹盛期。成虫于4月中旬开始羽化，4月底至5月上旬为羽化盛期，成虫羽化多集中在16~21时。第1代幼虫5月孵化开始危害，5月上旬为孵化盛期；第2代幼虫子7月上旬至8月中旬孵化，7月中下旬为孵化盛期。10月下旬以老熟幼虫在枝梢内或苗木茎干的中下部越冬。后期世代重叠严重。成虫白天静伏叶背面阴暗处，傍晚开始活动，以20~24时最活跃；成虫飞翔能力强，可高达10m以上，远达数百米；成虫有趋光性，但趋性不强。成虫寿命2~8天，成虫羽化后当晚交尾，次晚产卵。卵多产在嫩枝上端叶芽或叶柄基部隐蔽处，少数产于嫩果、叶片上，卵期平均9天。幼虫孵化后，多在嫩梢距顶芽5~10 cm处蛀入，蛀入孔黑色，针尖大小。初孵幼虫在嫩梢内盘旋蛀食，随虫龄增大，食量增加，开始由下向上为害，枝梢髓心及大部分木质部被蛀空，外部形成直径1~3cm近圆形虫瘿，严重时虫瘿相连，状如"山楂糖葫芦"。幼虫危害期，不断将虫粪及蛀屑从蛀入孔排出，堆积孔口或成串地悬挂于孔口。一般1头幼虫只为害1个新梢，但遇风折等干扰时也转枝为害。有的初孵幼虫蛀入叶柄食害，待叶枯萎时再蛀入枝梢。还有一部分第2代幼虫，到后期从苗梢部转移至苗干下部蛀食，甚至向下蛀入根基部位。老熟幼虫在虫道下端咬一圆形羽化孔，并在其上方吐丝黏结木屑构筑蛹室，然后在蛹室内化蛹。苗木和5年生以下的幼树被害重，树高4m以上的被害轻，10m以上的大树一般不被害；树冠上部枝条被害重，其次是中部枝，下部枝被害轻；发枝早、枝条粗壮的被害重，发枝晚、枝条细弱的被害轻；长势旺、枝条粗壮的楸树类型（如金丝楸）被害重，而长势弱、枝条细的类型被害轻。

（7）防治方法

①加强检疫措施检疫，防止楸螟扩散蔓延。

②楸螟尽可能截干栽植，将带虫源的苗木枝干烧毁。

③结合冬季抚育修剪，除去楸螟的越冬虫苞，集中销毁。

④对楸螟幼虫危害的幼树可于根施涕灭威颗粒剂防治。

⑤成虫期喷施药剂1.2%烟参碱1 000倍液、2.5%溴氰菊酯乳油2 000倍液、50%辛硫磷乳油2 000倍液等防治成虫。

4.4.6 茎蜂类

月季茎蜂〔*Neosyrista similis*（Moscary）〕

（1）分类

膜翅目茎蜂科。又名蔷薇茎蜂。俗称月季钻心虫。

（2）分布

河北、河南、山西、山东、北京、天津、陕西、甘肃、辽宁、江苏、湖北、安徽、上海、浙江等地。

（3）寄主

月季、蔷薇、玫瑰、十姐妹等。

（4）危害

以幼虫蛀食花卉的茎干，常从蛀孔处倒折、萎蔫，对月季危害很大。成虫产卵也会造成嫩梢折断，受害枝失去开花能力，严重时60%以上枝梢受害。

（5）形态特征

成虫：黑色的小蜂。雌成虫体长16mm（不包括产卵管），翅展22~26mm，翅脉黑褐色。体黑色有光泽，3~5腹节和第6腹节基部一半均赤褐色，第1腹节的背板露出一部分，1~2腹节背板的两侧黄色，其他翅脉黑褐色。雄成虫略小，翅展12~14mm，颜面中央有黄色。腹部赤褐色至橙黄色，各背板两侧缘黄色（图4-57）。

图4-57　月季茎蜂成虫

卵：椭圆形，黄白色，直径0.9~1.2mm，孵化前为紫黑色。

幼虫：乳白色，头部浅黄色，体长17mm；老熟幼虫体长约30mm，头橙黄色，体暗红色，前胸背板硬化，黑色，各体节有横列的颗粒状突起，上生白色长毛。

蛹：长筒形，长8~21mm，赤褐色至棕红色，头端有1尖形突起。

（6）发生规律

一年一代。以幼虫在蛀害茎内越冬，翌年3月下旬开始活动，从枝条钻出，转蛀新枝。4月中旬化蛹，5月上中旬（柳絮盛飞期）成虫羽化。雌虫傍晚产卵，卵产在当年的新梢和含苞待放的花梗上，先在枝梢上锯1~3道产卵痕，卵仅产于下边一道卵痕之中，1枝1粒卵。当幼虫孵化蛀入茎干后就倒折、萎蔫。幼虫沿着茎干中心继续向下蛀害，直到地下部分。幼虫可多次转移枝梢为害，10月后天气渐冷，幼虫做一薄茧在茎内越冬，其部位一般距地面10~20cm。到11月后幼虫在被害枝梢内越冬。月季茎蜂蛀害时无排泄排出，一般均充塞在蛀空的虫道内。

（7）防治方法

① 及时发现枝梢枯萎、在产卵痕下2cm处剪除并销毁受害的枝条。

② 结合冬季修剪，集中烧毁，消灭越冬幼虫，减少越冬幼虫的数量。

③ 茎蜂成虫有较强的飞翔能力，防治时应在一定的区域范围内联防联治，采用20%菊杀乳油1 500倍液1000倍液或10%的吡虫啉1 500倍液加增效剂对叶面及枝条喷雾。在4月上中旬无风的清晨或傍晚喷施为宜。

复习思考题

1. 简述刺蛾类害虫的防治方法。

2. 简述蓑蛾类害虫危害的特点和防治方法。

3. 简述美国白蛾的发生特点和防治方法。

4. 简述叶甲类害虫的防治方法。

5. 简述蜗牛和蛞蝓的防治方法。

6. 简述天牛类害虫的防治方法。

7. 防治木蠹蛾类害虫的方法有哪些？

8. 针对园林枝干害虫设计一个适于本地的综合治理方案。

9. 简述当地园林植物地下害虫的种类、危害特点和综合防治方法。

第5章 常见园林植物病害

植物病害种类繁多，防治方法多样，只有对病害做出正确的诊断，找到病害发生的原因，才能制定出切实可行的防治措施。每一种植物病害的症状在一定阶段都具有相对稳定的症状，如发病部位、病斑的颜色和大小等。因此，症状是进行园林植物病害诊断的重要依据，也是合理防治的基础。但是产生某一种病害的原因可能有几种，因此，在进行园林植物病害诊断时，需要根据园林植物的生长环境（土壤、光照、水分等）、栽培措施等因素进行科学的分析，逐步诊断病原（生物性或非生物性病原）之后才能提出相应的防治措施。

侵染性病害有一个发生发展或传染的过程，在病株表面或内部可发现其病原物的存在，有的侵染性病害的扩展与某些昆虫有关。侵染性病害中，大多数真菌病害、细菌病害和线虫病害可在病部表面产生明显的病症，但病毒、类病毒和类立克次体等引起的病害在病部表面没有病症，但往往有一些明显的病状特点，可作为诊断的依据。根据侵染源的不同，侵染性病害可分为真菌病害、细菌病害、病毒病害和线虫性病害等多种类型。

5.1 真菌病害

许多真菌病害（霜霉病、灰霉病、白粉病、锈病等）一般在被害部位产生各种典型的病症，如霉状物、粉状物、小黑点、伞状物、烟煤状物和棉毛状物等，根据这些特征即可进行病害诊断。不易产生病症的真菌病害，通常有一个明显的逐步扩大和发生变化的病理程序，而且病状在植物上出现的部位和范围有点发性病状和散发性病状，所表现的畸形的斑点、大病斑、溃疡和枯萎等有一个从小到大、由轻到重、从点到面的侵染发病过程。

5.1.1　白粉病类

白粉病在园林植物上是一种既普遍又危害严重的病害，种类很多，寄主转化性很强。该类病害有一共同特点，即迟早在受害部位由表生的菌丝体和粉孢子形成白色的粉霉斑，粉霉斑连片，在叶片上就表现为一层白粉，故名白粉病。可抑制寄主植物生长，叶片不平整，以致卷曲，萎蔫苍白。幼嫩枝梢发育畸形，病芽不展开或产生畸形花，新梢生长停止，使植株失去观赏价值。严重者可导致枝叶干枯，甚至可造成全株死亡。常见种类有月季白粉病、大叶黄杨白粉病、黄栌白粉病、西府海棠白粉病、紫薇白粉病、凤仙花白粉病、四季海棠白粉病等。

5.1.1.1　月季白粉病

该病为世界性病害，除在月季上普遍发生外，还可寄生蔷薇、玫瑰等。主要危害寄主植物的叶片、新梢、花蕾、花梗，使得被害部位表面长出一层白色粉状物，导致植株生长不良，影响其观察效果。

（1）发病症状

受害部位的表面布满白色粉层。嫩叶感病后，叶片反卷、皱缩，呈畸形，有时变成紫红色。成熟叶感病后，叶面出现近圆形、水渍状褪绿黄斑，与健康组织无明显界限；叶背病斑处有白色粉状物，严重受害时，叶片枯萎脱落。嫩梢及花梗受害部位略膨大，向下弯曲。花蕾受侵染后轻者花朵畸形，重者不能开放（图5-1）。

（2）病原

子囊菌亚门白粉菌科单丝壳属。菌丝体在寄主表面发育，以吸器伸入植物表皮细胞内吸取营养。

（3）发病规律

病原物以菌丝体或闭囊壳在寄主植物的病芽、病叶、病枝及枯枝落叶上越冬。翌年，温度适宜时，菌丝体或孢子开始浸染寄主植物，借助风雨传播。环境温湿度与白粉病发生程度有密切关系，15~20℃为发病适温，25℃以上时病害发展受抑制。1年当中5至6月及9至10月发病严重。空气相对湿度较高有利于分生孢子萌发和侵入，但降水太多又不利于其生成和传播。施用氮肥过多，土壤缺少钙或钾肥时易发该病；植株过密，通风透光不良等都是诱发该病害发生的重要因素。

5.1.1.2　大叶黄杨白粉病

主要危害大叶黄杨的叶片、枝梢。叶面或叶背及嫩梢表面布满白色粉状物，后期渐变为白灰色毛毡状。

（1）发病症状

病斑多分布于叶片的正面，初发时，在叶片上散生许多白色圆形斑，随着病斑的扩大，相互愈合，形成不规则的大病斑。严重时在整个叶片和新梢表面都出现白粉，并引起病部畸形，叶片皱缩，病梢扭曲、萎缩（图5-2）。

（2）病原

半知菌亚门粉孢霉属。国外报道，属子囊菌亚门白粉菌属叉丝壳属。病菌在寄主枝叶表面寄生，产生吸器深入表皮细胞内吸收养分。

（3）发病规律

病菌以菌丝体在病残体上越冬，翌年在大叶黄杨展叶和生长期产生大量的分生孢子，成为病害初侵染源，通过气流传播。夏季高温不利于病害发展，秋季又产生大量孢子再次侵染。温暖而高湿的气候条件有利于该病害的发展。大叶黄杨嫩叶、新梢发病重，枝叶过密时发病较重。

图5-1 月季白粉病   图5-2 大叶黄杨白粉病

（4）防治措施

① 消灭越冬病原，秋冬季节结合修剪，剪除病弱枝，并清除枯枝落叶等集中烧毁，减少初侵染来源。

② 发病初期可喷洒25%粉锈宁可湿性粉剂1 500~2 000倍液，或40%福星乳油8 000~10 000倍液、45%特克多悬浮液300~800倍液。温室内可用10%粉锈宁烟雾剂熏蒸，每7~10天喷1次，连喷3次。

③ 休眠期喷洒2~3° Be石硫合剂，消灭病芽中的越冬菌丝或病部的闭囊壳。

④ 加强栽培管理，改善环境条件。温室栽培注意通风透光。增施磷、钾肥，氮肥要适量。生长季节发现少量病叶、病梢时，及时摘除烧毁，防止扩大侵染。

⑤ 选用抗病品种是防治白粉病的重要措施之一。

5.1.2 叶斑病类

该类病害的共同特点是在叶面上产生各种颜色、各种形状的坏死斑，后期病部中央颜色变浅，并且在病斑上产生大量小黑点或霉层，有的病斑可因组织脱落形成穿孔。园林植物上常发生的叶斑病有黑斑病、褐斑病、灰斑病、圆斑病、轮斑病、斑枯病等。

5.1.2.1 大叶黄杨叶斑病

主要危害大叶黄杨、瓜子黄杨、金边黄杨等，严重者，提前落叶，甚至成片死亡。

（1）发病症状

病斑多从叶尖、叶缘处开始发生，初期为黄色或淡绿色小点，后扩展成直径2~3 mm近圆形褐色斑，病斑周缘有较宽的褐色隆起，并有一黄色晕圈，病斑中央黄褐色或灰褐色，后期几个病斑可连接成片，病斑上密布黑色绒毛状小点，即病原菌的子座组织。严重时叶片发黄脱落，植株死亡（图5-3）。

（2）病原

半知菌亚门暗色孢科尾孢属。

（3）发病规律

病菌以菌丝体或子座在病组织内越冬。翌年春天气温回升，产生分生孢子，借助风雨、浇水等传播。病原菌只侵染新叶，当叶片停止生长时难以侵入，但温度适宜，病斑仍可继续扩大。高温高湿气候有利于发病。

5.1.2.2　月季黑斑病

此病为月季的一种发生普遍而又危害严重的世界性病害。除危害月季外，还危害蔷薇、黄刺玫、山玫瑰、金樱子、白玉棠等近百种蔷薇属植物及其杂交种。常在夏秋季造成被害植物黄叶、枯叶、落叶，影响其正常开花和生长。

（1）发病症状

感病初期叶片上出现褐色小点，以后逐渐扩大为圆形或近圆形的斑点，边缘呈不规则的放射状，病部周围组织大面积变黄，病斑上生有黑色小点，即病菌的分生孢子盘，严重时病斑连成片，甚至整株叶片全部脱落。嫩枝上的病斑为长椭圆形、暗紫红色、稍下陷（图5-4）。

（2）病原

半知菌亚门盘二孢属。

（3）发病规律

病菌以菌丝体和分生孢子在病枝和病落叶上越冬。翌年4至5月份，病菌借风雨、浇水等传播。温度适宜、叶面有水滴时即可侵入危害，潜伏期7~10天，多从下部叶片开始侵染。气温24℃，相对湿度98%，多雨天气有利于发病。在北方一般8至9月发病最重。降水是病害流行的主要条件。低洼积水、通风不良、光照不足、肥水不当、卫生状况不佳等都利于发病。月季不同品种间，其抗病性也有差异，一般浅色黄花品种易感病。

图5-3　大叶黄杨褐斑病

图5-4　月季黑斑病

（4）防治措施

① 及时彻底清除病残落叶及病死植株并集中烧毁，消灭初侵染来源。

② 休眠期喷洒3~5° Be石硫合剂。展叶期喷洒50%多菌灵可湿性粉剂500~1 000倍液，或70%甲基托布津可湿性粉剂1 000倍液，每10天喷1次，连喷3~4次。

③ 加强养护管理，增强树势，提高植株的抗病能力；合理施肥与轮作，种植密度要适宜，以利通风透光，避免喷灌；盆土要及时更新或消毒。

④ 选育或使用抗病品种。

5.1.3　锈病类

主要危害叶片、芽和枝干，锈病因多数在发病部位能形成红褐色或黄褐色、颜色深浅不同的铁锈状孢子堆而得名。锈菌大多数侵害叶和茎，有些也为害花和果实，产生大量的锈色、橙色、黄色，甚至白色的斑点，以后出现表皮破裂露出铁锈色孢子堆，有的锈病还引起肿瘤。树木患病后，能造成枝叶失绿变黄、早落叶、果实畸形等症状，严重时全株叶片枯死，或花蕾干瘪脱落，降低产量和观赏性。常见种类有桧柏-海棠锈病、桧柏-梨锈病、玫瑰锈病、草坪草锈病等。

5.1.3.1 玫瑰锈病

该病主要危害玫瑰的芽、叶片，也危害叶柄、花、果、嫩枝等部位。严重时，造成提早黄叶、落叶，影响生长、开花和观赏。

（1）发病症状

春季病芽基部呈淡黄色，抽出的病芽弯曲皱缩，上有黄粉并逐渐枯死。感病叶片发病初期正面出现淡黄色粉状物，反面生有黄色稍隆起的小斑点——锈孢子器，初生于表皮下，成熟后突破表皮散出橘红色粉末；随着病情的发展，后期又出现橘黄色粉堆——夏孢子；秋末叶背出现黑褐色粉状物，即冬孢子堆和冬孢子。受害叶早期脱落，影响生长和开花（图5-5）。

（2）病原

担子菌亚门柄锈菌科多孢锈属。

（3）发病规律

病菌以菌丝体在芽内和以冬孢子在发病部位及枯枝落叶上越冬。玫瑰锈病为单主寄生。翌年玫瑰芽萌发时，冬孢子萌发产生担孢子，侵入植株幼嫩组织，4月下旬出现明显的病芽，在嫩芽、幼叶上呈现出橙黄色粉状物，即锈孢子。5月间玫瑰花含苞待放时开始在叶背出现夏孢子，借风、雨、虫等传播，进行第1次再侵染。条件适宜时叶背不断产生大量夏孢子，进行多次再侵染，造成病害的流行。四季温暖、多雨、空气湿度大为病害流行的主要因素。发病适温在15~25℃，6月、7月和9月发病最为严重。北京重瓣红玫瑰和甘肃小叶玫瑰易感病。

5.1.3.2 桧柏-海棠锈病

主要为害圆柏、桧柏、龙柏、海棠、贴梗海棠、木瓜海棠、苹果、梨、山楂等园林观赏植物的叶片，也能危害叶柄、嫩枝和果实。严重发病时造成圆柏小枝、海棠叶片病斑密布，枯黄早落。

（1）发病症状

春夏季主要危害海棠、贴梗海棠、苹果、梨、阔叶树种等。发病初期叶片正面出现黄绿色小点，后渐扩大成橙黄色的油状斑，然后病斑上出现略成轮状的黑色小粒点，即性孢子器；发病后期叶片背面叶斑鼓起，并生出黄色须状物，即锈孢子器（俗称羊胡子）；果实多在幼果期受害，初为近圆形黄色病斑，后变为褐色，有时也生出黄色须状物。转主寄主为桧柏，秋冬季病菌危害桧柏针叶或小枝，被害部位出现浅黄色斑点，后隆起呈灰褐色豆状的小瘤即冬孢子堆，初期表面光滑，后膨大，表面粗糙，呈棕褐色。翌春3~4月遇雨膨裂为橙黄色花朵状（或木耳状）。受害严重的桧柏小枝上病瘿成串，造成柏叶枯黄，小枝干枯，甚至整株死亡。在海棠、苹果与桧柏混栽的公园、绿地等处发病严重（图5-6）。

（2）病原

担子菌亚门胶锈菌属的山田胶锈菌和梨胶锈菌，二者均为转主寄生菌。

（3）发病规律

病菌以菌丝体在桧柏枝条上越冬，可存活多年。翌春3至4月份遇降水时，冬孢子萌发产生担孢子，担孢子主要借风传播到海棠上，担孢子萌发后直接侵入寄主表皮，并蔓延，约10天后便在叶正面产生性孢子器，3周后形成锈孢子器。8至9月锈孢子成熟后随风传播到桧柏上，侵入嫩梢越冬。两种寄主混栽较近会有病菌大量存在，发病严重。该病发生的迟早、轻重取决于4至5月份的降水量和次数，春季多雨而气温低或早春干旱少雨发病则轻；春季多雨而气温偏高则发病重。

图5-5　玫瑰锈病

图5-6　贴梗海棠锈病

（4）防治措施

① 对有转主寄生的锈病，在园林设计及定植时注意隔断其转主寄主，切断侵染链，如避免海棠、苹果等与桧柏混栽。

② 结合园圃清理及修剪，及时将病枝芽、病叶等集中烧毁，以减少病原。并加强栽培管理，提高抗病性。

③ 生长季节可喷洒25%粉锈宁可湿性粉剂1 000~1 500倍液，每10天喷1次，连喷3~4次。

④ 选育或使用抗病品种。

5.1.4　炭疽病类

主要发生在植物的叶片上，危害叶缘和叶尖，严重时使大片叶枯黑死亡。发病初期在叶片上呈现圆形、椭圆形红褐色小斑点，后期扩展成深褐色圆形病斑，并生小黑点，即病原菌的分生孢子盘；在潮湿条件下，病斑上有粉红色的黏孢子团。严重时一个叶片上有数十个病斑，病斑多时融合成片导致叶片干枯，病叶易脱落。发生在茎上时产生圆形或近圆形的淡褐色圆斑，其上生有轮纹状排列的黑色小点；发生在嫩梢上的病斑为椭圆形的溃疡斑，边缘稍隆起。主要种类有君子兰炭疽病、牡丹炭疽病、广玉兰炭疽病、紫荆炭疽病、香樟炭疽病、八仙花炭疽病、十大功劳炭疽病、米兰炭疽病、山茶炭疽病、肉桂炭疽病、金盏菊炭疽病等。

5.1.4.1　牡丹炭疽病

主要危害牡丹叶片、花梗、叶柄及嫩茎，感病部位产生坏死斑，影响其正常生长。

（1）发病症状

叶片染病时，叶面出现褐色小斑点，逐渐扩大成圆形至不规则形大斑。发生在叶缘的为半圆形，病斑扩展受主脉及大侧脉限制，病斑多为褐色，有些品种叶斑中央灰白色，边缘黄褐色，后期病斑中央开裂。7至8月份病斑上长出轮状排列的黑色小粒点，湿度大时分生孢子盘内溢出红褐色粘孢子团。嫩茎、花梗染病时产生红褐色长圆形或梭形略下陷的小斑，病茎弯曲，易折断（图5-7）。

（2）病原

半知菌亚门黑盘孢科刺盘孢属。

（3）发病规律

病原菌以菌丝体在病株中越冬，翌年环境适宜时，越冬的菌丝产生分生孢子盘和分生孢子，湿度适宜时分生孢子开始传播和萌发。高温多雨年份发病较严重，通常以8至9月份降水多时为发病高峰。

5.1.4.2 广玉兰炭疽病

为害叶片，发病严重时，新梢生发量少，花开得小而少，影响观赏

（1）发病症状

叶部发病，自叶尖或叶缘开始出现病斑，初呈水渍状绿色圆形，后逐渐扩大为不规则形大斑，褐色或黄褐色，以后病斑由外向内呈灰白色或黄褐色，病斑上密生许多黑色小粒点，病斑边缘有深褐色隆起线，与健部分界线明显（图5-8）。

（2）病原

半知菌亚门黑盘孢科刺盘孢属。

（3）发病规律

病原菌以菌丝体和分生孢子盘在病组织中越冬。气温达25℃时，分生孢子借助风雨、昆虫传播，多从伤口、气孔侵入。多发生在高温、多雨季节。寄主生长衰弱时发病较严重。

图5-7　牡丹炭疽病　　　　　　　图5-8　广玉兰炭疽病

（4）防治措施

① 秋季和早春彻底清除病残体，减少侵染源。

② 不偏施氮肥，适当增施磷、钾肥，多施有机肥。

③ 改善生态环境，注意通风透光和雨季及时排水。

④ 5至6月份发病初期喷施65%的代森锌500倍液，70%的炭疽福美500倍液或50%的苯菌灵可湿性粉剂1 500倍液。

5.1.5　花木煤污病类

又名"黑霉病"、"烟煤病"。煤污病原菌主要危害植物的叶片，也危害嫩枝、花器等部位。发

病初期在叶面、枝梢表面上形成圆形黑色小霉斑，沿主脉扩展，后扩大连片，使整个叶面、嫩梢上布满一层黑霉，形成较厚的黑色或黑褐色的煤烟状层，严重时形成黑色霉层，有时在干燥条件下霉层开裂剥落。由于煤污病病菌种类很多，同一植物可染上多种病菌，其症状上也略有差异但呈黑色霉层或黑色煤粉层是该病的重要特征。常见种类有紫薇煤污病、桂花煤污病、桂花煤污病、米兰煤污病、牡丹煤污病等。

5.1.5.1　紫薇煤污病

主要侵害叶片和枝条。紫薇煤污病的发生常与紫薇绒蚧和紫薇长斑蚜的发生紧密关联。

（1）发病症状

发病后病株叶面及分支点的树干布满黑色霉层，严重时叶片表面、枝条甚至叶柄上都会布满黑色煤粉状物，这些黑色粉状物会阻塞叶片气孔，影响叶片的光合作用，导致植株生长衰弱，提早落叶（图5-9）。

（2）病原

枝孢霉、散播烟霉、多绺孢属及煤炱菌。

（3）发病规律

以菌丝体或子囊座在病叶、病枝等病组织内越冬。翌年春季菌丝体萌发，借助风雨及昆虫传播。另外，紫薇长斑蚜和紫薇绒蚧排泄的蜜露会为煤污病的病原菌提供营养，所以，一般在这两种虫害发生后，煤污病都会大量发生。6月下旬至9月上旬是紫薇绒蚧及紫薇长斑蚜的为害盛期，加上高温、高湿的环境条件，有利于此病的发生。春季（越冬病菌引起）、秋季（绒蚧和长斑蚜引起）是紫薇煤污病的盛发期。

5.1.5.2　苏铁煤污病

被害部位覆盖一层黑色煤炱状物，严重阻碍叶片的光合作用，降低观赏价值。

（1）发病症状

该病影响苏铁的生长与观赏。绿色叶面上布满许多黑色的煤污状小煤粉点，发病后期煤污斑下组织变黄；严重时枯死。影响光合作用强度，减弱植株长势。该病为害多种苏铁（图5-10）。

（2）病原

该病为真菌病害，由枝孢霉〔*Cladosporium*（spp.）〕引起。

图5-9　苏铁煤污病

图5-10　紫薇煤污病

（3）发病规律

该病发生与苏铁上的蚧虫（如咖啡黑盔蚧等）的为害密切相关。无介壳虫为害时，一般无该病发生。

（4）防治措施

① 人工防治：人工刮除或擦除叶面和枝条上的蚧虫。

② 药剂防治：若虫孵化期喷洒杀虫剂。可选用40%速扑杀乳油1 500倍液，或2.5%敌杀死乳油4 000倍液等。要注意将药液喷到叶片背面。

5.1.6 花卉灰霉病

花、果、叶、茎均可发病。许多病原菌种类寄主范围十分广泛，但寄生能力较弱，只有在寄主生长不良、受到其他病虫危害、冻伤、创伤、植株幼嫩多汁、抗性较差时，才会引起发病。病害主要表现为花腐、叶斑和果腐，但也能引起猝倒、茎部溃疡以及块茎、球茎、鳞茎和根的腐烂。叶片发病从叶尖开始，沿叶脉间成"V"形向内扩展，灰褐色，边有深浅相间的纹状线，病健交界分明。在湿度较大的情况下，发病部位密生灰色霉层，即病菌的分生孢子梗和分生孢子。灰霉病在发病后期常有青霉菌和链格孢菌混生，导致病害的加重。常见种类有月季灰霉病、仙客来灰霉病、瓜叶菊灰霉病、瓜叶菊灰霉病、一品红灰霉病等。

5.1.6.1 仙客来灰霉病

仙客来灰霉病在低温、潮湿、光照较弱的环境中易发生，是冬季日光温室中的常见病害之一。危害仙客来、天竺葵、四季海棠、菊花、郁金香、一品红、瓜叶菊等多种草本、木本花卉，引起叶枯、花腐，严重影响观赏和产量。

（1）发病症状

主要发生在叶片和叶柄，也可侵染花梗、花瓣。叶片发病时，先由叶缘出现暗绿色至黄白色水渍状斑纹，后逐渐扩展至全叶，使叶片变褐腐烂，最后全叶褐色干枯；叶柄、花梗受害时，发生褐色腐烂，自病部向地面折倒，最后呈褐色干枯。花瓣感病初期产生水渍状小斑，后扩大呈圆形，在有色品种病斑中央呈黄褐色。在潮湿条件下病部产生灰黄色霉层，后产生黑色小颗粒状菌核（图5-11）。

（2）病原

半知菌亚门葡萄孢属灰葡萄孢菌。

（3）发病规律

病菌在土壤中的病残体上越冬。气流传播为主，主要通过植株伤口侵入，对花器官和叶片有较强的致病性。温暖、湿润是灰霉病流行的主要条件。适宜发病条件为气温20℃左右，相对湿度90%以上。灰霉病病菌生活力很强，一般北方冬春季，温室大棚温度升不上去、湿度又大时，病害很重。一般花期降水量大时发病较多，6至7月的阴雨天如植株软弱徒长、老叶有伤口等，病菌便会侵入。10月以后如果温室密闭，温度高也可发病。

5.1.6.2 非洲菊灰霉病

主要危害花梗和花蕾，引起枯萎、腐烂，影响观赏。

（1）发病症状

在花梗上初呈褐色小斑点，后病斑扩大环绕花梗，使花梗枯萎。在花蕾上初呈水渍状褐色斑，后病斑迅速扩大导致花蕾呈腐烂状。在温暖潮湿的环境下，病部产生大量灰色霉层（图5-12）。

（2）病原

半知菌亚门葡萄孢属灰葡萄孢菌。

（3）发病规律

病菌以菌核在土壤中或菌丝体在病残体中越冬。高湿、多雨有利于病害发生。温室设施栽培条件下可周年发病，且发病较露地重。

图5-11　仙客来灰霉病　　　　　　　图5-12　非洲菊灰霉病

（4）防治措施

① 加强栽培管理，及时清除病株销毁，减少侵染源。

② 合理施肥，增施钙肥，控制氮肥用量。

③ 生长季节喷施50%扑海因可湿性粉剂1 000~1 500倍液、50%速克灵可湿性粉剂1 000~2 000倍液、10%多抗霉素可湿性粉1 000~2 000倍液等杀菌剂。

④ 该病在温室内发生时，因环境湿度较大，常规喷雾法往往不理想，采用烟雾剂防治效果好。可用一熏灵Ⅱ号（有效成分为百菌清及速克灵）进行熏烟防治，具体用量为0.2~0.3g/m³，每隔5~10天熏烟1次。

5.2　细菌病害

细菌病害的诊断可从3个方面进行：一是从发病部位来看，大多数在叶片上发生（如叶斑病、多角型病斑），少数在根、茎、枝梢上发生（如须根丛生、枯萎、软腐、肿瘤等）。二是从病症上看，细菌性病害的症状主要有斑点、条斑、溃疡、萎蔫、腐烂和畸形等，病症特点是有透明的白色或浅黄色、红色的脓状液和胶质体，这些脓状液和胶质体在天气干燥的情况下会浓缩成细小的颗粒、黏附在病部。三是从病害的传染蔓延速度来看，细菌性病害比真菌性病害要快，多表现为急性坏死。

5.2.1　根癌病类

又名冠瘿病、根瘤病，由病菌通过灌溉水或雨水、地下害虫、苗木、嫁接材料进行侵染，为害桃、苹果、月季、柳、柏、银杏等300多种树木。该病害主要发生在根茎处，有时也发生在主根、侧根和地上部的主干、枝条上。受害处形成大小不等、性状不同的肿瘤。初生的小瘤呈灰白色或肉色，质地松软，表面光滑；后渐变成褐色至深褐色，质地坚硬，表面粗糙并龟裂。肿瘤的大小形状各异，草本植物上的肿瘤小，木本植物及肉质根的肿瘤大。

5.2.1.1 樱花根癌病

在国内分布广泛。寄主范围广，除危害樱花外，还危害菊花、大丽菊、石竹、天竺葵、桃、月季、蔷薇、梅、夹竹桃、柳、核桃、花柏、南洋杉、银杏、罗汉松等。

（1）发病症状

病害主要发生在主干基部，有时也发生在根茎或侧根上。感病后病部产生肿瘤，初期乳白色，逐渐变成褐色或深褐色，圆球形，表面凹凸不平，有龟裂；根系发育不良，细根很少，地上部分生长缓慢，树势衰弱，严重时叶片黄化、早落，甚至全株枯死（图5-13）。

（2）病原

细菌中的根癌土壤杆菌，又名根癌农杆菌。

（3）发病规律

病原细菌可在病瘤内或土壤病株残体上生活1年以上。病菌可由灌溉水、降水、采条、嫁接、操作工具、地下害虫等进行传播；远距离传播靠病苗和种条的运输所造成。病原细菌从伤口侵入，经数周或1年以上就可出现症状。碱性、湿度大的沙壤土发病率较高，连作有利于病害的发生，嫁接时切接比芽接发病率高，苗木根部伤口多时发病重。

5.2.1.2 月季根癌病

寄主广泛，桃、李、苹果、葡萄等易受感染。

（1）发病症状

在近地面或根茎部位接穗与砧木接合处附近产生大小不等的肿瘤，呈木质节结状，大小数厘米，有时也发生在根、茎的上部。月季染病后生长发育不良，株矮枝短叶小，叶黄并提早落叶，花朵小、瘦弱或不开花。病株生长由于根茎组织受到破坏，严重时整株死亡（图5-14）。

（2）病原

细菌中的根癌土壤杆菌，又名根癌农杆菌。

图5-13 樱花根癌病

图5-14 月季根癌病

（3）发病规律

病原细菌存活在土壤中或寄主植物的病瘤内，可随病株残体在土壤中存活1年以上。病原细菌通过伤口如虫咬伤、机械损伤、嫁接口侵入。借助灌溉水、降水、采条、嫁接、操作工具、地下害虫等进行传播。月季根癌病以往被误认为线虫为害所致。

（4）防治措施

① 严格检疫，禁止调运病株，发现病株及时销毁。

② 加强管理，选择无病菌污染的土壤建立苗圃，已感病的苗圃病土须经热力或药剂填埋后方可使用，或用溴甲烷进行消毒，实施3年以上的轮作。

③ 及时切除根瘤，用石灰乳或波尔多浆或500~2 000 mg/kg链霉素、500~1 000 mg/kg土霉素涂抹伤口治疗。

④ 病苗须经药液处理后方可栽植，可选用500~2 000mg/kg链霉素浸泡30min或在1%硫酸铜溶液中浸泡5 min。

⑤ 防治地下害虫和线虫。

5.2.2 软腐病类

该病主要危害根茎、球茎、鳞茎、叶柄及叶片等部位。首先侵染叶柄，产生水渍状病斑，组织软腐，很快萎蔫倒落，而后逐渐蔓延至叶柄、球根，地上部分叶全部腐烂，组织变黑，软腐黏滑，并伴有恶臭味，整个植株很快萎蔫枯死。常见种类有君子兰细菌性软腐病、仙人掌类软腐病。

5.2.2.1 君子兰软腐病

除危害君子兰外，还侵染菊花、大丽花、香石竹、银胶菊、花叶万年青、秋海棠、喜林芋等观赏花木。大花君子兰发病率较高。

（1）发病症状

该病主要危害君子兰叶片及假鳞茎。发病初期，叶片上出现水渍状斑，而后迅速扩大，病组织腐烂呈半透明状，病斑周围有黄色晕圈，晕圈呈宽带状，在温湿度适宜的条件下病斑扩展快，全叶腐烂解体呈湿腐。茎基部发病也出现水渍状小斑点，逐渐扩大形成淡褐色的病斑，蔓延至整个假鳞茎，组织腐烂解体呈软腐状，有微酸味。发生在茎基部的病斑也可以沿叶脉向叶片扩展，导致叶片腐烂，从假鳞茎上脱落。叶基部发病时全叶腐烂、假鳞茎发病导致全株腐烂、死亡（图5-15）。

（2）病原

细菌纲的欧文杆菌属细菌和软腐欧文菌。

（3）发病规律

病原细菌在土壤中的病残体或土壤内越冬，在土壤中能存活数月，由降水和灌溉水传播，也可以通过病叶及健叶的相互接触或操作工具等进行传播。细菌由伤口侵入，潜育期短，2~3天，生长季节有多次再侵染。6至10月均可发生，其中6至7月份发病高峰。高温、高湿条件有利于发病，其中高湿是影响发病的主要因素。

5.2.2.2 仙人掌类软腐病

寄主很广，为害仙人掌、鸢尾、风信子、虎尾兰、仙客来、君子兰、百合、兰花等肉质多汁类植物。植物感病后，外形保持完整，皮层破裂后溢出黏液，与空气接触后病组织软腐，由灰色变为暗褐色，严重时全株死亡。

（1）发病症状

病部发生在肉质茎上，初发病时病部出现水渍状坏死，病部很快扩大，病组织开始软化、变色、凹陷或起皮，病斑周围初有明显界限，随病势最终成边界模糊不清的不规则形大斑块，病部软腐，散发出臭味。该病扩展迅速，常造成全株腐烂死亡。新扦插的茎片染病后从基部向上腐烂，呈波浪状，病健交界处黄色腿绿，病部水渍状、深褐色，整个茎片几天后即烂光或倒折（图5-16）。

（2）病原

细菌纲的欧文杆菌属细菌。

（3）发病规律

病菌可依赖寄主植物或病株残体在土壤中存活很久，但当病组织腐烂后只能在其内存活2周。借助降水、灌溉水、肥料、昆虫等进行传播，从伤口侵入。该菌属喜温细菌，最适温度25~30℃。对氧气要求不高，在缺氧条件下也能生长发育。在排水不良、频繁的干湿交替及高温、高湿条件下发病率高。

图5-15　君子兰软腐病

图5-16　仙人掌类软腐病

（4）防治措施

①摘除病叶，拔除病株，清除病株残体并烧毁，以减少侵染来源。

②染病花盆要热处理灭菌后方可再用，接触过病株的用具要用0.1%高锰酸钾或70%乙醇消毒后再用。

③移栽时细心操作，及时防治地下害虫，以减少伤口；增施磷、钾肥，加强通风、透光，浇水以滴灌为佳，忌使块茎顶端沾水。

④发病初期，要立即喷洒或浇灌4×10^{-4}链霉素液或土霉素液，控制病害的蔓延。

5.3　病毒及植原体类病害

病毒及植原体类病害多为系统性发病，只有病状没有病症，既无真菌性病害一类的霉、粉、霜、锈、粒、点，也无细菌性病害一类的溢脓和胶状液，其病原体在植物组织内部，通常由刺吸类昆虫（蚜虫、介壳虫、蓟马、螨类、粉虱等）进行传播。病毒及植原体类病害的初步诊断：一是从病状来诊断，通常表现为全株性病变，病状有黄化、白化、花叶、皱叶、卷叶、小叶、斑驳、畸形、全株矮化、变小、枝叶丛生和坏死等现象。二是由于病毒及植原体类病害主要依靠昆虫取食传播，故在病株中常有昆虫残迹（放大观察）。病毒性病害的确诊，还需采用汁液摩擦接种、嫁接传染、昆虫传毒和病株种子传染等试验进行验证。

5.3.1 花叶病类

该病主要由病毒引起。病害先局部发病，以后扩展到全株。其症状特点表现为花叶、斑驳、皱缩、褪绿、黄化、枯斑、卷叶、丛生和畸形等，严重时不开花，甚至毁种。病毒病在园林植物中不仅大量存在，而且危害严重。目前，无病毒的花木基本上是不存在的。在自然界，一种花木常受到几种、几十种病毒的侵染。常见种类有天竺葵花叶病、美人蕉花叶病、仙客来病毒病、大丽花病毒病、菊花矮化病、观赏椒病毒病、牡丹花叶病、金鸡菊花叶病、海芋病毒病、蔓绿绒病毒病、月季病毒病等。

5.3.1.1 天竺葵花叶病

发生普遍。病毒入侵天竺葵后，使寄主叶色、花色异常，器官畸形，植株矮化。

（1）发病症状

感病植株叶片初期出现图案状花纹，在叶脉和叶脉临近处变为浅绿或浅白色，后形成花叶，叶片发育受阻，植株矮小、黄化。有些品种花碎色（图5-17）。

（2）病原

黄瓜花叶病毒。

（3）发病规律

在寄主病组织内越冬，由带毒汁液及刺吸口器蚜虫等传播，机械摩擦是传毒的重要途径。黄瓜花叶病毒寄主范围很广，能侵染40~50种花卉。蚜虫密度大，寄主植物种植密时，枝叶间的相互摩擦发病较重。

5.3.1.2 美人蕉花叶病

发生普遍。美人蕉为主要病害植株之一，受害植株矮化、花少、花小，叶褪色不均。

（1）发病症状

该病侵染美人蕉的叶片和花器官。发病初期，叶片上出现褪绿斑点，或呈花叶状，或有黄绿相间条纹。条纹逐渐变为褐色坏死，叶片沿坏死部位撕裂导致叶片破碎不堪。个别品种出现花瓣杂色斑点或条纹呈碎锦。发病严重时心叶畸形、内卷呈喇叭状，花穗抽不出或很短小，花少、花小，植株矮化（图5-18）。

（2）病原

黄瓜花叶病毒。

（3）发病规律

在有病的块茎内越冬。由带毒汁液、棉蚜、桃蚜、玉米蚜等多种蚜虫及带毒块茎远距离运输等进行传播。蚜虫密度大，寄主植物种植密时，病健株间的摩擦发病较重。美人蕉与百合等毒源植物为邻或杂草、野生寄主多时，均能加重病害发病程度。美人蕉品种对花叶病的抗性差异显著。大花美人蕉、粉叶美人蕉、美人蕉为感病品种。红花美人蕉抗病，其中的"大总统"品种对花叶病免疫。

图5-17　天竺葵花叶病

图5-18　美人蕉花叶病

（4）防治措施

① 加强检疫，防止病苗及其它繁殖材料进入无病区。选用健康无病的插条、种球等作为繁殖材料，建立无病毒母本园，避免人为传播。

② 发现病株及时拔除并彻底销毁。

③ 定期喷施杀虫剂，防止昆虫（如刺吸式口器昆虫）传播病毒。

④ 发病初期喷洒20%病毒灵400倍液，每7~10天喷1次，连续3次。

⑤ 用根尖、茎尖组培脱毒法得到无毒种苗，从而减轻病毒病的发生。

5.3.2　丛枝病类

该病害主要由植物菌原体（又称植原体）和部分真菌引起，症状为枝叶丛生，节间缩短，叶片变小，花变枝叶，根蘗大量萌发，最初表现为局部症状，逐渐扩展到全株。常见种类有泡桐丛枝病、枣疯病、夹竹桃丛枝病、竹丛枝病等。

5.3.2.1　泡桐丛枝病

在我国普遍发生。河南省树龄5年以上大树发病率95%以上，特别是农桐间作林网和片林尤为严重。轻者影响树木正常生长发育，重者导致树冠大部分枯死。

（1）发病症状

该病害多发生在树枝上，腋芽和不定芽大量萌发，丛生出许多细弱小枝，节间变短，叶小且黄而薄，有的叶片皱缩。病枝上的小枝可抽出小枝，以致簇生成团，小枝越来越细弱，叶片越来越小，外观似鸟巢。小枝多直立，冬季落叶后呈扫帚状（图5-19）。

（2）病原

类菌原体。

（3）发病规律

病原在带病植物组织、生病植物体内越冬。通过昆虫、接穗、插条、根蘗等繁殖材料传播。系统侵染，实生苗繁殖的泡桐幼树发病率低，片林或行道树发病率高。

5.3.2.2　夹竹桃丛枝病

开始多在个别枝条上发病，多发生在5年以上的大树，1至5年生的幼树一般不发病或受害轻微。

（1）发病症状

植株感病后使腋芽和不定芽大量萌生，丛生很多细弱的小枝，节间缩短，叶片变小。感病小枝又可抽发出小枝，新抽小枝基部肿大，呈淡红色，常簇生成团。小枝冬季枯死，第2年在枯枝旁又萌生许多小枝，如此反复发生，最后可造成整株枯死。植株发病率可高达50%，患病植株病死率可达10%（图5-20）。

（2）病原

植原体。

（3）发病规律

病原体在病株组织内越冬。通过无性繁殖、昆虫叶蝉等传播。类菌原体在叶蝉体内可以繁殖。

图5-19 泡桐丛枝病

图5-20 夹竹桃丛枝病

（4）防治措施

① 及时剪除病枝和挖除病株，以减轻病害发生。在病枝基部进行环状剥皮（宽度为所剥枝条直径的1/3），以阻止病原体在树体内运行。

② 加强检疫，防止病苗及其他繁殖材料进入无病区，一旦发现要立即烧毁。

③ 喷洒50%马拉硫磷乳油1 000倍液，或10%安绿宝乳油1 500倍液，或40%速扑杀乳油1 500倍液等药剂，防治刺吸式口器害虫传播。

④ 由植原体引起的丛枝病可用四环素、土霉素、氯霉素等4 000倍液喷雾；真菌引起的丛枝病可在发病初期喷洒50%多菌灵可湿性粉剂500倍液进行防治，每7~10天喷1次，连喷3次。

⑤ 选育或使用抗病品种。

5.4　线虫病害

线虫病害是一种广泛分布且危害严重的病害之一，主要是植物地下部分发病。大多数线虫病害的病状主要表现为病部产生虫瘿、肿瘤、茎叶畸形、扭曲、叶尖干枯、根腐和全株枯萎等。此外，我们在病株的根部可看到在须根上形成念珠状虫瘿，切开根部有乳白色至褐色梨形雌线虫，受害处形成巨形细胞，韧皮部坏死，木质部特别膨大，主根和侧根多接处皮层被蛀、皮层组织疏松。线虫病害造成的虫瘿往往同真菌性病害的根肿瘤病容易混淆，应加以区分。有些线虫不产生虫瘿和根结，从病部也较难看到虫体，此时需采用漏斗分离法或叶片染色法检查。

5.4.1 根结线虫病类

在我国南北许多省都有发生，危害月季、海棠、仙人掌、仙客来、凤仙花等，造成植株的侧根及须根上产生大小不等的瘤状物，光滑坚硬，后变为深褐色，内有乳白色发亮的粒状物，即线虫虫体。感病后植株根系吸收功能减弱，生长缓慢，植株矮小，叶片发黄，花小，端部枯死，严重时可导致植株死亡。常见有仙客来根结线虫病、四季海棠根结线虫病、瓜子黄杨根结线虫病等。

5.4.1.1 仙客来根结线虫病

在我国发生普遍，寄主范围广。除危害仙客来外，还可为害海棠、桂花、木槿、菊花、石竹、栀子等数十种园林花木。

（1）发病症状

被害植株的侧根和支根（主要侵染嫩根），产生许多大小不等的瘤状物，近圆形，大的似绿豆，小的如小米，单生或串生，初表面光滑，黄白色或淡黄色，后粗糙，质软。剖视之，可见瘤内有白色透明的小粒状物，即根结线虫的雌成虫。病株根系吸收功能减弱，病株生长衰弱，叶小，发黄，易脱落或枯萎，有时会发生枝枯，严重的整株枯死（图5-21）。

（2）病原

根结线虫属南方根结线虫。

（3）发病规律

以卵、幼虫、成虫在病土、病根残体内越冬。其中，病土是最主要的侵染来源，在病土内越冬的幼虫，可直接侵入寄主的幼根，刺激寄主中柱组织，形成巨形细胞，并形成根结。也可以卵随同病残体在土中越冬，翌年环境适宜时，越冬卵孵化为幼虫入侵寄主。线虫可通过水流、肥料、种苗传播。连作、高温、高湿、盆土疏松有利发病。幼虫在土壤中存活时间很短，3周内如果遇不到寄主，死亡率可达90%。

5.4.1.2 瓜子黄杨根结线虫病

分布普遍，寄主广泛，影响寄主植物的生长及观察效果。

（1）发病症状

初春虫体侵入新生须根后，根组织肥大增生，形成许多圆形小瘤，即根结，严重时根结成串似念珠状。地上部分长势弱，叶色发黄，枝条枯萎，严重时可造成整株死亡（图5-22）。

（2）病原

根结线虫属7种线虫，其中以南方根结线虫为主。

（3）发病规律

以卵、幼虫、成虫在病土、病根残体内越冬。主要通过土壤传播。带病种苗远距离运输是最主要的传播途径之一，水流、施用未腐熟的肥料也可传播。

（4）防治措施

①加强检疫，禁止调运病株，以免病害传到无病区。

②消灭病原，发现病株及时销毁。及时剪除病枝和挖除病株，以去除侵染源。

③ 用顶芽繁殖和组培方法培育无菌苗。

④ 土壤处理，用熏蒸剂（溴甲烷、棉隆等）处理杀死线虫，但处理后隔15~25天再种植物。

⑤ 发病期用10%克线磷（30~45 kg/hm²）处理。

图5-21　仙客来根结线虫病

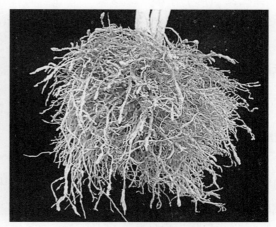

图5-22　瓜子黄杨根结线虫病

5.4.2　松材线虫病

松材线虫病是一种毁灭性流行病害，为世界性检疫病害。主要通过松褐天牛补充营养时造成的伤口进入木质部，寄生在树脂道中。在大量繁殖的同时近距离移动逐渐遍及全株，并导致树脂道薄壁细胞和上皮细胞的破坏和死亡，造成植株失水，蒸腾作用降低，树脂分泌急剧减少和停止。所表现出来的外部症状是针叶陆续变为黄褐色乃至红褐色、萎蔫，最后整株枯死，但松针不脱落。病死木的木质部往往呈现蓝灰色。

松材线虫病

松材线虫病又称松枯萎病，松树的一种毁灭性流行病，是松树的"癌症"。主要发生在黑松、赤松、马尾松、火炬松、黄松、云南松、樟子松等松属植物上（图5-23）。

（1）发病症状

松树受害后，针叶失水、失绿变为黄褐色到红褐色、萎蔫，树脂分泌急剧减少和停止，蒸腾作用下降，边材水分迅速减少，外表可见天牛侵害、产卵的痕迹、蛀屑，最后植株枯死，但针叶不脱落。

（2）病原

线形动物门线虫纲垫刃目滑刃科松材线虫。

（3）发病规律

该病的发生与流行与寄主树种、环境条件和媒介昆虫密切相关。低温能限制病害的发展，干旱可加速病害的流行。

图5-23　松褐天牛幼虫及松材线虫病

（4）防治措施

①严格检疫制度，禁止疫区的苗木、木材、木制品、枝杈、锯片等运往非疫区。

②林地清理，砍除和烧毁病树和垂死树，清除病株残体，减少感染源。

③在晚夏和秋季（10月份以前）喷洒杀螟松乳剂（或油剂）于被害木表面可完全杀死树皮下的天牛幼虫；在天牛羽化后补充营养期间，可喷洒0.5%杀螟松乳剂防治天牛。

④在线虫侵染前数周，用丰索磷、乙伴磷、治线磷等内吸性杀虫和杀线剂施于松树根部土壤中，或用丰索磷注射树干，预防线虫侵入和繁殖。采用内吸性杀线剂注射树干，能有效地预防线虫侵入。

5.5 生理性病害

植物的生理性病害又称非侵染性病害，是由于植物自身的生理缺陷或遗传性疾病，或由于在生长环境中有不适宜的物理、化学等因素直接或间接引起的一类病害。它和侵染性病害的区别在于没有病原微生物的侵染，在植物不同的个体间不能互相传染，所以又称为非传染性病害。生理性病害主要有以下几个特点。

①生理性病害是由非生物因素引起的，因此病植株上看不到任何病症，但通常会表现为黄化、变色、枯死、落叶、落花、落果、畸形和其他不正常的病变等病状。

②发病面积大而且均匀，没有由点到面的扩展过程，发病时间比较一致，发病部位大致相同，大多是由于大气污染、冻害、干热风、日灼等天气因素所致。

③通常为全株发病，植株间不能相互传染。

④当某种致病因素被消除或采取某些辅助措施（如施肥、灌溉）之后，植株病态可消除、恢复正常。

⑤病害的发生发展与虫害关系不大，但与气候、地形、地势、土壤质地等关系密切。

5.5.1 营养失调

营养失调主要包括营养缺乏、营养比例失调等。营养缺乏包括缺氮、磷、钾、铁、镁、硼、锌、钙、锰、硫、铜、铅等。营养缺乏时表现为叶片失绿、白化和黄化，叶脉发黄，叶片小且稀疏，易脱落；花芽形成困难，花小且色淡；果实发育不良。植株矮小，生长不良，分枝少，易倒伏，根系生长受抑等。营养比例失调主要是一些微量元素含量过高导致植物中毒，使其生长发育受到影响等。如硼中毒时，导致叶片白化干枯、生长点死亡；锌中毒时，导致植株小，叶片皱缩、黄化或具褐色坏死斑；锰中毒时，引起叶脉间黄化或变褐；其他如铜、钙、铅等过多时也会对植物也会产生毒害作用，影响植物的生长发育。

5.5.2 气候不适

气候不适主要包括水分、温度、光照、风等环境因子不适宜。土壤中水分少时引起植株叶片发黄，干旱导致整个叶片全部发黄，出现萎蔫，严重干旱时表现为植物新梢停止生长，老叶由下而上枯黄、衰老、脱落，甚至整株干枯死亡。土壤中水分过多导致植物根系褐变腐烂，地上部分表现为枝叶萎蔫，叶色枯涩或发黄，花蕾脱落、花色趋淡，当水渍严重时，会引起大量落花、落叶，枯枝，甚至全株死亡。高温时树干易出现干燥、裂开，叶片出现死斑，叶色变褐、变黄，花序或子房脱落等异常现象。低温的影响包括冷害和冻害，低于10℃的冷害常造成变色、坏死和斑点，出现芽枯、顶枯；0℃以下的低温所造成的冻害使幼芽和嫩叶出现水渍状暗褐斑，之后组织逐渐死亡。光照不足导致植株黄化、结构脆弱，易倒伏；光照过强时伴随高温、干旱易导致日灼、叶烧和焦枯。高温季节的强风易导致植株水分失调，严重时导致萎蔫甚至枯死。此外，若酸碱度不适宜易表现各种缺素症，并诱发一些侵染性病害的发生。

5.5.3 有毒物质

空气中的有毒物质SO_2、SO_3、HCl、粉尘等会引起植物叶缘、叶尖枯死，叶脉间变褐，严重时会导致植株落叶。此外，农药、化肥使用不当，花木叶片常产生斑点和枯焦脱落。使用化学农药或激素不当时易对植物造成伤害，表现为斑点、穿孔、焦灼、枯萎、落叶、落花和落果等症状。因此，合理使用农药和化肥，能有效地改善土壤环境。

5.5.4 生理性病害的诊断

生理性病害的诊断较为复杂。首先要排除侵染性病害，然后从病害特点、发病范围、周围环境和病史等方面进行分析。具体诊断方法如下。

（1）现场调查

调查访问管理人员，检查田间农活记录。对病株上发病部位、病部形态大小、颜色、气味、质地、有无病症等外部症状，用肉眼或放大镜观察。注意气候变化情况以及病害发生与地势、土质、肥料的关系，还要注意栽培管理措施、排灌、喷药是否适当，栽培措施上有无重大改变，第一次发病还是常年发生等。

（2）病株检查

将新鲜或剥离表皮的病组织切片并加以染色处理，显微镜下检查有无病原物及病毒所致的组织病变（包括内含体），即可提出非侵染性病害的可能性。

（3）诊断、治疗

可将发病植株的叶片、枝干以及病株附近的土壤进行成分及含量和酸碱度的测定，并与正常植株比较分析，确定发病原因；若怀疑为药害、冻害、干旱、肥害、中毒等引起致病时，可以人工创造相似条件，观察比较，当某种发病条件满足后病态是否重现。采取治疗措施排除病因，如缺素症可在土壤中增施所缺元素或对病株喷洒、注射、根灌治疗等。根腐病若是由于土壤水分过多引起的，可以开沟排水，降低地下水位以促进植物根系生长。如果病害减轻或恢复健康，说明病原诊断正确。

园林植物保护实验实训指导

实训一　昆虫外部形态的观察

一、实验目的与要求

1. 通过观察，认识昆虫外部形态的基本构造和特征。
2. 了解昆虫头式、口器、触角、足、翅等附器的基本构造及类型。

二、实验材料与用具

蝗虫、蟋蟀、蝼蛄、蝴蝶、蛾、金龟甲、天牛、蜻、蜂、家蝇、螳螂、蝉、斑衣蜡蝉等标本及多媒体图片。

显微镜、放大镜、解剖针、镊子、培养皿等。

三、实验内容与方法

1. 昆虫体躯的观察

以蝗虫为例，观察其身体分头、胸、腹三部分，虫体被外骨骼包被。头部具1对触角、1对复眼、1个单眼、1个口器，胸部具3对胸足、两对翅膀，腹部具9~11节、内具许多内脏及生殖系统。观察蝗虫腹末尾须、外生殖器。

2. 昆虫触角的观察

（1）以蜜蜂为例，观察其触角的基本构造：柄节、梗节和鞭节。

（2）对比观察其他昆虫触角的构造，识别触角类型。

① 丝状（线状）~触角细长，除基部1~2节稍粗大外，其余各节大小相似。如蝗虫、蟋蟀。

②刚毛状：触角很短小，基部两节稍粗，鞭节突然细缩呈刚毛状。如蚱蝉、斑衣蜡蝉。

③念珠状：鞭节有近似圆珠形的小节组成，大小相似，像一串念珠。如蚂蚁。

④锯齿状：鞭节各节向一侧作齿状突出，形似锯齿。如叩头虫、吉丁甲。

⑤球杆状：又球棒状，触角细长如杆，近端部数节逐渐膨大，形似棒球杆。如蝶类。

⑥锤状：与球杆状相似，但触角较短，末端数节显著膨大，形状似锤。如瓢虫、小蠹虫。

⑦栉齿状：鞭节各节向一侧作栉状突出，形似梳子。如雄性芫菁（♂）、绿豆象雄虫。

⑧膝状：柄节特长，梗节短小，鞭节各节大小相似于柄节形成膝状弯曲。如蜜蜂、象甲。

⑨羽毛状：又双栉齿状，鞭节各节向两侧伸出枝状突出，形似鸟羽。如蚕蛾（♂）、毒蛾、雄性小地老虎（♂）。

⑩具芒状：较短，鞭节只有一节，较柄节和梗节粗大，其上有一刚毛状或芒状构造称为触角芒。如蝇、虻。

⑪鳃片状：触角端部数节呈片状，相叠一起形似鱼鳃。如金龟子。

⑫环毛状：触角各亚节向四周生出环状毛。如蚊（♂）。

3．昆虫胸足的观察

（1）以蝗虫为例，观察其胸足的基本结构：基节、转节、腿节、胫节、跗节和前跗节及中垫的构造。

（2）对比观察其他昆虫胸足的构造，识别胸足的类型。

①步行足：步甲。

②跳跃足：蝗虫（后）、蟋蟀（后）、斑衣蜡蝉（后）。

③捕捉虫：螳螂（前）。

④开掘足：蝼蛄（前）、金龟甲（前）。

⑤游泳足：龙虱（后）。

⑥抱握足：尤虱（前）。

⑦携粉足：蜜蜂（后）。

4．昆虫翅的观察

（1）以蝗虫为例，观察其后翅的基本结构：三边（前缘、外缘、后缘）、三角（肩角、顶角、臀角）、三褶（基褶、臀褶、轭褶）、四区（臀前区、臀区、轭区、腋区）。

（2）以蝉、蝶为例，观察其翅脉，了解纵脉、横脉、脉室、脉相。

（3）对比观察其他昆虫翅的构造，识别翅的类型。

①膜翅：翅膜质，薄而透明，翅脉明显可见。如蜻蜓、蜂类。

②复翅（革质）：前翅质地坚韧如皮革，半透明，有翅脉。如蝗虫（前）。

③鞘翅（角质）：翅质地坚硬如角质，覆盖在体背起保护作用。如金龟甲（前）天牛（前）、象甲（前）。

④鳞翅：翅质地为膜质，但翅上被有许多色彩鲜明的鳞片。如蛾、蝶类。

⑤半鞘翅：基半部为皮革质或角质，端半部为膜质有翅脉。如蝽象（前）。

⑥缨翅：前后翅狭长，膜质，翅脉退化，边缘上着生很多细长缨毛。如蓟马。

⑦平衡棒：后翅退化成棒状构造，用以平衡身体。如蝇、蚊（后）。

5．昆虫口器的观察

（1）昆虫口式的观察

根据口器在头部的着生位置，昆虫可分为下口式（如蝗虫、螽斯、天牛等）、前口式（如步甲、蝼蛄、草蛉幼虫等）、后口式（如蚱蝉、蚜虫、蟓等）。昆虫口器着生情况与其食性有一定关系。

（2）昆虫口器的观察

①以蝗虫为例，观察咀嚼式口器的基本构造：上唇、1对上颚、1对下颚、下唇和舌。

②以蝉为例，观察刺吸式口器的基本构造：头下方有一个3节管状下唇，内藏上颚口针（较粗）、下颚口针（金黄色、愈合、可分开）。下唇往下按可见1块三角形小骨片即上唇。

③观察其他吸收式口器。

四、实验报告

1．写出供试标本触角、胸足、翅的类型。

2．写出昆虫的咀嚼式口器和刺吸式口器在构造上的区别及口器与药剂防治的关系。

附：显微镜的使用方法和保养

一、体视显微镜的类型和构造

常用的体视显微镜有连续变倍显微镜和转换物镜的显微镜两种，它们的结构都是由底座、支柱、镜体、目镜套筒及目镜、物镜、调焦螺旋、紧固螺丝、载物盘等组成。

二、体视显微镜的使用方法及注意事项

以XTB—01型连续变倍实体显微镜为例，其操作步骤如下：

1．根据观察物体颜色选择载物台（有黑白两色），使观察物衬托清晰，并将观察物放在载物圆盘上，裸露标本或浸渍标本，应先放在载玻片上或培养皿中，然后放在载物圆盘上。把放大环上刻值"l"对准下面的标志。

2．转动左右目镜座，调整两目镜间距。再调整工作距离。松开紧固手柄，使镜体缓慢升降至看见焦点时，然后紧固手柄。最后用调焦手轮调至物像清晰为止。调焦距时，应先粗调后细调，先低倍后高倍的寻找观察物。调焦螺旋内的齿轮有一定的活动范围，不可强扭以免损坏齿轮。

3．如需变换倍数，可用手旋转变倍转盘，观察放大指数环下面的标记，直至所需倍数为止。

4．两目镜各装有视度调节机构，根据使用者两眼视力不同，可进行调节。

三、双目实体显微镜的保养

1．体视显微镜为精密光学仪器，不用时必须置于干燥、无灰尘、无酸碱蒸气的地方，特别应做好防潮、防尘、防霉、防腐蚀的保养工作。

2．取动时，必须一手紧握支架，一手托住底座，保持镜身垂直，轻拿轻放。使用前需要掌握其性能，使用中按规程操作，使用后应及时降低镜体，取下载物台面上的观察物，清洁镜体，按要求放入镜箱内。

3．透镜表面有灰尘时，切勿用手擦拭，可用吹气球吹去，或用干净的毛笔、擦镜纸轻轻擦去。透镜表面有污垢时，可用脱脂棉蘸少许乙醚与乙醇的混合物或二甲苯轻轻擦净。

实训二　昆虫的变态和虫态的观察

一、实验目的与要求

1．掌握昆虫变态的概念及变态类型，能正确判断不完全变态和完全变态。

2．了解昆虫卵的构造、类型及产卵方式。

3．掌握各类昆虫幼虫、蛹的形态特征，能判别常见昆虫幼虫、蛹的类型。

4．了解成虫的性二型及多型现象。

二、实验材料与用具

1．标本

各类卵、幼虫、蛹的标本，菜粉蝶的生活史标本、蝼蛄的生活史标本，多媒体图片等。

2．用具

实体显微镜、放大镜、镊子、解剖针、培养皿等。

三、实验内容与方法

1．变态类型的观察

以菜粉蝶和蝼蛄为例，观察菜粉蝶完全变态和蝼蛄不完全变态的生活史标本，掌握变态的概念和类型。对照观察其他供试标本的变态类型。

2．昆虫卵的观察

以蝗虫为例，观察卵的形态、大小、颜色及花纹等形态结构。对照观察其他各种昆虫的卵，了解其产卵方式，保护特点、形态特点及其在生物学上的意义。

3．昆虫幼虫的观察

观察无足型（天牛、蝇）、多足型（蛾蝶类、叶蜂类）、寡足型（蛴螬、瓢甲类）等各类代表昆虫的幼虫，观察其腹足的有无、对数、头部的发达程度等内容，鉴别幼虫的类型。

4．昆虫蛹的观察

观察离蛹（天牛）、被蛹（蝶）、围蛹（蝇）等各类代表昆虫的蛹，观察其形态、大小、颜色、斑纹及复眼、足、翅膀等附肢可否自由移动等内容，鉴别蛹的类型。

5．昆虫成虫性二型及多型现象的观察

观察小地老虎成虫雌雄形态区别的性二型现象，白蚁的蚁王、蚁后、长翅生殖蚁、短翅生殖蚁等多型现象。

四、实验报告

1．写出供试标本的变态类型。

2．写出供试标本幼虫、蛹的类型。

实训三 园林植物昆虫主要目的特征观察

一、实验目的与要求

1. 熟悉昆虫纲中直翅目、半翅目、同翅目、鞘翅目、鳞翅目、双翅目、膜翅目、等翅目、缨翅目及蛛螨纲蜱螨目的特征及其与园林植物关系密切的重要科的特征。

2. 了解昆虫检索表的形式与使用方法。

二、实验材料与用具

1. 标本

直翅目：蝗科、蟋蟀科、螽斯科、蝼蛄科；半翅目：蝽科、网蝽科、猎蝽科、缘蝽科；同翅目：蝉科、蜡蝉科、叶蝉科、木虱科、蚜科、粉蚧科、盾蚧科、蜡蚧科、绵蚧科；鞘翅目：步甲科、金龟甲科、小蠹科、吉丁甲科、叩头甲科、瓢甲科、叶甲科、象甲科、天牛科；鳞翅目：木蠹蛾科、枯叶蛾科、毒蛾科、舟蛾科、尺蛾科、刺蛾科、灯蛾科、斑蛾科、蓑蛾科、螟蛾科、夜蛾科、透翅蛾、卷蛾科、天蛾科、粉蝶科、凤蝶科、蛱蝶科；双翅目：瘿蚊科、花蝇科、种蝇科；膜翅目：叶蜂科、姬蜂科、小蜂科、蜜蜂科；等翅目：鼻白蚁科、白蚁科；缨翅目：蓟马科、烟蓟马科；蜱螨目：叶螨科、叶瘿螨科等各科的分类示范标本及多媒体图片。

2. 用具

显微镜、放大镜、镊子、解剖针、培养皿。

三、实验内容与方法

1. 直翅目的观察

观察蝗科、蟋蟀科、螽斯科、蝼蛄科触角的形状、长短，翅的质地、形状，口器类型，前足、后足的类型，产卵器的构造和形状，听器的位置和形态，尾须的形态，发音器的位置等。

2. 半翅目的观察

观察蝽科、网蝽科、猎蝽科、缘蝽科及其他供试蝽类标本的口器类型、触角的形状、翅的质地及膜区翅脉形状、臭腺孔开口部位，找出蝽科、猎蝽科、缘蝽科翅脉的区别。

3. 同翅目的观察

观察蝉科、蜡蝉科、叶蝉科、木虱科、蚜科、粉蚧科、盾蚧科、蜡蚧科、绵蚧科口器类型、前后翅的质地、前后足的类型、触角的形状、蝉科发音器的位置、蚜科腹管位置及形状、介壳虫的雌雄介壳形状及虫体形状等。

4. 鞘翅目的观察

观察步甲科、金龟甲科、小蠹科、吉丁甲科、叩头甲科、瓢甲科、叶甲科、象甲科、天牛科等前后翅的质地、口器类型、触角类型、足的类型、幼虫类型等。

5. 鳞翅目的观察

观察木蠹蛾科、枯叶蛾科、毒蛾科、舟蛾科、尺蛾科、刺蛾科、灯蛾科、斑蛾科、蓑蛾科、螟蛾科、夜蛾科、透翅蛾、卷蛾科、天蛾科、粉蝶科、凤蝶科、蛱蝶科等触角形状，翅的形状、斑纹、颜色，相对应幼虫的形态、大小、腹足情况及虫体有无毛瘤、枝刺、毒腺、臭腺及其着生位置等。

6．双翅目的观察

观察瘿蚊科、花蝇科、种蝇科等口器类型、后翅退化成平衡棒的形式、幼虫形态及大小情况等。

7．膜翅目的观察

观察叶峰科、姬蜂科、小蜂科、蜜蜂科等触角的形状、口器类型、翅脉形状、产卵器的形状及对应幼虫的形态、大小、腹足数目等。

8．等翅目的观察

观察鼻白蚁科、白蚁科触角的形状，翅的质地、形状，口器类型，找出两科的主要区别。

9．缨翅目的观察

观察蓟马科、烟蓟马科翅的形状及有无斑纹，产卵器的形状。

10．蜱螨目的观察

观察苹果红蜘蛛、梨潜叶瘿螨、捕食螨的形态特征，找出其主要区别。

四、实验报告

1．列检索表区别供试标本。
2．按分科特征列检索表区别直翅目、半翅目、同翅目、鞘翅目、鳞翅目等供试标本。

附：检索表

| 1 有翅 ……………………………………………………………………… 2 |
| 1 无翅 ……………………………………………………………………… 3 |
| 2 完全有翅 ………………………………………………………………… 4 |
| 2 不完全有翅 ……………………………………………………………… 5 |
| 3 口器咀嚼式 …………………………………………………………… 食毛目 |
| 3 口器刺吸式 ……………………………………………………………… 6 |
| 4 口器咀嚼式（咀嚼式或嚼吸式）……………………………………… 7 |
| 4 口器虹吸式 …………………………………………………………… 鳞翅目 |
| 5 前后翅质地相同 ………………………………………………………… 8 |
| 5 前后翅质地不同 ………………………………………………………… 9 |
| 6 后足攀缘足 …………………………………………………………… 虱目 |
| 6 后足跳跃足 …………………………………………………………… 蚤目 |
| 7 前后翅质地相同 ……………………………………………………… 10 |
| 7 前后翅质地不同 ……………………………………………………… 11 |
| 8 膜翅（膜翅或覆翅）………………………………………………… 12 |
| 8 缨翅 ………………………………………………………………… 缨翅目 |
| 9 后翅膜质 ……………………………………………………………… 13 |
| 9 后翅特化为平衡棒 ………………………………………………… 双翅目 |
| 10 膜翅 ………………………………………………………………… 14 |
| 10 毛翅 ………………………………………………………………… 毛翅目 |

11 前翅革质、后翅膜质 ··· 螳螂目

11 前翅鞘质、后翅膜质 ··· 鞘翅目

12 前足第1跗节膨大，可分泌丝腺 ··································· 纺足目

12 前足第1跗节不膨大 ··· 15

13 前翅革质、后翅膜质 ··· 16

13 前翅半鞘翅、后翅膜质 ··· 半翅目

14 腹部末端有尾须1对，腹末常有1条中尾丝 ··············· 蜉蝣目

14 腹末无中尾丝 ··· 17

15 是多型态昆虫 ··· 等翅目

15 不是多型态昆虫 ··· 同翅目

16 有尾须，短 ··· 蜚蠊目

16 无尾须 ··· 18

17 前口式 ··· 广翅目

17 下口式 ··· 19

18 有拟态现象，似竹杆或树叶 ······································· 竹节虫目

18 无拟态现象 ··· 直翅目

19 成虫有多型现象 ··· 膜翅目

19 成虫无多型现象 ··· 20

20 前后翅大小，形状相似，翅脉网状，在翅缘多分叉 ······· 脉翅目

20 翅狭长，翅脉网状 ··· 蜻蜓目

实训四　园林植物病害症状类型观察

一、实验目的与要求

1. 掌握园林植物病害的病状和病症类型。

2. 熟悉有病植物与无病植物的区别。

3. 掌握各类植物病害症状的异同。

二、实验材料与用具

1. 标本

实验前采集的新鲜园林植物病害标本、实验室保存的园林植物病害的各种症状类型标本、多媒体图片等。

2. 用具

放大镜。

三、实验内容与方法

1. 分小组采集各种园林植物病害标本，结合实验室保存标本进行种类鉴定。

2．病状类型观察

（1）变色

① 黄化：整株或局部叶片均匀褪绿。观察栀子黄化病、香樟黄化病等。

② 花叶：整株或局部叶片颜色深浅不均，浓绿和黄绿互相间杂，有时出现红、紫斑块。观察一串红花叶病、大丽花花叶病等。

（2）坏死

① 斑点：多发生在叶片和果实上，其形状和颜色不一，分为角斑、圆斑、轮斑、不规则形斑或黑斑、褐斑、红斑等，病斑后期常有霉层或小黑点出现。观察桂花褐斑病、紫荆角斑病、月季黑斑病等。

② 炭疽：症状与斑点相似。病斑上常有轮状排列的小黑点，有时还产生粉红色黏液状物。观察兰花炭疽病、广玉兰炭疽病等。

③ 穿孔：病斑周围木栓化，中间的坏死组织脱落而形成空洞。观察桃树细菌性穿孔病、樱花穿孔病。

④ 溃疡：枝干皮层、果实等部位局部组织坏死，病斑周围隆起，中央凹陷，后期开裂，并在坏死的皮层上出现黑色的小颗粒。观察槐树溃疡病、香樟溃疡病等。

⑤ 疮痂：发生在叶片、果实和枝条上。局部细胞增生而稍微突起，形成木栓化的组织。观察大叶黄杨疮痂病等。

⑥ 猝倒与立枯：幼苗近土表的茎组织坏死。观察松、杉木苗的立枯病和猝倒病。

（3）腐烂

发生在根、干、花、果上，病部组织细胞的破坏与分解。枝干皮层腐烂与溃疡症状相似，但病斑范围较大，边缘隆起不显著，常带有酒糟味。

① 湿腐：观察杨树腐烂病等。

② 干腐：观察桃褐腐病。

③ 软腐：观察君子兰细菌性软腐病等。

（4）畸形

① 肿瘤：枝干和根上的局部细胞增生，形成各种不同形状和大小的瘤状物。如月季癌肿病、樱花细菌性根癌病等。

② 丛枝：顶芽生长受抑制，侧芽、腋芽迅速生长，或不定芽大量发生，发育成小枝，由于小枝多次分支，叶片变小，节间变短，枝叶密集，形成扫帚状。如泡桐丛枝病、竹丛枝病等。

③ 变态：正常的组织和器官失去原有的形状，出现卷叶、蕨叶、徒长等现象，观察桃树缩叶病、杜鹃叶肿病、凤仙花病毒病等。

（5）萎蔫

病株根部维管束被侵染，导致整株萎蔫枯死。

① 青枯：病株迅速萎蔫，叶色尚青就失水凋萎所致。观察菊花青枯病。

② 枯萎：病株萎蔫较慢，叶色不能保持绿色。观察鸡冠花枯萎病、百日草枯萎病等。

3．病症类型观察

（1）粉状物

① 白粉：病部表面有一层白色的粉状物，后期在白粉层上散生许多针头大小的黑色颗粒状物。观察紫薇白粉病、大叶黄杨白粉病等。

② 煤污：病部覆盖一层煤烟状物。观察小叶女贞煤污病、山茶煤污病等。

③ 锈粉：病部产生锈黄色粉状物，或内含锈黄粉的疤状物或毛状物。观察玫瑰锈病、萱草锈病等。

（2）霉状物

病部产生各种颜色的霉状物。观察仙客来灰霉病、万寿菊灰霉病等。

（3）颗粒状物

病原真菌在植物病部产生的黑色、褐色小点或颗粒状结构。观察广玉兰炭疽病、大叶黄杨叶斑病等。

（4）伞状物

观察花木根朽病。

（5）菌核与菌索

观察草坪草白绢病。

（6）脓状物

细菌性病害常从病部溢出灰白色、蜜黄色的脓状物液滴，干后结成菌膜或小块状物。观察君子兰细菌性软腐病、女贞细菌性叶斑病等。

四、实验报告

1. 观察各种病害症状类型之后，举例说明病状和病症的区别。

2. 任选15个以上的标本，将观察结果填入下表中。

园林植物病害调查表

编号	调查日期	调查地点	病害名称	发病部位	病状类型	病症类型	病害特点

实训五　农药的配制与使用（喷雾法）

一、实验目的与要求

1. 掌握农药的类型、剂型的正确选择。

2. 掌握农药的使用量的准确计算。

3. 掌握各种农药器械的正确操作和常见故障排除，规范施药。

二、实验材料与用具

1．市场常售农药品种

如80%敌敌畏乳油、50%辛硫磷乳油、40%速扑杀乳油、2.5%溴氰菊酯乳油、40%氧化乐果乳油、10%吡虫啉乳油、2%阿维菌素乳油、1.2%苦烟乳油、90%敌百虫晶体、25%灭幼脲3号悬浮剂、Bt乳剂、白僵菌粉剂、磷化铝片剂、20%哒螨灵乳油、75%百菌清可湿性粉剂、80%代森锌可湿性粉剂、70%甲基托布津可湿性粉剂、50%多菌灵可湿性粉剂、15%粉锈宁可湿性粉剂、10%福星乳油、50%退菌特可湿性粉剂等。

2．用具

天平、药匙、量筒、烧杯、玻璃棒、打药机等。

三、实验内容与方法

1．农药的正确选择

根据实际情况选择最合适的农药品种。一般来讲，杀虫剂不能治病，杀菌剂不能治虫，要做到对症下药，避免盲目用药。同时，还要注意所选农药应对园林植物安全无药害，或基本无药害；对人畜毒性小或基本无毒；对生态环境无污染或基本无污染。例如防治蚜虫选用40%氧化乐果乳油、10%吡虫啉乳油、2%阿维菌素乳油、2.5%溴氰菊酯乳油等内吸剂；防治鳞翅目幼虫选用25%灭幼脲3号悬浮剂、Bt乳剂、白僵菌粉剂、2.5%溴氰菊酯乳油、2%阿维菌素乳油等胃毒性药剂；防治叶斑病选用75%百菌清可湿性粉剂、80%代森锌可湿性粉剂、70%甲基托布津可湿性粉剂；防治白粉病、锈病选用15%粉锈宁可湿性粉剂、10%福星乳油；防治细菌性角斑、穿孔、溃疡等细菌性病害，选用农药链霉素等。

2．农药的稀释计算

目前，我国生产上常用的药剂浓度表示法有倍数法、百分浓度法和摩尔浓度法。其中最常用的为倍数法。倍数法是指药液（药粉）中稀释剂（通常为水）的用量是原药剂用量的多少倍。

此方法不考虑药剂的有效成分含量。稀释100倍以内时用公式：

稀释剂的量=原药剂的量×稀释倍数～原药剂的量

例：40%氧化乐果乳油10mL加水稀释50倍液，求稀释液的量。计算：

$$稀释液的量=10×50—10=490mL$$

稀释100倍以上时用公式：

$$稀释剂的量=原药剂的量×稀释倍数$$

例：80%敌敌畏乳油10mL加水稀释1500倍液，求稀释液的量。计算：

$$稀释液的量=10×1500=15000mL（即15L）$$

简言之，所谓稀释××倍，是指水的用量为药品用量的××倍。固体药剂以相同公式计算。把农药的相对密度看做1，不考虑固体药品溶解后的体积变化。

3．农药的配制

根据施药面积、施药器械容积和药品使用说明推荐的用药量和稀释倍数，计算农药稀释剂的用量，并进行稀释配制。

配制农药前，先用清水检查农药器械是否正常。

4．农药的使用方法

练习使用喷雾法进行农药的使用。做到喷药细致、周密、不漏喷、不重复喷，以免防治不彻底，引起病虫害再度发展或造成药害。

5．注意事项

（1）阴雨天气要用烟雾剂熏烟、或粉尘剂喷粉防治。不可使用水剂喷雾法喷洒，以防湿度提高，为病害发生提供有利条件。

（2）使用浓度要合理，既要保障园林植物的安全，不发生药害，又能有效地消灭病虫草害。严禁不经试验，随意提高使用浓度，既增加防治成本，又易造成药害现象发生。

（3）石硫合剂的浓度单位：波美度。简易测试石硫合剂的浓度的方法：取一干净的瓶子装满清水称重（m kg）后倒出，然后在装满石硫合剂称重（n kg），计算公式为：

$$石硫合剂液的浓度=（n～m）×230（波美度）。$$

四、实验报告

写一份农药使用报告（包括选择农药及理由、稀释计算过程、施药的方法与经验等）。

实训六 常见园林植物害虫的识别

一、实验目的与要求

1．学会园林植物虫害的诊断方法和步骤。

2．掌握食叶害虫、吸汁害虫、蛀干害虫及地下害虫的主要为害特点及鉴别方法，并能正确区别。

二、实验材料与用具

1．标本

实验前采集新鲜的食叶害虫、吸汁害虫、蛀干害虫、地下害虫及其对应的为害状标本；实验室保存的刺蛾、襄蛾、尺蛾、夜蛾、卷叶蛾、舟蛾、灯蛾、毒蛾、枯叶蛾、蝶类、叶甲、叶蜂、蝗虫、软体动物等为害严重的食叶害虫的标本及为害状标本；棉蚜、桃粉蚜、绣线菊蚜、月季长管蚜、大青叶蝉、斑衣蜡蝉、吹绵蚧、草履蚧、矢尖蚧、紫薇绒蚧、龟蜡蚧、梧桐木虱、合欢木虱、梨网蝽、赤须盲蝽、朱砂叶螨等为害严重的吸汁害虫的标本及为害状标本；星天牛、光肩星天牛、桑天牛、六星吉丁虫、臭椿沟眶象、杨干象、槐木蠹蛾、双棘长蠹等为害严重的蛀干害虫的浸渍标本、生活史标本及为害状标本；蝼蛄、金龟甲、地老虎等为害严重的地下害虫的浸渍标本、生活史标本及为害状标本。

2．用具

显微镜、放大镜、解剖针、培养皿及多媒体图片。

三、实验内容与方法

1．分小组采集各种园林植物害虫标本及为害状标本，结合实验室保存标本进行种类鉴定。

2．食叶害虫的观察

（1）刺蛾

观察不同刺蛾各虫态的形态特征，比较初龄幼虫与高领幼虫的为害状。

（2）蓑蛾

观察不同蓑蛾护囊的大小及形状。

（3）尺蛾

观察不同尺蛾的形态特征及为害状，观察尺蛾幼虫的行走姿势及拟态现象。

（4）夜蛾与舟蛾

观察夜蛾与舟蛾代表种成虫、蛹、幼虫、卵形态特征及为害状，区别两类幼虫。

（5）毒蛾、灯蛾与枯叶蛾

观察毒蛾、灯蛾与枯叶蛾代表种成虫、蛹、幼虫、卵形态特征及为害状，区别三类幼虫。

（6）蝶类及其他蛾类

观察蝶类及其他蛾类代表种成虫、蛹、幼虫、卵形态特征及为害状。

（7）叶甲及其他鞘翅目食叶害虫

观察成虫、蛹、幼虫、卵的形态特征及为害状，观察成虫触角、体形、斑纹。

（8）叶蜂与蝗虫

观察叶峰幼虫形态特征及为害状，成虫翅脉特征，蝗虫卵、幼虫、成虫形态特征及为害状。

（9）软体动物

观察蜗牛、蛞蝓等软体动物代表种类的形态特征及为害状。

3．吸汁害虫的观察

（1）蚜虫类

观察不同种蚜虫的体色、蜡粉、腹管的形态及为害状。

（2）蝉类

观察大青叶蝉、斑衣蜡蝉的体型大小、颜色、翅脉及为害状。

（3）蚧类

观察吹绵蚧、草履蚧、矢尖蚧、紫薇绒蚧、龟蜡蚧的形态特征、体型大小、雌雄介壳的特点。

（4）蝽类

观察梨网蝽、赤须盲蝽体型大小、前胸背板形状、翅脉特点及为害状。

（5）螨类

观察朱砂叶螨的体形、颜色及为害状。

（6）木虱与粉虱类

观察梧桐木虱、合欢木虱体型大小、分泌蜡粉的状态及为害状。观察温室白粉虱体型大小、颜色、分泌蜡粉、前翅翅脉形状及为害状。

4．蛀干害虫的观察

（1）天牛类

观察星天牛、光肩星天牛、桑天牛等成虫、幼虫的形态特点、为害部位及为害状。

（2）吉丁虫类

观察六星吉丁虫、臭椿沟眶象、杨干象的形态特征及为害状。

（3）其他蛀干害虫

观察槐木蠹蛾、双棘长蠹等形态特征及为害状。

5. 地下害虫的观察

（1）金龟甲类

观察蛴螬的形态特征及为害状。

（2）其他

观察蝼蛄、金针虫、地老虎的形态特征及为害状。

6. 虫卵、虫粪、分泌物的观察

（1）虫卵

观察樱花、碧桃、海棠、苹果等树的枝条基部轮纹处苹果红蜘蛛卵，松针、柏叶上松柏蚜虫卵，杨、柳、黄刺梅、玫瑰枝上天幕毛虫"顶针状"卵环，椿树枝上黄土泥块样斑衣蜡蝉卵，杨树干、大枝上舞毒蛾黄色卵堆，国槐叶片正面叶脉处绿色国槐尺蠖卵等。

（2）虫粪

观察树下地面上和树枝树干上有无虫粪。如天蛾粪害虫排出有几道纵沟的圆柱形虫粪，常在树下成片分布；天牛类排出的虫粪和木屑多为丝状；木蠹蛾类排出的虫粪和木屑多为粒状并粘连成串。

（3）分泌物

观察树叶、树枝或树下的地面及各种物体上有无油质污点，这些油质物一般为蚜虫类、介壳虫类、木虱类害虫的排泄物，也叫"虫尿"。如夏天树枝上有白色绵絮状物，在梧桐树上则为梧桐木虱，在合欢树上则为合欢木虱，在白蜡树上则为白蜡囊蚧，在柳树上则为绵蚧或绵蚜等。

四、实验报告

1. 总结园林植物虫害的诊断方法。
2. 列表描述所观察害虫的成虫、蛹、幼虫、卵的形态特征及为害状。
3. 通过调查，制订各类害虫的综合治理方案。

实训七　常见园林植物病害的识别

一、实验目的与要求

1. 学会园林植物病害田间诊断的方法和步骤。
2. 掌握侵染性病害和非浸染性病害的主要表现，并能正确区别。
3. 掌握病原真菌、细菌、病毒所致病害的症状、鉴别方法、发病规律及防治。

二、实验材料与用具

1. 标本

实验前采集新鲜的病害标本，实验室保存的白粉病、锈病、灰霉病、叶斑病、炭疽病、叶畸形病、各种缺素症的蜡叶标本及浸渍标本，实验室保存的枝干及根部浸渍标本。

2．用具

显微镜、放大镜、解剖针、镊子、培养皿、滴瓶、载玻片、盖玻片、挑针、蒸馏水及多媒体图片。

三、实验内容与方法

1．分小组认领校园园林植物，观察其生长状况，对发生异常现象者做好症状类型和发病情况记录。

2．分小组采集各种园林植物病害标本，结合实验室保存标本进行种类鉴定。

3．园林植物病害的诊断步骤

（1）现场观察

根据发病植株的症状特点，区别是属于侵染性病害还是非浸染性病害。如果是非浸染性病害，根据植株立地条件，分析发病原因。

（2）症状观察

观察症状时注意区分病状是点发性还是散发性，是坏死性病变、刺激性病变还是抑制性病变，病斑的部位、大小、色泽和气味，病部组织的质地等特点。即根据"病状"及"病症"确定是由真菌、细菌还是病毒引起的。许多病害有典型的病症，比较容易确定，有些病害无病症，抓住其典型病状也可确诊。

（3）室内鉴定

不同病原可产生相似的症状，同一病害其症状也可因寄主和环境条件的变化而变化。因此，许多情况下需要对病原物进行室内分离、培养鉴定。

（4）接种实验

又叫印证鉴定。即把室内分离、培养的被怀疑是致病的病原物人为地接种到同一种健康的植株上，检查能否产生与采集植物上相同的症状，明确病原。

4．非侵染性病害的诊断

（1）非侵染性病害表现为黄化、变色、枯死、落叶、落花、落果、畸形等。

（2）发病面积大而且均匀，没有由点到面的扩展过程，发病时间比较一致，发病部位大致相同，大多是由于大气污染、冻害、干热风、日灼等天气因素所致。

（3）通常为全株发病，植株间不能相互传染。

（4）当某种致病因素被消除或采取某些辅助措施（如施肥、灌溉）之后，植株病态可消除、恢复正常。

（5）病害的发生发展与气候、地形、地势、土壤质地等关系密切。

5．侵染性病害的诊断

（1）真菌病害

许多真菌病害（霜霉病、灰霉病、白粉病、锈病等）一般在被害部位产生各种典型的病症，如霉状物、粉状物、小黑点、伞状物、烟煤状物和棉毛状物等。不易产生病症的真菌病害，通常有一个明显的逐步扩大和发生变化的病理程序，而且病状在植物上出现的部位和范围有点发性和散发性，所表现的畸形的斑点、大病斑、溃疡和枯萎等有一个从小到大、由轻到重、从点到面的侵染发病过程。

① 白粉病：该类病害的有一共同特点，即迟早在受害部位形成白色的粉霉斑，粉霉斑连片，在叶片上表现为一层白粉，故名白粉病。发病后期在白粉斑上产生针尖状小黑点及病原物的闭囊壳。观察大叶黄杨白粉病、紫薇白粉病。针挑镜检病原物的形态。

② 锈病：该类病害的共同特征是在叶片或枝干上产生橘黄至铁锈色夏孢子及冬孢子堆。观察贴梗海棠锈病、梨–桧柏锈病。针挑镜检病原物的形态。

③ 灰霉病：该类病害的共同特征是在湿度较大的情况下，植株受害部位产生大量的灰黑色霉层。观察仙客来灰霉病、瓜叶菊灰霉病。针挑镜检病原物的形态。

④ 叶斑病（含炭疽病）：该类病害的共同特点是在叶面上产生各种颜色、各种形状的坏死斑，后期病部中央颜色变浅，并且在病斑上产生大量小黑点或霉层，有的病斑可因组织脱落形成穿孔。观察月季黑斑病、凤尾兰褐斑病、紫荆角斑病、广玉兰炭疽病、榆叶梅穿孔病。针挑镜检病原物的形态。

⑤ 叶畸形病：该类病害的特点是受害叶片肿大、加厚皱缩，果实肿大，中空呈囊状。观察桃树缩叶病、杜鹃饼病。针挑镜检病原物的形态。

⑥ 病毒病：该类病害的症状特点表现为花叶、黄化、皱缩等，无病症。观察美人蕉花叶病。

（2）细菌病害

植物细菌病害的症状主要有斑点、条斑、溃疡、萎蔫、腐烂和畸形等，共同的特点是病状多表现为急性坏死。病症特点是病斑初期呈半透明水渍状，边缘常具褪绿的黄晕圈。空气湿度大时，从病部的气孔、皮孔及伤口处溢出黏稠状菌脓。干后浓缩成细小的颗粒或胶膜黏附在病部。观察君子兰细菌性软腐病。镜检其溢脓现象。

（3）病毒及植原体类病害

植物病毒及植原体类病害多为系统性发病，只有病状没有病症，病状通常表现为黄化、花叶、畸形、全株矮化、枝叶丛生和坏死等现象，以叶片和幼嫩枝梢表现最明显。病株常从个别分枝或植株顶端开始发病，逐渐扩展到其他部位。病毒病通常由刺吸类昆虫（蚜虫、介壳虫、蓟马、螨类、粉虱等）进行传播，故在病株中常有昆虫残迹（放大观察）。病毒性病害的确诊，还需采用汁液摩擦接种、嫁接传染、昆虫传毒和病株种子传染等试验进行验证。观察大丽花的病毒病、夹竹桃的丛枝病。

四、实验报告

1. 结合实践，写出侵染性病害和非浸染性病害的根本区别，以及防治的基本途径。
2. 阐明植物病害诊断的方法和步骤，以及注意事项。

附　录　园林植物保护技术规程

第一章　总　则

1.1　根据"预防为主，综合防治"的植物保护方针，为了加强园林植物保护技术工作的管理，提高技术工作的效益和水平，使园林植物病虫害防治工作走上规范化、科学化、法制化的轨道，并同国际同行业接轨，贯彻预防为主，采取以生物、生化防治为主的综合治理措施，向无农药污染的绿色城市园林发展，以达到即能有效、安全、经济地控制住病、虫等的危害，保护园林植物的正常生长和绿化美化功能的正常发挥，又能维护和促进园林生态和病虫害防治的良性发展，为城市人民创造清洁优美环境的目的，特制定本规程。

1.2　本规程适用于园林绿化部门、公园、风景区、绿地、绿化队、苗圃、花圃以及机关、企事业单位、部队、厂矿、院校、医院等单位所有从事林植物栽培、养护管理的单位和人员。

1.3　园林植物病虫害防治工作是园林绿化行业中一项及其重要和经常性的技术工作，技术性和时间性很强，要求必须设有主管病虫害防治工作的专业人员（或技术员），加强技术管理和指导，建立和健全专业病虫害防治队伍，经常进行业务总结和技术培训，以不断提高防治效果和技术水平。

1.4　城市园林植物病虫害防治工作应以有效、安全、经济为指导思想，经过调查、试验，采取一种或几种确有实效的方法，高度重视对人、环境、天敌和植物的安全，不断研究、改进、提高防治效益。

第二章　防治对象和重点地区

2.1　当地园林植物的病、虫、螨害等防治对象分为重点对象和一般对象两类，应做到狠抓重点对象的防治，避免造成有影响的危害；控制好一般对象，使其不能发展和造成明显的危害。

2.2　重点对象：即发生较经常较普遍、极易造成严重灾害和影响的病、虫、螨害等。

2.2.1 食叶害虫：国槐尺蠖、国槐潜叶蛾、柏毒蛾、柳毒蛾、杨天社蛾、杨小天社蛾、杨柳小卷蛾、榆兰叶甲、榆绿金花虫、天幕毛虫、桑刺尺蠖、刺蛾、舞毒蛾、木撩尺蠖、合欢巢蛾、黄栌缀叶丛螟、油松毛虫、铜绿金龟子、黄杨绢野螟、元宝枫细蛾、棉大卷叶螟、柳枝瘿蚊、银纹夜蛾、草坪粘虫等。

2.2.2 吸汁害虫：柏蚜、松蚜、桃粉蚜、栾树蚜虫、紫薇长斑蚜、毛白杨蚜虫、棉蚜、月季长管蚜、菊姬长管蚜、白粉虱、桑白蚧、草履蚧、黄杨箩片盾蚧、花卉介壳虫、梧桐木虱、合欢木虱、斑衣蜡蝉、地锦叶蝉等。

2.2.3 蛀食干、枝、花害虫：木蠹蛾、国槐叶柄小蛾、星天牛、双条杉天牛、柏树小蠹、双棘长蠹、光肩星天牛、褐天牛、杨透翅蛾、臭椿沟眶象、大丽花螟蛾、棉铃虫、松梢螟等。

2.2.4 地下害虫：蛴螬、蝼蛄、地老虎等。

2.2.5 螨类：国槐红蜘蛛、柏红蜘蛛、松红蜘蛛、杨柳红蜘蛛、苹果红蜘蛛、山楂红蜘蛛、朱砂红蜘蛛、竹裂爪螨等。

2.2.6 病害：杨柳腐烂病、杨柳溃疡病、毛白杨早期落叶病、苹桧锈病、月季白粉病、月季黑斑病、菊花斑枯病、芍药褐斑病、花卉疫霉病、根结线虫病、立枯病、合欢枯萎病、草坪锈病、菟丝子病害、紫纹羽病、白纹羽病等。

2.3 一般对象：除上述重点防治对象以外的一些如果发展起来，也会对植物、市容、市民生活造成明显影响的病、虫、螨害等，如一般的蚜虫、卷叶虫、天蛾、蝶类、蝉、叶斑病等。

第三章 园林植物病虫害防治技术操作质量标准

3.1 喷药质量标准和要求：

3.1.1 应按规定浓度准确配制。

3.1.2 矮树喷药要求成雾状，雾点直径不应大于80微米；喷粉粉粒直径不应大于20微米，根据不同病、虫分布的部位，有的放矢地喷洒均匀周到。

3.1.3 高树用高射程喷药车喷药时，必须下车绕树周围喷药，并尽量摆动喷枪，击散水柱，使其成雾状，做到应喷部位喷洒均匀周到。

3.2 根施内吸杀虫杀螨颗粒剂质量标准和要求：

3.2.1 必须按规定用药量准确使用。

3.2.2 应施在吸收根最多处。

3.2.3 施药面积应占有效吸收根分布总面积的1/3以上。

3.2.4 埋土后必须浇透水，保持土壤经常湿润。

3.2.5 药剂系高毒，不得入口、接触皮肤和吸收药粒的粉尘。

3.3 浇灌内吸杀虫杀螨药液质量标准和要求：

3.3.1 必须按规定用药量准确配置和使用。

3.3.2 必须匀称地浇在植物周围吸收根最多处。

3.3.3 药液渗完后封埯。

3.3.4 药剂系高毒，配、用药人员注意安全防护，防止入口、眼和接触皮肤。

3.4 打针（高压注射内吸杀虫杀螨剂）法质量标准和要求：

3.4.1　必须按规定用药量和浓度准确配置和使用。

3.4.2　打针部位应在树干基部周围各大主根上，实无条件的可在主干基部，但各针位在主干基部周围应分布均称，并上下错开成"品"字形排列，上、下两针位之垂直距离不应小于20cm。

3.4.3　加压勿过急过大，防止胀裂树皮及针孔附近发生药害。

3.4.4　起针后封死针孔。

3.5　树木刮皮涂内吸杀虫杀螨剂质量标准和要求：

3.5.1　必须严格按规定用药量准确使用。

3.5.2　不得在树干上刮成整个环状，应在树干的上下不同部位刮成两个半圆环或三个1/3环，半环与半环之间距不应小于20cm。

3.5.3　只能刮去死皮（已木栓化的），使稍露出活皮，严禁刮掉过多的活皮。

3.6　药剂注射质量标准和要求：

3.6.1　常用药剂的使用浓度一般不应低于50倍。

3.6.2　注射部位须在排出有新鲜虫粪和木屑的蛀食排粪孔口，注射时，所有虫孔、排粪孔均应注满药液，直至溢出药液为止，不得遗漏。

3.6.3　注完用湿泥封死各孔口。

3.6.4　一虫多孔的应先堵死注射孔以上或以下的排粪孔，然后再注射。

3.7　活树熏杀蛀干害虫质量标准和要求：

3.7.1　单位体积内用药量必须按规定准确使用。

3.7.2　熏杀部位必须包封严密。

3.7.3　熏杀时间必须根据不同季节按规定要求进行。

3.7.4　用药过程按规定要求注意安全防护。

3.8　人工捉（摘）病、虫质量标准和要求：

3.8.1　人工捕捉害虫、摘除虫包、虫巢、卵块或病叶、病梢时，其范围只限于被害部位，不得损坏植物的健康部分。

3.8.2　捉、摘的虫体、病部应及时收集，集中处理，防止继续扩散为害。

3.9　诱杀的质量标准和要求：

3.9.1　必须根据诱杀对象的生活习性，在外出活动期进行。

3.9.2　性诱剂诱杀、灯光诱杀、饵料诱杀等，均应按其诱杀的有效面积确定使用数量，必须按要求挂放的位置挂放，并放好、放平、放牢，诱芯与虫胶的距离、灯光与毒杀剂的距离等，必须按要求摆放。

3.9.3　黏虫胶或杀虫药液已粘（或漂）满虫体或效力过期时，应及时更换或清除。

3.9.4　配置饵料选药应根据诱杀对象确定，诱集取食的害虫。主要用胃毒剂且对害虫没有忌避作用的敌百虫等，诱集产卵的害虫主要用强触杀剂且对害虫没有忌避作用的敌杀死等，配药比例应按规定准确配置。

3.10　人工挖除病、虫质量标准和要求：

3.10.1　挖除地下虫、蛹时，事先应进行调查，根据不同防治对象，主要在树木附近约大于树冠直径1倍的范围内潮湿松土里，深度一般5~20cm处，挖出的虫、蛹要及时进行处理，在近树根挖时，勿损伤树根，挖后恢复地面平整。

3.10.2　挖除树体内的病、虫，工具要锋利，不应留下虫体或病变组织。

3.10.3　伤口要平整，并及时进行伤口消毒和涂抹防腐剂。

3.10.4　挖下的病、虫体要及时收集进行处理，不得随意乱丢乱放。

3.11　人工刮刷病、虫质量标准和要求：

3.11.1　刮除时，应不损伤树干树枝的内皮（活皮）或过多损伤树体（易流脂树种不能刮）。

3.11.2　刮除枝、干上的皮部病斑时，应尽量刮成纵菱形，将已变色的病变组织刮除干净，遇有活皮尽量保留。并及时进行伤口消毒和涂抹防腐防水剂，刮下的病体应及时收集处理。

3.11.3　刷除树体或附近建筑物上的害虫时，应先调查、了解和认清害虫的栖息地点及死虫和活虫的特征后再进行，并尽量刷干净。

3.12　土壤药剂处理质量标准和要求：

3.12.1　应按规定用药量准确用药配药，药剂与细土要混拌均匀，并均匀周到地撒在单位面积害虫、病菌活动为害的深度内。

3.12.2　撒（或喷）在土面上的药剂，应立即翻入20cm左右深度的土层中，并耙拌均匀。

第四章　园林植物病虫害防治

4.1　植物检疫

4.1.1　是一项防止危险性病、虫、杂草传入尚未发生地区的重要措施，国家已颁布植物检疫法规，从国内外引进或输出动植物时，必须遵照执行。

4.1.2　本市各单位从国内外引进树木、花卉、草等园林植物及其繁殖材料时，应事先调查了解引进对象在当地的病虫害情况，提出检疫要求，办理检疫手续，方能引进，防止本市尚未发生过、危险性大、又能在本地区生存的一些病、虫、杂草等如松干蚧、松突圆蚧、松材线虫病、美国白蛾、杨干象甲等传入。

4.1.3　本市各苗圃、花圃等繁殖园林植物的场所，对一些主要随苗木传播、经常在树木、木本花卉上繁殖和为害的、危害性又较大的如介壳虫、蛀食枝、干害虫、根部线虫、根癌肿病等病虫害，应在苗圃彻底进行防治，严把随苗外出关。

4.2　通过栽培养护进行预防

4.2.1　培育壮苗、无病虫苗。

a）播种、扦插、分根等繁殖树木、花卉、草坪小苗时，应调查繁殖用地内地下病、虫种类、数量、分布等情况，根据不同病、虫，采取相应的土壤消毒处理，防止地下病、虫损坏幼苗；并从幼苗起加强科学施肥、浇水等养护管理，培育壮苗。

b）每次小苗移植直至出圃掘苗，均必须严格进行苗木检查，处理或淘汰带有严重病虫害的苗木，严格控制4.0.1条中的c款列出的一些病、虫随苗木外出。

4.2.2　选、育、栽植抗病、虫品种。

4.2.3　科学合理栽植。如不同树种混栽、种植稀密适度、转主寄生病害的两种或两种以上的寄主不得种在一起、根据植物对土壤、水分、光线、盐碱度等的不同要求，选择栽植的最佳地点等。

4.2.4　提高栽植质量。露根栽植落叶树时，栽前必须适度修剪，根部不能暴露时间过长。栽植常绿树时，须带土球，土球不能散，不能晾晒时间过长，栽植深浅适度，栽后及时浇水，大树应设支柱，这是防治腐烂病、双条杉天牛等病虫害的关键措施。

4.2.5 科学、有针对性地进行养护管理。根据不同植物和病、虫的不同习性和对环境条件的要求，从防病虫害的角度出发，有针对性地采取浇水、施肥、病虫害防治、修剪、树洞、伤口、锯口的保护、防旱、排涝、间移或间伐、土壤改良、小环境的改造和维护等养护管理措施，重点解决土壤、水分、养分、光线、通风等问题，以及防止因建筑施工、运输等对树木地上及地下部分的人为损坏等，以创造有利于植物生长健壮，增强抗病、虫能力，而不利于一些病、虫孳生、发展和为害的环境条件，防止或减少病虫害的发生。

4.3 生物防治

4.3.1 利用有益的生物（病虫害的天敌）防治有害的生物，主要途径是：保护和发展现有天敌、开发和利用新的天敌，这是一种无环境污染，有利于城市园林生态良性发展的防治方法，应大力发展。具体方法主要包括以微生物治虫、以虫治虫、以鸟治虫、以螨治虫、以激素治虫，以菌治病等。

4.3.2 经试验已证明具有高效而无污染的苏云金杆菌制剂（Bt乳剂等）、灭幼脲类（除虫脲等）、抗生素类（链霉素、浏阳霉素等）等生物、生化农药、芫菁夜蛾线虫等，应作为防治食叶害虫、螨类等的主要用药。

4.3.3 在化学防治病虫害和种植、养护管理植物时，都应注意保护现有主要天敌，并创造有利于其生存发展的环境条件。

4.3.4 进一步总结和推广利用肿腿蜂防治双条杉天牛，利用土尔其扁谷盗防治柏小蠹、利用性诱激素防治国槐叶柄小蛾等经验。积极开发或引进利用赤眼蜂等新的天敌，首先应了解其防治害虫效果、主要生活史和生物学特性；第二在本地区能否大量生存和繁殖；第三要先经过试验证明确实有效后再行大面积推广。

4.4 人工物理防治

4.4.1 此为行之有效，简便易行，适合于城市园林中采取的防治方法，应结合种植、日常养护管理工作，作为一项控制一些病虫害发展的主要措施之一。主要包括饵料诱杀、灯光诱杀、潜所诱杀、热处理、截止上树、人工捕捉、挖蛹或虫、采摘卵块虫包、刷除虫或卵、刺杀蛀干害虫、摘除病叶病梢、刮除病斑、结合修剪剪除病虫枝、树干处理等。

4.4.2 对一些具有明显趋性的害虫，如趋化性、趋光性、趋阴暗性、趋某种食物性等的害虫，在其初发生阶段尚未发展成灾害时，应尽量结合园林管理采取诱杀法，控制其发展成灾。

4.5 化学防治

4.5.1 合理安全使用化学药剂

a）在城区喷洒化学药剂时，应选用高效、无毒、无污染、对害虫的天敌也较安全的药剂。控制对人毒性较大、污染较重、对天敌影响较大的化学农药的喷洒。用药时，对不同的防治对象，应对症下药，按规定浓度和方法准确配药，不得随意加大浓度。

b）抓准用药的最有利时机（既是对害虫防效最佳时机，又是对主要天敌较安全期）。

c）喷药均匀周到，提高防效，减少不必要的喷药次数;喷洒药剂时，必须注意行人、居民、饮食等的安全，防治病虫害的喷雾器和药箱不得与喷除草剂的合用。

d）注意不同药剂的交替使用，减缓防治对象抗药性的产生。

e）尽量采取兼治，减少不必要的喷药次数。

f）选用新的药剂和方法时，应先经试验，证明有效和安全时，才能大面积推广。

4.5.2　害虫喷洒化学药剂防治指标

a）为了提高防治效果，减少不必要的喷药次数，将化学药剂对城市园林生态环境的不利影响降到最低限度，通过此指标合理地控制有毒化学药剂的喷洒次数。

b）该指标主要适用于有毒且污染环境的化学药剂的喷洒，不包括其他使用方法。在指标以下时，应采取生物防治、喷洒高效、无毒、无污染药剂、人工防治等方法控制，当害虫、害螨等发展较快，超过指标，而又没有安全药剂和其他方法时，才得喷洒有毒的化学药剂。

c）化防具体指标

食叶害虫：主要针对国槐尺蠖、柳毒蛾、舞毒蛾、大小杨天社蛾、天幕毛虫、国槐潜叶蛾等。

树木平均被害叶片率：重点地区：10%，一般地区：15%。

螨类：主要针对苹果红蜘蛛、山楂红蜘蛛、杨柳红蜘蛛、松柏红蜘蛛、棉红蜘蛛等。

在有一定量天敌情况下的螨量：重点地区：平均每百片叶100头。一般地区：平均每百片叶150头。

蛀干害虫：主要为害韧皮部和木质部边材的如双条杉天牛、小蠹甲、吉丁虫等害虫：株受害最严重的已开始出现枯枝，且平均被害株率达20%。主要为害木质部心材部分的如木蠹蛾、褐天牛、光肩星天牛等害虫，株受害最严重的已开始出现枯枝，且平均被害株率达30%。

蛀食枝梢害虫：主要针对国槐叶柄小蛾、松梢螟、松夏梢小卷蛾等。

重点地区：株平均被害梢率20%，平均被害株率30%。一般地区：株平均被害梢率25%，平均被害株率35%。

第五章　防治效果考核

5.1　考核主要指标

5.1.1　一级公园、道路、绿地

a）叶色、叶片形状正常，不因病虫害而黄叶、焦叶、卷叶、落叶，叶片上无虫尿和虫纲以及由虫尿和虫纲引起的霉病和灰尘等。

b）被啃咬的叶片率最严重的株5%。

c）无蛀干害虫的活虫活卵。

d）介壳虫最严重处主枝主干上100平方厘米面积上1头活虫，较细枝条每30cm长一段上5头活虫;平均被害株率2%。

5.1.2　二级公园、道路、绿地

a）叶色、叶片形状较正常。因病虫害而出现较明显的黄叶、焦叶、卷叶、落叶、叶片上带有明显的虫尿和虫纲以及由其所引起的霉病和灰尘的株数2%。

b）被啃咬的叶片率最严重的株10%。

c）有蛀干害虫活虫活卵的，平均被害株率2%。

d）介壳虫最严重处主枝主干上100平方厘米面积上2头活虫，较细枝条每30cm长一段上10头活虫;平均被害株率4%。

5.1.3　三级公园、道路、绿地

a）叶色、叶片形状基本正常。因病虫害而出现较严重的黄叶、焦叶、卷叶、落叶、带虫尿虫纲及其所引起的霉病、灰尘等的株数10%。

b）被啃咬叶片率最严重的株20%。

c）有蛀干害虫活虫活卵的，平均被害株率10%。

d）介壳虫最严重处主枝主干上100平方厘米面积上3头活虫，较细枝条每30cm长一段上15头活虫，平均被害株率6%。

5.2　考核方法

5.2.1　经常检查与定期考核相结合，局、处、队（或班）三级除经常结合管理进行检查记录外，还必须定期进行防治情况、效果、问题等的考核，园林局一年不少于2次；处级每季度不少于1次；队（或班）级每月不少于1次。

5.2.2　考核应采取组织有代表性的考评小组，采取逐项打分的方法进行评定，贯彻执行本规程好，取得突出防治效果的予以表彰，差的予以批评。

第六章　建立技术档案

6.1　凡进行园林病虫害防治的单位，均必须建立防治技术档案，以利于总结经验、改进和提高防治效果、进行技术考核等。

6.2　档案的记载以防治对象为单位，每次防治工作均应作记录，其内容主要为：防治时间、天气情况、防治对象、为害植物、防治地点、防治方法、使用药剂名称及浓度、使用工具、防治效果、防治人员等。

第七章　各级植物保护人员主要职责

7.1　园林局植保工作的主要职责

7.1.1　贯彻中央有关植物保护工作的方针、政策和市政府的有关精神和要求。

7.1.2　制定病虫害防治规划，提出和部署年度防治重点和要求，编制和贯彻执行植物保护技术规程等。

7.1.3　抓本市局、区、办事处三级病虫害防治体制的建立和健全，专业防治队伍的建立和培训，防治机械的装备和革新，新技术新农药的小试验和推广等基本建设。

7.1.4　组织虫情测报纲，开展虫情预测预报工作。

7.1.5　组织进行病虫害防治检查、质量考核等，不断提高防治效果和水平，推动防治工作。

7.2　各单位植保工作的主要职责

7.2.1　贯彻市、局的病虫害防治任务和要求，抓好本系统的病虫害防治工作。

7.2.2　制定和部署年度（或季度）病虫害防治计划和要求。

7.2.3　抓好专业队伍的建立健全和技术培训，防治机械的装备和革新，新技术新农药的试验推广，防治技术规程规范等的落实工作。

7.2.4　组织进行防治效果的检查和定期的质量考核，总结防治经验，推动防治工作，提高防治水平。

7.2.5　组织落实虫情调查工作。

7.3　基层植保工作的主要职责

7.3.1　贯彻落实上级部署的病虫害防治任务和要求。

7.3.2　安排月度防治计划并检查落实执行情况，推动防治工作。

7.3.3　现场进行技术指导。

7.3.4　进行防治前虫情调查，防治后效果检查，负责组织建立填写防治技术档案。

第八章　植物保护工作人员的安全管理和操作

8.1　植保工作人员在管理和使用药、械等方面，必须注意本身和周围环境中的人和物（特别是食物和饮水等）的安全和防护。

8.2　有毒药剂必须遵照农药贮存保管的有关规定管理，应设专库（或专室）贮存，专人负责，注明品名、数量，分门别类存放，应放在阴凉、通风、干燥处，并注意防火、防盗、防冻等。

8.3　建立药剂领发制度。领用药剂须经主管人员批准，凭证发放。

8.4　药剂的盛装材料用完应一律收回，集中处理，防止丢失和被误用。

8.5　作业班操作人员对领出的药剂，要根据领药凭证检验，并指定人员负责保管，防止领错、丢失、乱扔。用完的盛药材料及时收集一起交库，不得乱放和丢失。

8.6　配药和用药人员必须遵照安全使用农药的有关规定进行安全防护。特别是对于高毒药剂，一定要防止接触皮肤、进入眼、口、鼻中等。

8.7　配药时，必须按规定的使用浓度或用药量准确配制和使用，喷洒时，必须有的放矢，喷洒均匀周到，并按有关规定注意安全防护。

8.8　上树操作时，必须系安全带、穿防滑鞋等进行安全防护。

参考文献

1. 张随榜. 园林植物保护[M]. 北京：中国农业出版社，2008.

2. 李传仁. 园林植物保护[M]. 北京：化学工业出版社，2007.

3. 程亚樵. 园林植物病虫害防治技术[M]. 北京：中国农业大学出版社，2007.

4. 佘德松. 园林植物病虫害防治[M]. 杭州：浙江科学技术出版社，2007.

5. 徐公天. 园林植物病虫害防治原色图谱[M]. 北京：农业出版社，2003.

6. 金波. 园林花木病虫害识别与防治[M]. 北京：化学工业出版社，2004.

7. 宋建英主编. 园林植物病虫害防治[M]. 北京：中国林业出版社，2005.

8. 郑进. 园林植物病虫害防治[M]. 北京：中国科学技术出版社，2003.

9. 迟德富，严善春主编. 城市绿地园林植物虫害及防治[M]. 北京：中国林业出版社，2001.

10. 徐明慧主编. 园林植物病虫害防治[M]. 北京：中国林业出版社，1993.

11. 徐公天. 园林植物病虫害防治原色图谱[M]. 北京：中国林业出版社，2003.

12. 宋建英. 园林植物病虫害防治[M]. 北京：中国林业出版社，2005.

13. 王瑞灿，孙企农等编. 观赏花卉病虫害[M]. 上海：上海科学技术出版社，1987.

14. 许志刚. 普通植物病理学[M]. 北京：中国农业出版社，1997.

15. 魏鸿钧等. 中国地下害虫[M]. 上海：上海科学技术出版社，1989.

16. 李照会主编. 园艺植物昆虫学. 北京：中国农业出版社，2004.

17. 邵力平等编. 真菌分类学[M]. 北京：中国林业出版社，1984.

18. 中国林业科学研究院主编. 中国森林病害[M]. 北京：中国林业出版社，1984.

19. 宋瑞清，董爱荣主编. 城市绿地植物病害及其防治[M]. 北京：中国林业出版社，2001.

20. 郑进，孙丹萍主编. 园林植物病虫害及其防治[M]. 北京：中国科学技术出版社，2003.

21. 北京林学院主编. 林木病理学[M]. 北京：中国林业出版社，1981.

22. 金波主编. 园林花木病虫害识别与防治[M]. 北京：化学工业出版社，2004.

23. 《公园、景区绿地植物养护管理与病虫害防治使用手册》编委会. 公园、景区绿地植物养护管理与病虫害防治使用手册（第三册）[M]. 北京：中国标准出版社，2002.

24. 黄少彬，孙丹萍，朱承美. 园林植物病虫害防治[M]. 北京：中国林业出版社，2000.

25. 丁梦然等编. 园林花卉病虫害防治彩色图谱[M]. 北京：中国农业出版社，2001.

26. 江世宏. 园林植物病虫害防治[M]. 重庆：重庆大学出版社，2008.

27. 金波. 园林花木病虫害识别与防治[M]. 北京：化学工业出版社，2004.

28. 丁梦然，夏希纳. 园林花卉病虫害防治彩色图谱[M]. 北京：中国农业出版社，2002.

29. 金波. 花卉病虫害防治彩色图说[M]. 北京：中国农业出版社，2001.